Linguistische
Arbeiten 89

Herausgegeben von Herbert E. Brekle, Hans Jürgen Heringer,
Christian Rohrer, Heinz Vater und Otmar Werner

Perspektive: textextern

Akten des 14. Linguistischen Kolloquiums
Bochum 1979
Band 2

Herausgegeben von Gerhard Tschauder
und Edda Weigand

Max Niemeyer Verlag
Tübingen 1980

CIP-Kurztitelaufnahme der Deutschen Bibliothek

Linguistisches Kolloquium <14, 1979, Bochum>:
Akten des 14. [Vierzehnten] Linguistischen Kolloquiums : Bochum 1979 / hrsg. von Gerhard Tschauder u. Edda Weigand. – Tübingen : Niemeyer.
(Linguistische Arbeiten ; ...)
Bd. 1 hrsg. von Edda Weigand u. Gerhard Tschauder.

NE: Tschauder, Gerhard [Hrsg.]; Weigand, Edda [Hrsg.]

Bd. 2. → Perspektive textextern

Perspektive textextern / hrsg. von Gerhard Tschauder u. Edda Weigand. – Tübingen : Niemeyer, 1980.
(Akten des 14. Linguistischen Kolloquiums ; Bd. 2) (Linguistische Arbeiten ; 89)
ISBN 3-484-10381-7

NE: Tschauder, Gerhard [Hrsg.]

ISBN 3-484-10381-7 ISSN 0344-6727

Max Niemeyer Verlag Tübingen 1980

INHALTSVERZEICHNIS

2. PSYCHOLINGUISTIK UND SOZIOLINGUISTIK

3. SPRACHDIDAKTIK

INHALTSVERZEICHNIS ZU BAND 1

VORWORT

In dem hier vorliegenden zweiten Band der Akten des 14.Linguistischen Kolloquiums sind die Beiträge derjenigen Autoren zusammengefaßt, welche Sprache in Relation zu textexternen Phänomenen analysiert haben. Natürlich repräsentieren in erster Linie situationsbezogene Analysen diese den Text transzendierende Perspektive, die Bandbreite des Spektrums textexterner Sprachbeschreibung aber wird deutlich, wenn man etwa die literarisch orientierten oder die didaktisch ausgerichteten Arbeiten dieses zweiten Teils der Kongreßakten beachtet.

Im Anschluß an eine solche Feststellung ergibt sich die Frage, inwieweit die Vorträge des 14.Linguistischen Kolloquiums für die Forschung repräsentativ sind. Auch wenn niemand die Repräsentativität im demoskopischen Sinne behaupten kann - dafür ist die Ausgangsbasis, insgesamt 47 veröffentlichte Referate, quantitativ zu schmal -, so nehmen doch die nach Meinung der Herausgeber als derzeitige Hauptströmungen zu bezeichnenden linguistischen Teildisziplinen den breitesten Raum ein; da andererseits auch Randgebiete ihren Platz in den Kongreßakten haben, bieten diese Akten, freilich ohne von vornherein so konzipiert worden zu sein, in ihrer Gesamtheit einen Überblick über die gegenwärtigen linguistischen Perspektiven. Dies resultiert nicht zuletzt aus dem durch die Tradition des Kolloquiums vorgegebenen Verzicht auf jede thematische Begrenzung.

Die vorliegende Vortragssammlung macht natürlich den Kongreß selbst nicht überflüssig, stand doch der Diskussion im Anschluß an die jeweiligen Vorträge die gleiche Zeit zur Verfügung wie dem Vortrag selbst, und auch wenn diese Diskussionsbeiträge nicht im einzelnen in die Akten aufgenommen werden, so haben sie die direkte wissenschaftliche Kommunikation gefördert und außerdem sicherlich auch den einen oder anderen Referenten bei der Überarbeitung seines Beitrags für die Veröffentlichung inspiriert.

Die publikationstechnischen Anmerkungen, welche wir in das Vorwort des ersten Bandes aufgenommen haben, beziehen sich auf die Herausgabe aller Referate, also auch derjenigen dieses zweiten Bandes.

Bochum, im Dezember 1979

Gerhard Tschauder
Edda Weigand

1. TEXTPRAGMATIK

ERZÄHLUNG UND IDENTITÄTSDARSTELLUNG

Hans-Ulrich Bielefeld

1. Intention

Im Mittelpunkt dieses Beitrags steht die konversationsanalytische Rekonstruktion der Darstellung und Aushandlung von Identitäten in einem erfahrungsrekapitulierenden Interviewgespräch, welches dadurch gekennzeichnet ist, daß sich der referierende Teilnehmer wegen der ihm anhaftenden stigmatisierenden Eigenschaft der Arbeitslosigkeit nicht in Einklang mit gesellschaftlichen Erwartungen fühlt. Anhand der Analyse eines kurzen Gesprächsausschnitts sollen die Prozeduren aufgezeigt werden, die der diskreditierte Erzähler durchführt, um Identitätsansprüche geltend zu machen, die ihm die Darstellung eines sozialgerechten Selbst ermöglichen.

2. Prämissen und Hypothesen

2.1. Arbeitslosigkeit gilt in unserer Gesellschaft als eine zutiefst diskreditierende Eigenschaft, die geeignet ist, die soziale Integrität eines Individuums zu beschädigen. Das Individuum, das Träger dieser Eigenschaft ist, gilt nach GOFFMAN (1963 / 1975) als "stigmatisiert".

2.2. Wie der Arbeitslose die ihm gesellschaftlich zugeschriebene Stigmatisierung bewältigt, hängt maßgeblich auch davon ab, wieweit ihm der lebensgeschichtliche Prozeß der Bildung einer "Ich-Identität" (ERIKSON 1959 / 1974) gelungen ist. Erst auf dieser Voraussetzung ist die Erbringung aktualer Identitätsleistungen im Sinne der Austarierung der eigenen Bedürfnisse mit den Erwartungen des Interaktionspartners auch im Interviewgespräch möglich.

2.3. Ist der referierende Sprecher zur Erbringung von Identitätsleistungen nicht in der Lage, so wird er bemüht sein, sich von dem ihm anhaftenden Stigma durch die Demonstration eines "sozialgerechten Selbst" (GOFFMAN 1971 / 1974), das den Einklang des Akteurs mit sozialen Erwartungen seiner Umwelt betont, zu befreien.

Dadurch wird seine Darstellung einen stark rechtfertigenden Charakter erhalten.[1]

2.4. Um sich nicht auf die stigmatisierte Identität eines (schuldhaft) Arbeitslosen festlegen zu lassen, wird der Erzähler im Interesse der Errichtung eines sozialgerechten Selbst andere, nicht-stigmatisierte oder weniger stigmatisierte Identitäten einzuführen versuchen, und auf diese Weise seine 'Identitätsressourcen' (SCHENKEIN 1978) vervielfältigen.

3. Das Konzept des 'Aushandelns von Identitäten'

Der Begriff des 'Aushandelns von Identitäten' ('identity bargaining') wird seit den Sechziger Jahren von der Soziologie des symbolischen Interaktionismus bevorzugt verwendet. Dort wird der Prozeß sozialer Interaktion als ein Verständigungsprozeß über die jeweils einander angetragenen, d.h. dargestellten und zugeschriebenen Identitäten (MCCALL / SIMMONS 1966) aufgefaßt. Sobald eine Identität einmal zugeschrieben worden ist, sehen sich die Interaktanten im Interesse der Bewahrung ihrer Glaubwürdigkeit genötigt, konsistent an den damit erzeugten Erwartungen festzuhalten. Dies kann zu rechtfertigenden Erklärungen oder "accounts" führen, die als "Manifestation(en) des zugrundeliegenden Prozesses des Aushandelns der Identitäten" (SCOTT / LYMAN 1968 / 1976: 99) betrachtet werden können.

Hatte der Begriff zunächst noch eher metaphorischen Charakter, da er global auf die permanenten Bemühungen der Interaktanten um den Aufbau und die Aufrechterhaltung ihres Selbst- und Fremdbildes verwies, so konnte er mit der Entwicklung der Konversationsanalyse konkretisiert werden. Konversationsanalytiker gehen davon aus, daß der für einen Verständigungsprozeß notwendige Vorgang des Aushandelns von Bedeutungen darauf basiert, daß sich die Beteiligten wechselseitig aufzeigen, wie ihre Beiträge zu interpretieren sind. Dies bedingt einen sequenzhaften Aufbau von Verständigungsprozessen, eine Erkenntnis, auf der u.a. auch die Konzeptionen von GOFFMAN (1971 / 1974) und SCHENKEIN (1978) gründen. Beide beschreiben das Aushandeln von Identitäten als einen sequenzhaften, aus seiner interaktiven Umgebung abhebbaren Vorgang. Da die vorliegende Analyse den Ideen beider Autoren verpflichtet ist, sollen sie hier in aller Kürze dargestellt werden.

3.1. Goffmans Interesse gilt Interaktionsritualen, die durch den Regelverstoß eines der Beteiligten ausgelöst werden. Mit diesem wird nicht nur die Integrität des Verletzten, sondern auch das Image des Regelverletzers selbst tangiert. Zumindest ist eine solche "schlimmstmögliche Deutung" (1971 / 1974: 156) vorstellbar, sodaß der Regelverletzer ein Interesse daran hat, in Kooperation mit seinem Interaktionspartner die Bedeutung der entsprechenden Handlung in etwas zu transformieren, das als akzeptierbar angesehen werden kann. Was sich unter inhaltlichen Gesichtspunkten in Entschuldigungen oder Rechtfertigungen manifestiert, schlägt sich unter interaktionistischem Aspekt in einer charakteristischen vierzügigen Sequenzierung nieder. Durch derartige ritualisierte Sequenzen wird nach GOFFMAN (op.cit.:195) in unserer Gesellschaft fast jede Transaktion, einschließlich eines noch so flüchtigen Gesprächs eröffnet oder beendet.

3.2. Im Gegensatz zu Goffman wendet sich SCHENKEIN (1978) natürlichen Interaktionssituationen zu. Am Beispiel der Bemühungen eines Versicherungsvertreters, mit einem potentiellen Kunden ins Gespräch zu kommen, kann Schenkein den Prozeß einer systematischen Identitätsaushandlung demonstrieren. Das besondere Interesse des Autors gilt in diesem Zusammenhang dem Versuch des Vertreters, informale bzw. personale Identitäten gegenüber seiner abstrakten, offiziellen Versicherungsvertreter-Identität zur Geltung zu bringen. Schenkein bezeichnet diesen Vorgang als 'Multiplizierung von Identitätsressourcen'. Der Autor geht davon aus, daß der Einschub nicht-themenrelevanter, personaler Identitäten bestimmte Einführungstechniken und Sequenzierungen erforderlich macht, damit der Interaktionspartner auf die angebotenen Identitätsdarstellungen 'einsteigt'. Dazu gehört u.a., daß die Durchführung der identitätsrelevanten Sequenz scheinbar als Ergebnis der Aufforderung durch den Hörer erfolgt.[2] Dementsprechend bezeichnet Schenkein den Einstiegszug in die Identitätsverhandlung als "Identity-Rich Puzzle". Dem Initiierungspuzzle folgt die Aufforderung zur Durchführung ("Pass") seitens des Hörers, die dem Diskursinitianten erst die Möglichkeit zur intendierten Identitätsdarstellung ("Identity-Rich Solution") gibt. Ein Kommentar des Gesprächspartners ("Comment"), der den Grad der Zustimmung oder ggf. Ablehnung ausdrückt, schließt die vierzügige Sequenz ab bzw. gibt das Signal zur Neuverhandlung der vom Erzähler beanspruchten Identität.

Das Ziel des von Schenkein untersuchten Einschubs identitätshaltiger Erklärungen in die laufende Konversation besteht ebenso wie das Ziel des von Goffman untersuchten "korrektiven Austausches" darin, die Bedingungen für die Fortsetzung bzw. den erfolgreichen Abschluß der jeweiligen Interaktion zu schaffen. Droht letzteres bei Goffman an Kränkungen für den Interaktionspartner und / oder beschämenden Implikationen für den Akteur selber zu scheitern, so liegt die Ursache potentiellen Scheiterns bei Schenkein darin, daß die Darstellung nur der abstrakten, unpersönlichen Identität vom jeweiligen Interaktionspartner nicht als hinreichender Grund zur Fortsetzung des Gesprächs betrachtet wird. Deswegen bemüht sich der an der Aufrechterhaltung der Interaktion interessierte Akteur darum, sich seinem Interaktionspartner durch die systematische Vermehrung seiner Identitätsressourcen um selbsterhöhende, aber in der Regel nicht themenrelevante private Identitäten zu verpflichten.

3.3. Handelt es sich bei Goffman und Schenkein um primär dialogische Interaktionsformen, so handelt es sich beim hier zu untersuchenden Text um eine primär narrative Form, in deren Rahmen die vom Erzähler beanspruchten Identitäten ausgehandelt werden müssen. Die in einer narrativen Ereignisdarstellung wirksam werdenden kognitiven Strukturen, die als interaktiv einklagbare "Zugzwänge" der Erzählung (KALLMEYER / SCHÜTZE 1977: 166) auftreten, veranlassen den Referenten in Antizipation möglicher Hörereinsprüche zur Aushandlung der von ihm in Anspruch genommenen Identitäten. Im Falle einer Mißachtung dieser, aus den Konversationsmaximen ableitbarer Ansprüchen des Hörers erhält dieser die Möglichkeit, sein Recht einzuklagen. Damit wird zugleich die vom Referenten dargestellte Identität zur Disposition gestellt und muß neu ausgehandelt werden.

4. Empirische Analyse

4.1. Im vorliegenden Gesprächsausschnitt[3] berichtet der Erzähler, ein vierundfünfzigjähriger, zum Zeitpunkt des Gesprächs arbeitsloser Facharbeiter von den Ereignissen, die zu seiner Kündigung geführt haben. Diese werden unter der Themenüberschrift "det sojenannte Betriebsklima" subsumiert. Die erste, im Textanhang nicht wiedergegebene Beleggeschichte betrifft das (schlechte) Verhältnis des Erzählers zu seinem Arbeitskollegen. Sodann folgt die hier transkribierte zweite Beleggeschichte, mit welcher der Referent eine Verbindung zwischen einem Streik in Westdeutschland, von dem die Berliner Firma als Zulieferbetrieb betroffen war, und dem Verlust des Arbeitsplatzes zu suggerieren versucht. Eingebaut als Nebensequenz findet sich die Erwähnung einer Krankheit. Mit einer verständigungssichernden Nachfrage bringt der Adressat zum Ausdruck, daß er die angebotene Lösung nicht akzeptieren kann. Dies führt zu einer Neuaushandlung der vom Erzähler offerierten Identitätsdarstellung.

4.2. Der Prozeß systematischer Identitätsaushandlung tritt, wie beim vorliegenden Gesprächsausschnitt ersichtlich, besonders augenfällig zu Beginn einer Interaktion in Erscheinung, wo er zugleich Teil der rahmensetzenden Aktivitäten der Interaktanten ist. Aufgefordert, über ein Ereignis zu berichten, dessen Ergebnis ihn zu einem stigmatisierten Individuum gemacht hat, wird der Akteur in seiner Darstellung alle Anstrengungen darauf verwenden, potentiell "schlimmstmögliche Deutungen" nicht aufkommen zu lassen und die fragliche Handlung "in etwas zu verwandeln, das als akzeptierbar angesehen werden kann" (GOFFMAN 1971 / 1974: 156). Um diskreditierende Deutungen zu verhindern bzw. die ihm gesellschaftlich zugeschriebene moralische Verantwortung zu mindern oder auszublenden und um noch andere als die ihn diskreditierenden Identitäten zur Geltung bringen zu können, greift der Referent zur Technik der Multiplizierung seiner Identitätsressourcen. Damit entscheidet er sich für ein keineswegs risikoloses Vorgehen, da er sich auf diese Weise der Gefahr aussetzt, mit den Konversationsmaximen 'nur Relevantes' und 'alles Relevante' zu berichten, in Konflikt zu geraten. Der Einschub von offensichtlich nicht themenrelevanten Identitäten erhält somit einen heikel-prekären Aspekt, der den Akteur zu charakteristischen Einführungstechniken und der Einhaltung einer bestimmten Sequenzierungsstruktur zwingt.

4.3. Unter dem Gesichtspunkt der Präsentation von Identitäten betrachtet, offeriert der Erzähler seinem Gesprächspartner unter der angeführten Themenüberschrift drei unterschiedliche Identitäten:

a) er stellt sich in der Identität eines Opfers des Betriebsklimas (Spannungen mit dem Arbeitskollegen) dar (Zeile 5-19);
b) er stellt sich in einer Nebensequenz in der Identität des Opfers einer Krankheit dar (Zeile 32-33);
c) er stellt sich in der Identität eines Streikopfers dar (Zeile 20-36).

Während die ersten beiden Identitäten, die als 'personale Identitäten' in Hinblick auf die im Hintergrund stehende moralische Verantwortung bezeichnet werden können, vom Gesprächspartner akzeptiert werden, wird die zuletzt angeführte und vom Erzähler argumentativ-rhetorisch am stärksten herausgestrichene 'unpersönliche Identität' vom Gesprächspartner nicht sogleich akzeptiert. Die mit der Inanspruchnahme einer alternativen, in diesem Falle unpersönlichen Identität beabsichtigte Identitätsmultiplizierung muß somit vorläufig als mißlungen betrachtet werden.

4.4. Nach dieser eher allgemein gehaltenen Analyse sollen nun die konversationellen Prozeduren und die mit ihnen intendierten Taktiken der Identitätsaushandlung detaillierter untersucht werden.

Die Beleggeschichte, mit der der Referent die Identität eines Streikopfers beansprucht, wird mit einem "Identity-Rich Puzzle" (Zeile 20,21) initiiert. Aufgrund verschiedener Indikatoren wie der zustimmungserheischenden Partikel "doch", der Verwendung des bestimmten Artikels vor der noch nicht eingeführten Referenzform "Ausstand", der intonatorischen Hervorhebung dieser Form sowie der abschließenden Affirmationspartikeln kann im Sinne von SACKS / SCHEGLOFF (1978) von einer "Versuchsmarkierung" gesprochen werden. Eine solche Versuchsmarkierung kann dem Referenten, sofern der Gesprächspartner nicht eindeutig sein Wissen um den angesprochenen Sachverhalt dokumentiert, zur Einleitung einer auf Erkennung der Bedeutung der Referenzform ausgerichteten Sequenz dienen. Das als Aufforderung zu einer derartigen Explikation interpretierte Hörersignal (="Pass") veranlaßt den Erzähler, in einem nächsten

(Zeile 23,24) und übernächsten Zug (26-28)(="Solution") die Proposition schrittweise zu verdeutlichen.

Die Unterstellung gemeinsamen Wissens kann in beiden Zügen als Versuch gewertet werden, kausale Erklärungen bzw. die Festlegung der argumentativen Relevanz des referierten Sachverhalts zu umgehen. Der zustimmungserheischende Charakter dieses Appells an das gemeinsame Wissen um die Folgen des angeführten Sachverhalts macht ein Bestätigungssignal des Hörers konditionell relevant.

Der trotz des Hörersignals erfolgte Abbruch der geplanten Konklusion kann als Hinweis darauf gewertet werden, daß der Referent dem auf seinen Gesprächspartner ausgeübten Zwang zur affektiven Solidarisierung mißtraut. Hierzu kann allerdings auch eine denkbare nonverbale Mitteilung des 'Hörers' beigetragen haben. In Antizipation möglicher Hörereinsprüche tritt der Erzähler deswegen erneut in die Aushandlung der beanspruchten Identität ein.

Nach der Plankorrektur (Zeile 30,31), die als signifikanter syntaktischer wie prosodischer Bruch an der Oberfläche sichtbar wird, weist das Ausbleiben einer konditionell relevant werdenden Bestätigung, für die eigens eine Strukturstelle ("slot") in Form einer Pause freigelassen worden ist, auf die fehlende Bereitschaft des Adressaten hin, die ihm zugeschriebene Rolle eines Wissenden zu akzeptieren. In der Annahme, daß dies an dem logisch unklaren Bezug zu "wie:derkam" (Zeile 31) liegt, schiebt der Referent in scheinbar beiläufiger Form einen voraussetzungssichernden Erklärungsexkurs ein. Die dem Exkurs beigemessene untergeordnete Relevanz drückt sich sowohl in einer niedertonigen Sprechweise als auch in der anschließenden syntaktischen Wiederaufnahme (vgl. WALD 1978: 133) der expansionsauslösenden Äußerung aus. Auf diese Weise wird die Erklärung als Unterbrechung der vorangegangenen Aussage deklariert.

Die mit dem Initiierungspuzzle ausgelöste "Identity-Rich Solution" umfaßt nach der Plankorrektur gleich zwei Identitäten, die vom Referenten in Anspruch genommen werden, nämlich die eines Streikopfers und die des Opfers einer Krankheit. Beide Identitäten werden nebeneinandergestellt, ohne daß eine hinreichende Gewichtung der argumentativen Relevanz vorgenommen wird. Deswegen muß die anstelle eines akzeptierend-billigenden "Comments" erfolgende verständigungssichernde Nachfrage des Interaktionspartners

(Zeile 38,39) als Einklagung seines Anspruchs auf Relevanzfestlegung verstanden werden, wie auch die Reaktion insbesondere im zweiten Teil seiner Antwort deutlich macht (Zeile 43-49). Im Gegensatz zur vorangegangenen, vom Interviewer hinterfragten Darstellung wird in der Antwort zunächst der Aspekt der Betriebsschließung bezüglich seiner argumentativen Relevanz zurückgestuft. Nach der argumentativen Entwertung des alten Fokus setzt die Zuwendung zum neuen Fokus mit einer ganzen Anzahl von "Relevanzmarkierungen" (KALLMEYER 1978: 214) ein, die sich auf die Rolle beziehen, die die "jeweiligen Manifestationen und die durch sie definierten Foki für den Prozeß der Interaktionskonstitution spielen sollen" (op.cit.). Hierzu gehört die Einführung des neuen Fokus durch die abwägende Partikel "naja" (Zeile 41), das zweifache Auftreten der Konjunktion "aber" in Eröffnungs- und, was ungewöhnlich ist, in Mittelposition sowie die intonatorische Herausstreichung des zentralen Wortes "krank". Ohne explizit werden zu müssen, signalisiert der Sprecher auf diese Weise, daß der vorangegangene Fokus und der darin enthaltene Identitätsanspruch nicht weiter gelten soll. Damit hat er einen Weg gefunden, ohne allzu offenkundigen Gesichtsverlust den Anspruch des Interviewers auf Relevanzfestlegung einzulösen.

4.5. In schematisierter Form lassen sich die Schritte der aus der Perspektive des Referenten zunächst mißlungenen Aushandlung seines Identitätsanspruchs folgendermaßen charakterisieren:
Erster Schritt: Darstellung und Aushandlung eines Identitätsanspruchs ("Puzzle-Pass-Solution"-Sequenz) unter Mißachtung des Höreranspruchs auf Relevanzfestlegung (Zeile 20-36);
Zweiter Schritt: Einklagung des verletzten Höreranspruchs auf Relevanzfestlegung statt des erwarteten bestätigenden Comments (= Diskreditierung des Referenten) (Zeile 38,39);
Dritter Schritt: Stellungnahme des Diskreditierten (=Versuch der Harmonisierung des aufgedeckten Widerspruchs) (Zeile 40-49);
Vierter Schritt: Akzeptierung der Erklärung durch den Diskreditierenden und Abschluß der Identitätsaushandlung.

5. Ergebnis

Die Sorge des stigmatisierten Gesellschaftsmitglieds

vor "schlimmstmöglichen Deutungen" und sein gleichzeitiges Bedürfnis nach Darstellung eines "sozialgerechten Selbst" (Goffman) veranlassen es, so die hier entwickelte Hypothese, zur Abgabe einer Vielzahl rechtfertigender Stellungnahmen. Dies geschieht durch die Inanspruchnahme einer Reihe unterschiedlicher Identitäten, wobei die Präferenz bei schicksalshaft-unpersönlichen Identitäten liegt, da diese geeignet sind, den Akteur von moralischer Verantwortung für das diskreditierende Ereignis freizusprechen. Um seine Identitätsansprüche einzubringen und mit Aussicht auf Erfolg auszuhandeln, muß der Referent das geschilderte Puzzle-Pass-Solution-Comment-Sequenzierungsschema initiieren. Es konnte aufgezeigt werden, daß sich der Akteur beim Versuch der Multiplizierung seiner Identitätsressourcen der Gefahr aussetzt, gegen die Konversationsmaxime der Relevanz zu verstoßen, deren Einklagung durch den Gesprächspartner den Akteur zur Neuaushandlung seiner Identität nötigen kann.

Anmerkungen

1 Das Erklärungs- und Rechtfertigungsbedürfnis des Erzählers wird möglicherweise durch die therapeutenähnliche Rolle des Interviewers verstärkt, der auf die vom Erzähler angebotenen "ersten Handlungen" nicht immer mit den erwarteten "zweiten Handlungen" reagiert (vgl. TURNER 1972 / 1976).

2 vgl. hierzu WALD (1978), der den Mechanismus "selbst-initiierter Diskurseinheiten" mit "verdecktem Vorspann" beschreibt.

3 Das Material stammt aus einem umfangreicheren Textkorpus, das aus Intensivinterviews mit Arbeitslosen in West-Berlin besteht. Es wird z.Z. von mir im Rahmen eines Dissertationsprojekts bear arbeitet.

Literatur

ERIKSON, Erik H. (1959): Identity and the life cycle. - Übers.: Identität und Lebenszyklus. Frankfurt am Main: Suhrkamp, 2 1974.

GOFFMAN, Erving (1963): Stigma. Notes on the management of spoiled identity. Englewood Cliffs, N.J.. - Übers.: Stigma. Über Techniken der Bewältigung beschädigter Identität. Frankfurt am Main: Suhrkamp, 1975.

GOFFMAN, Erving (1971): Relations in public. Microstudies of the public order. Basic Books. - Übers.: Das Individuum im öffentlichen Austausch. Frankfurt am Main: Suhrkamp, 1974.

KALLMEYER, Werner / SCHÜTZE, Fritz (1977):"Zur Konstitution von Kommunikationsschemata der Sachverhaltsdarstellung". WEGENER, Dirk (ed.): Gesprächsanalysen. Referate der IPK-Tagung 1976. Hamburg: Buske: 159-274.

KALLMEYER, Werner (1978): "Fokuswechsel und Fokussierung als Aktivitäten der Gesprächskonstitution". MEYER-HERMANN, Reinhard (ed.): Sprechen, Handeln, Interaktion. Bielefelder Forschungsprojekte zur Texttheorie, Sprechakttheorie und Konversationsanalyse. Tübingen: Niemeyer: 191-239.

MCCALL, George J. / SIMMONS, J.L. (1966): Identities and interactions. New York / London.

QUASTHOFF, Uta (ed.) (1978): Sprachstruktur-Sozialstruktur. Zur linguistischen Theoriebildung. Kronberg: Scriptor.

SACKS, Harvey / SCHEGLOFF, Irvine und Emanuel (1978): "Zwei Präferenzen in der Organisation personaler Referenz in der Konversation und ihre Wechselwirkung". QUASTHOFF (ed.): 150-157.

SCHENKEIN, Jim (1978): "Identity negotiations in conversation". SCHENKEIN, Jim (ed.): Studies in the organization of conversational interaction. New York etc.: Academic Press: 57-78.

SCOTT, Marvin B. / LYMAN, Stanford M. (1968): "Accounts". American Sociological Review 33: 46-62. - Übers.: "Praktische Erklärungen". SEMINAR: 73-114.

SEMINAR: Kommunikation, Interaktion, Identität (1976): Auwärter, Manfred / Kirsch, Edit / Schröter, Manfred (eds.). Frankfurt am Main: Suhrkamp.

TURNER, Roy (1972): "Some formal properties of therapy talk". SUDNOW, David (ed.): Studies in social interaction. New York: The Free Press: 367-396. - Übers.: SEMINAR: 140-190.

WALD, Benji (1978): "Zur Einheitlichkeit und Einleitung von Diskurseinheiten". QUASTHOFF (ed.): 128-149.

TEXTANHANG

S 1 (naja) da bin ik zu Daimler rüberjegangen 1
und da hat mir det . sojenannte Betrie:bsklima 2
nich jepaßt (ja?) |(nich?)| 3
S 2 |(mhm) | 4
S 1 erstmal der der Ableser 5
i- Textauslassung von 6-19 -i
und denn war kam nachher der 20
war doch der Au:sstand jewesen |(ja) |(nich?) 21
S 2 |(mhm)| 22
S 1 (wissen se) wie so wie der wie der Strei:k 23
jewesen| is .| in Westdeutschland (nich?) 24
S 2 |(ja) | 25
S 1 und nu war ik doch hier bei Merce:des (ja) (nich?) 26
wir warn n sojenannten Sä sojenannter 27
Zu:lieferbetrieb (ja?) |(nich?)| 28
S 2 |(mhm) | 29
S 1 da warn wir nach ent (nich?) 30
i- S 1 spricht bis zum Satzabbruch mit abnehmender Lautstärke -i
und wie ich wie:derkam (ja?) (nich?) .. 31
wie war ich nu kra:nk jewesen (nich?) 32
mußten se mir |wieder| schneiden 33
S 2 | (mhm)| 34
i- S 1 spricht die Zeilen 32,33 mit eher beiläufigem Tonfall -i
S 1 kam ik wieder (nich?) 35
da war die Maschine besetzt |(nich?)| 36
S 2 |(ja) | 37
i- S 1 holt hörbar Luft -i
hatte Ihr Betrieb auch gestreikt? 38
oder |- - -| 39
S 1 |(ja) |hier . Daimler hat ja zugehabt (ja?) 40
i- S 1 ist seinem Gesprächspartner hastig ins Wort gefallen -i
|ne ganze Weile (ja?) . (naja)| 41
S 2 |(ach so) (ja) - - - - - - | 42
S 1 aber ik war in der Zwischenzeit aber kra:nk jewesen 43
S 2 (ah ja) 44
S 1 wie ik wie:der . von der Krankheit wiederkam 45
dat war kurz vor Weihnachten 46
also (na) kurz na:ch Weihnachten |(ja?) (nich?)| 47
S 2 | (mhm) | 48
S 3 da war mei:ne Maschine besetzt (nich?) 49
i- Abbruch der Transkription -i

GESPRÄCHSANALYSE UND HERMENEUTIK

Bernd Ulrich Biere

0.

Die Analyse von Gesprächen hat in den letzten Jahren in der pragmatisch orientierten Linguistik zunehmend Beachtung gefunden, hat sich als "Diskursanalyse", "Konversationsanalyse", "Kommunikationsbeschreibung" als legitimer Gegenstand linguistischer Forschung etabliert.[1]

Sind wir uns aber darüber im klaren, was ein Linguist, der ein Gespräch analysiert, eigentlich tut? Sind wir uns darüber im klaren, vor welche Art von Beschreibungsproblemen uns unser Gegenstand eigentlich stellt? Verfügen wir über einen sprachtheoretischen Rahmen, innerhalb dessen wir solche grundlegenden Fragen überhaupt angemessen thematisieren können?

Ich möchte im folgenden einige Argumente dafür vortragen, die theoretisch-methodische Problematik der Beschreibung von Kommunikationen, der Analyse von Gesprächen, in einen hermeneutischen Diskussionszusammenhang zu stellen. Im ersten Abschnitt charakterisiere ich kurz die gegenwärtige Praxis von Gesprächsanalyse, im zweiten Abschnitt erläutere ich einen zentralen Aspekt des Hermeneutikbegriffs F. Schleiermachers. Auf dieser Grundlage versuche ich im dritten Abschnitt, das m.E. grundlegende theoretisch-methodische Problem der Analyse von Gesprächen als hermeneutisches Problem zu beschreiben und mit dem Begriff der hermeneutischen Reflexion bzw. dem Postulat der hermeneutischen Reflektiertheit unserer Beschreibungen eine Möglichkeit der methodischen Umsetzung anzudeuten.

1.

Es bereitet (anders als im Fall der Textlinguistik) einige Schwierigkeiten, einen Begründungszusammenhang für die Gesprächsanalyse allein aus der Auseinandersetzung mit der neueren linguistischen Tradition zu rekonstruieren. Einerseits versuchen die Vertreter der Gesprächsanalyse ihr theoretisches und methodisches Rüstzeug explizit aus einem nicht im engeren Sinn linguistischen Diskussionszusammenhang, aus der in der amerikanischen Ethnomethodologie zum Forschungsgegenstand gemachten 'conversational structure', zu gewinnen[2], andererseits wird jedoch auch der Versuch unternommen, gesprächsanalytische Fragestellungen im Rahmen einer linguistischen Pragmatik zu diskutieren. Dabei wird sowohl die Abgrenzung von der Textlinguistik, als auch der Bezug auf die für die Entwicklung der Pragmatik relevanten sprachanalytischen (sprechakttheoretischen) Ansätze thematisiert. So begreift etwa Wunderlich Diskursanalyse ausdrücklich als "Weiterentwicklung der Textlinguistik" unter Einbeziehung "sprechakttheoretische(r) und pragmatische(r) Gesichtspunkte" (WUNDERLICH 1976:295). Wenn Wunderlich gegenüber der Textlinguistik den spezifischen Gegenstand der Diskursanalyse auszumachen versucht, muß er allerdings einen auf schriftliche und monologische Texte beschränkten Textbegriff voraussetzen, um "Diskurse" demgegenüber als dialogische und mündliche Texte bestimmen zu können[3]. Mit der Hinwendung zur mündlichen Rede versucht Wunderlich jedoch gleichzeitig Diskursanalyse von einer philologischen Tradition abzugrenzen, in der "sprachwissenschaftliche Erkenntnisse allenfalls eine dienende Funktion für die Textuntersuchung (hatten)" (WUNDERLICH 1976:294). Es scheint mir fragwürdig, ob gerade diese, auf der Unterscheidung von Schriftlichkeit und Mündlichkeit beruhende Abgrenzung von der linguistischen, wie von der philologischen Tradition sinnvoll ist, denn genau damit wird der Blick auf einen für die methodischen Probleme der Gesprächsanalyse fruchtbar zu machenden hermeneutischen Traditionsstrang verstellt. In den Arbeiten zur Gesprächsanalyse wird es zwar in der Regel als Problem erkannt, daß wir es bei der Analyse von Gesprächen in jedem Fall mit einem interpretativen Verfahren zu tun haben, jedoch wird die Interpretationsproblematik kaum zum Gegenstand angemessener theoretischer und methodischer Reflexion gemacht, so daß beispielsweise die Frage der "interpretativen Zugänglichkeit" schlicht auf eine "empirische Voraussetzung" der Gesprächsanalyse reduziert wird (AMMON u.a. 1979:16).

Wenn die "interpretative Zugänglichkeit" des Materials in diesem Sinn gesichert ist, kann, so scheint es, das Problem des

Interpretierens selbst im Verlauf der eigentlichen Analyse unreflektiert bleiben, es taucht allenfalls noch im heuristischen Bereich, nicht jedoch als zentrales theoretisch-methodisches Problem von Gesprächsanalyse überhaupt auf.

Obwohl im Hinblick auf Beobachter- und Interpretenschulung (bezeichnenderweise im Rahmen eines "Empiriekurses") durchaus praktische Vorschläge gemacht werden, die in einem hermeneutischen Diskussionszusammenhang angemessen theoretisch begründet werden könnten, so bleibt doch eine explizite Auseinandersetzung mit der hermeneutischen Tradition aus (WUNDERLICH 1976:297f.), so daß letztlich gerade das, was Gegenstand angemessener theoretischer und methodischer Reflexion sein sollte, z.B. die Konstitution eines bestimmten Textverständnisses, die Wahl der Beschreibungskategorien, die prinzipielle Differenz zwischen der Sprache des Analysierenden und der Sprache derer, deren sprachliches Handeln Gegenstand der Analyse ist, die Reflexion auf die Angemessenheit unserer Beschreibung, im Vorfeld der "eigentlichen" Analyse als heuristisches oder praktisch-technisches Problem theoretisch-methodisch folgenlos bleibt.

So befremdlich eine solche "historische Kurzsichtigkeit" zumindest für die philologisch ausgebildeten Germanisten unter den Linguisten sein mag, so ist die Abneigung, methodische Probleme der Gesprächsanalyse als hermeneutische Probleme zu formulieren und damit historisch in einen entsprechenden theoretischen Kontext zu stellen, doch auch verständlich. Hat nicht, so mag man polemisieren, die Entwicklung der Linguistik in den letzten zehn oder zwanzig Jahren gezeigt, daß diese Wissenschaft durchaus in der Lage ist, eine theoretische und methodische Alternative anzubieten zur philologisch orientierten Sprachwissenschaft einerseits und zu einem an der "Kunst der Interpretation" (Staiger) orientierten Text- und Literaturverständnis bzw. einer entsprechenden Auslegungspraxis andererseits[4]?

Setzt man nun kurzschlüssig jegliche Ausprägung von Hermeneutik mit einer solchen, der "Unwissenschaftlichkeit" verdächtigen Praxis des (philologischen) "Umgangs mit Texten" gleich, so scheint es geradezu einer Preisgabe der in der Linguistik erreichten (zumindest angestrebten) theoretischen und methodischen

Standards gleichzukommen, einen produktiven Zusammenhang zwischen Gesprächsanalyse und Hermeneutik herstellen zu wollen.

Gegen die Charakterisierung des Verstehens- bzw. Interpretationsprozesses als 'hermeneutisch' lassen sich allerdings auch weniger polemische Argumente vorbringen. So warnt beispielsweise Dittmann vor einer

> V e r k ü r z u n g 'eigentlich' hermeneutischer Ansätze, wenn nicht deutlich hinzugesetzt wird, daß 'hermeneutisch' sich hier nicht auf eine philosophische Hermeneutik in ihrer ganzen Reichweite, etwa im Gadamerschen Sinne, bezieht, auch nicht auf eine Hermeneutik als Kunstlehre der 'Auslegung' von 'schriftlichen Dokumenten unserer Kultur' (Ricoeur) (DITTMANN 1979:20)[5]

Auch Dittmann legt (mit Ricoeur) eine Beschränkung des Anwendungsbereichs einer hermeneutischen Kunstlehre auf die Auslegung von "schriftlichen Dokumenten" nahe, stellt also eine mögliche methodische Relevanz einer solchen "Kunstlehre" für die Analyse von mündlichen Gesprächen zumindest in Frage.

2.

So sinnvoll eine Unterscheidung von Schriftlichkeit und Mündlichkeit in forschungspraktischer Hinsicht "Datenkonstitution", Transkriptionsprobleme usw. sein mag, so kann sie m.E. doch nicht als grundlegende methodisch relevante Unterscheidung im Hinblick auf das Verstehens- und Interpretationsproblem herangezogen werden. Dies kann gerade eine Beschäftigung mit dem Hermeneutikbegriff Schleiermachers deutlich machen.

Ausgehend von der Feststellung, die Hermeneutik als Kunst des Verstehens existiere "noch nicht allgemein, sondern nur mehrere spezielle Hermeneutiken" (SCHLEIERMACHER 1839; 1977:75), plädiert Schleiermacher für einen allgemeinen Hermeneutikbegriff, der die Beschränkung des Gegenstandsbereichs der Hermeneutik auf schriftliche, literarische Texte einerseits, auf in fremder Sprache verfaßte Texte andererseits aufheben soll. In der Auseinandersetzung mit Ast und Wolf (SCHLEIERMACHER 1829; 1976) thematisiert er sowohl das "Gebiet der Muttersprache", als auch "die Auslegung des bedeutsameren Gesprächs"[6] als legitimen Bereich der "Ausübung der Hermeneutik":

> Ja, ich gestehe, daß ich diese Ausübung der Hermeneutik im Gebiet der Muttersprache im unmittelbaren Verkehr

> mit Menschen für einen sehr wesentlichen Teil des gebildeten Lebens halte, abgesehen von allen philologischen und theologischen Studien. (SCHLEIERMACHER 1829; 1976:137)

und

> Insbesondere aber möchte ich ... dem Ausleger schriftlicher Werke dringend anraten, die Auslegung des bedeutsameren Gesprächs fleißig zu üben. Denn die unmittelbare Gegenwart des Redenden, der lebendige Ausdruck, welcher die Teilnahme seines ganzen geistigen Wesens verkündigt, die Art, wie sich hier Gedanken aus dem gemeinsamen Leben entwickeln, dies alles reizt viel mehr als die einsame Betrachtung einer isolierten Schrift dazu, eine Reihe von Gedanken zugleich als einen hervorbrechenden Lebensmoment, als eine mit vielen anderen auch anderer Art zusammenhängende Tat zu verstehen ...
> (SCHLEIERMACHER 1829; 1976:138)

Dieses "Universal"-Werden der Hermeneutik[7] seit Schleiermacher bedeutet also:

> Die Schrift selbst wird als Grenze aufgelöst und nunmehr als ein, wenn auch wichtiges, Moment des hermeneutisches Feldes, zu dem nun auch die Rede ("Konversationen", "Diskussionen") und andere Formen des menschlichen Ausdrucks gehören, angesehen. (JAPP 1977:30)

Wenn über den Bereich der mündlichen Rede hinaus nun sogar noch "andere Formen des menschlichen Ausdrucks" als Moment des "hermeneutischen Feldes" angesehen werden können (eine Tendenz, die bereits bei Schleiermacher angelegt ist, wenn er "eine Reihe von Gedanken zugleich als einen hervorbrechenden Lebensmoment, als eine mit vielen anderen auch anderer Art zusammenhängende Tat" versteht), so scheint mir auf der Basis eines solchen Hermeneutikbegriffs auch eine Vermittlung von geistes- und sozialwissenschaftlichen Forschungskontexten möglich.

Dies bedeutet freilich nicht, daß uns die aktuelle Diskussion in den Sozialwissenschaften bereits ein hermeneutisch akzentuiertes Paradigma anbieten könnte, innerhalb dessen wir unsere linguistischen Probleme als hermeneutische neu formulieren könnten. Zwar gibt es in der Verstehenden Soziologie der dreißiger Jahre (A. Schütz) einen entsprechenden Anknüpfungspunkt, aber gerade diese Tradition ist, ähnlich wie die philologische Hermeneutiktradition für die Linguistik, durch die an szientifischen Denkmodellen orientierte empirische Sozialforschung weitgehend verdrängt worden.[8]

In dieser Situation könnte die pragmatische Linguistik aus

der Reflexion auf ihre hermeneutischen Grundlagen heraus durchaus in der Lage sein, ein hermeneutisch akzentuiertes sozialwissenschaftliches Forschungsparadigma zu entwickeln, das einen grundlagentheoretischen Bezugsrahmen auch für die empirische Sozialforschung darstellen könnte.

Im folgenden Abschnitt werde ich diskutieren, inwieweit einige Aspekte eines solchen Paradigmas für den Bereich der Gesprächsanalyse fruchtbar gemacht werden können.

3.

In welcher Weise lassen sich die theoretisch-methodischen Probleme der linguistischen Gesprächsanalyse als hermeneutische beschreiben, und inwieweit läßt sich ein hermeneutischer Ansatz in der Praxis des Analysierens bzw. Interpretierens von Gesprächen methodisch umsetzen?

Das generelle Problem besteht, grob gesagt, darin, allgemeine Analysekategorien auf individuelle sprachliche Äußerungen bzw. Zusammenhänge zwischen Äußerungen anzuwenden. Es ist kaum umstritten, daß es sich hierbei nicht um eine algorithmische Zuordnungsprozedur handeln kann, so als brauchtest du nur hinzuschauen oder hinzuhören, um zu verstehen, was dein Gesprächspartner, (aus der Sicht des Beobachtenden: die Gesprächspartner) tut, was er mit dieser oder jener Äußerung in diesem oder jenem Zusammenhang meint.

Die Beschreibung bestimmter Äußerungen oder bestimmter Zusammenhänge zwischen Äußerungen als diese oder jene sprachlichen Handlungen ist zunächst nichts anderes als die Explikation eines bestimmten Verständnisses (meines Verständnisses)[9].

Im Brennpunkt der nicht-eindeutigen Relation zwischen sprachlichen Ausdrucksmitteln (Zeichen) und sprachlichen Handlungen, die wir damit in je spezifischen Zusammenhängen machen können, beginnt die Aufgabe der Hermeneutik, die Bestimmung des "Sinns":

> Zu einer <u>hermeneutischen Operation</u> wird die Rekonstruktion einer grammatischen Sequenz und der in ihr verketteten Bedeutungselemente mithin "erst mit der Bestimmung des Sinns" derselben, die zwar nur "vermittelst jener Elemente" (HK,154), nicht aber auch <u>durch</u> sie zustandekommt. (FRANK 1978:556)

Von diesem als hermeneutische Operation beschreibbaren zentralen Problem jeder Gesprächsanalyse her gilt es, auf entsprechende methodische Möglichkeiten der Analyse zu reflektieren.

Welchen methodischen Weg können wir aber gehen, wenn wir Gesprächsanalyse weder im Rahmen eines naiv objektivistischen Methodenverständnisses betreiben, noch in einem radikal subjektivistischen Sinn einer jeglichem methodischen Zugriff entgleitenden Beliebigkeit der Interpretation das Wort reden wollen?[10]

Ich will die für die Gesprächsanalyse m.E. methodisch relevante Art des interpretativen Zugangs mit dem Begriff der "hermeneutischen Reflexion" kennzeichnen. Auf der Basis hermeneutischer Reflexion begreifen wir die Analyse eines Gesprächs zunächst und vor allem als methodische Explikation bzw. Rekonstruktion unseres Verständnisses. Wir verstehen das, was ein Partner sagt bzw. meint, indem wir auf der Grundlage unserer eigenen Sprachkompetenz Annahmen machen über die Sprachkompetenz des Partners. Damit ist die Möglichkeit einer ersten Annäherung an den Sprachgebrauch des Partners gegeben, dessen Ähnlichkeit mit unserem eigenen Sprachgebrauch wir zunächst - kontrafaktisch - immer schon unterstellt haben, eine Unterstellung, die einerseits für das Gelingen von Kommunikation notwendig ist, die es andererseits in der hermeneutischen Reflexion (z.B. in der Thematisierung von möglichen Mißverständnissen) gerade als Fiktion durchschaubar zu machen gilt.

Der Zusammenhang zwischen der Sprachkompetenz des Partners und dem konkreten Gebrauch sprachlicher Ausdrücke in der Performanz kann nun allerdings nicht so beschrieben werden - dies zeigt wiederum die Auseinandersetzung mit Schleiermacher -, als stelle "die Sprache" bzw. die Kompetenz ein fixes Repertoire sprachlicher Zeichen mit eindeutig festgelegten Bedeutungen (Verwendungsmöglichkeiten) dar, aus dem im Sinne einer Mittel-Zweck-Relation in der Rede diese oder jene spezifische Auswahl getroffen würde. Die Annahme einer Mittel-Zweck-Relation impliziert aufgrund einer statischen, apragmatischen Bedeutungsauffassung die Ein-Eindeutigkeit der Mittel-Zweck-Relation und scheint die "Zwecke" sozusagen im sprachfreien Raum anzusiedeln.

In der Diskussion um die methodischen Unzulänglichkeiten eines induktiven Vorgehens im Sinne einer "Daten"-sammelnden, empiristischen Korpusanalyse ist gezeigt worden, daß der Induktionsschluß von einem als Instanz der 'parole' verstandenen Textkorpus auf ein allgemeines Regelsystem als Instanz der 'langue' nicht aufgeht.

Ebensowenig aber läßt sich umgekehrt Rede aus einem (ggf. in Lexikon und Grammatik kodifizierten) allgemeinen Regelsystem deduzieren. Denn Rede hat immer auch innovatorischen Charakter, in ihr werden nicht die in einem Repertoire fixierten Bedeutungen "ausgedrückt", sondern hier und jetzt in einem pragmatischen Kontext zumindest modifiziert, wenn nicht allererst konstituiert.

Hermeneutische Reflexion heißt in diesem Zusammenhang zunächst nichts anderes, als sich den Zusammenhang von Sprache und Rede, von Kompetenz und Performanz, als einen dialektischen vorzustellen und sich damit bewußt zu machen, daß Rede nie bloße Realisierung eines vorgegebenen Systems, sondern immer auch ein dieses System überschreitender, individueller schöpferischer Akt ist.

Wenn dies richtig ist, so muß hermeneutische Reflexion nicht zu einer Reduktion von Vieldeutigkeit im Sinne einer sog. objektiven (d.h. letztlich normativen) Interpretation führen, sondern kann gerade zu einer Entfaltung von Vieldeutigkeit, zu einer Explikation verschiedener Verstehensmöglichkeiten anleiten (JAPP 1977:46f).

Eine Reflexion auf das individuelle Moment von Rede (die Schleiermacher der m.E. problematischen Seite der psychologischen Interpretation zuschlägt) wird im Rahmen linguistischer Theoriebildung möglich durch die Einführung des Begriffs der Sprachkompetenz, den es im Sinne einer je individuellen, historisch veränderbaren Sprachkompetenz zu verstehen gilt. Damit wird deutlich, daß die Annäherung an das individuelle Moment von Rede sich nicht in der Analyse stilistischer Eigentümglichkeiten erschöpfen kann, sondern Bezug nehmen muß auf ein Modell der sprachlichen Handlungskompetenz, so daß sich in diesem Zusammenhang eine Trennung von theoretischer und empirischer Linguistik als unzulässig erweist, da die "empirische" Analyse immer auf die Reflexion auf ein mit dem Begriff der Sprache bzw. Kompetenz gegebenes Allgemeines angewiesen ist.[11] Dabei ist hermeneutische Reflexion jedoch nicht nur zu verstehen als Reflexion auf die p r i n z i p i e l l e Differenz von System und Anwendung, sondern darüberhinaus als Reflexion auf die je s p e z i f i s c h e Differenz der Sprachkompetenzen der betreffenden Gesprächspartner. Die aus dieser Art von Reflexion resultierende Beschreibung hat den Charakter einer Hypothese über die dem Sprachgebrauch des Partners zugrundeliegenden Regeln. Solche Regeln sind nicht als invariante Größen zu verstehen, sondern als Produkt von und Bedingung für Interaktions- und Kommunikationsprozesse, durch die Regeln modifiziert, neue Regeln konstituiert werden können. Die historische Veränderbarkeit von Regeln ist pragmatisch gebunden an das Handeln gesellschaftlicher Subjekte, die über eine grundlegende Fähigkeit verfügen, die ich mit dem schlichten Begriff des Lernens charakterisieren möchte.[12]

Die hier angesprochene hermeneutisch relevante Art des Lernens besteht darin, Annahmen machen zu können über die dem Handeln des Partners zugrundeliegenden Regeln, d.h. auf die Sprachkompetenz des Partners reflektieren zu können.

Wenn eine solche, auf hermeneutischer Reflexion basierende Art des Lernens eine für die Sensibilisierung für und die Bewältigung von kommunikativen Problemen grundlegende Fähigkeit ist, so sieht sich eine didaktisch reflektierte Gesprächsanalyse vor die Frage gestellt, in welcher Weise die unter dem Begriff der hermeneutischen Reflexion zu entwickelnden methodischen Verfahren zur Analyse von kommunikativen Problemen lehrbar sind.

Zu hermeneutischer Reflexion kann ich anleiten, indem ich anhand exemplarischer Analysen von problematischen Kommunikationen"zeige", (i) wie wir uns bewußt machen können, daß der Partner einen anderen Sprachgebrauch hat als den, den wir ihm zunächst unterstellt haben, (ii) wie wir uns in der Reflexion auf alternative Verstehensmöglichkeiten "neue Welten" lernend "aneignen" können, und (iii) wie wir diese Reflexion als ein Argumentieren über Interpretationsalternativen praktizieren können.

Anmerkungen

1 Die Etablierung bzw. der Grad von Etabliertheit eines neuen Forschungszweiges ist u.a. daran abzulesen, daß entsprechende Tagungen durchgeführt, Einführungsbücher geschrieben, Sammelbände herausgegeben, Lehrstühle ausgeschrieben werden. 1976 fand ein Kolloquium zum Thema "Gesprächsanalysen" statt, 1980 wird die Jahrestagung der IDS unter dem Thema "Dialogforschung" stehen, H.Henne und H.Rehbock schrieben 1979 eine "Einführung in die Gesprächsanalyse" und J.Dittmann gab einen Band "Arbeiten zur Konversationsanalyse" heraus.

2 Um gerade "die Verwandtschaft zwischen den Fragestellungen der neueren Konversationsanalyse und der entsprechenden amerikanischen Forschungsrichtung aufzuzeigen", zieht DITTMANN (1979:11) den Terminus "Konversationsanalyse" dem der "Gesprächsanalyse" vor.
(Vgl. auch KALLMEYER/SCHÜTZE 1976; AMMON u.a. 1979:15.)

3 Siehe WUNDERLICH 1976:29f. Vgl. demgegenüber KALLMEYER u.a. 1974:24 : "Der hier verwendete Textbegriff bezieht sich nicht nur auf schriftliche kommunikative Äußerungen, sondern generell auf alle."
Zur Frage, inwieweit die Sprechakttheorie einen theoretischen Bezugsrahmen für die Konversationsanalyse abgeben kann, siehe etwa SCHOENTHAL 1979.

4 Eine Praxis, die Szondi beschreibt als "... cette forme d'interprétation couramment pratiquée de nos jours et qui n'est guère plus que le compte rendu d'un amateur de littérature." (SZONDI 1970:142).

5 Im Apelschen und Habermasschen Sinn 'hermeneutisch' auf die Kunst zu beziehen, "sprachlich kommunizierbaren Sinn zu verstehen und, im Falle gestörter Kommunikation, verständllich zu machen "(HABERMAS 1971:120) hält Dittmann allerdings auch für den Bereich der Gesprächsanalyse für legitim.

6 Im Sinne des Schleiermacherschen Hermeneutikbegriffs bezieht sich auch der Begriff der Philologie auf den schriftlichen wie auf den mündlichen Bereich. Vgl. BOECKH 1886;1966:11 : "Das gesprochene und geschriebene Wort zu erforschen, ist - wie der Name Philologie besagt - der ursprünglich philologische Trieb."

7 Vgl. zum "Universalitätsanspruch der Hermeneutik" auch HABERMAS 1971:120-159.

8 Vgl. zur Kritik an den Methoden der empirischen Sozialforschung CICOUREL 1964:1970, der sich explizit auf Schütz und die Tradition der Verstehenden Soziologie bezieht. Was bei Cicourel noch als zentrales theoretisch-methodisches Problem diskutiert wird, scheint mir in der Rezeption in der bundesrepublikanischen Konversationsanalyse weitgehend auf ein mehr technisches Problem der Datenerhebung reduziert worden zu sein.

9 Vgl. HERINGER 1977:107 : "Es gibt nicht d i e Struktur eines Gesprächs. Alles was es gibt und demnach beschreibbar ist, ist die Struktur unterschiedlicher Verständnisse eines Gesprächs." Einen exemplarischen Versuch, die Beschreibung von Kommunikationen in diesem Sinn als Explikation meines Verständnisses zu verstehen, habe ich in BIERE 1978 unternommen.

10 Ob dieses Problem mit der Spezifizierung einer "sprachanalytisch-hermeneutischen Methode" als "empirisch fundiert" und dem schlichten Hinweis auf "Corpusorientierung als spezifische Form sprachwissenschaftlich-empirischer Fundierung" gelöst werden kann, scheint mir fraglich. Siehe HENNE 1977:71f.

11 Vgl. Heringers Behauptung,"daß eine weitverbreitete Ansicht Unsinn ist, nämlich die, es gebe die Möglichkeit, vorliegende Kommunikationen, konkrete Beispiele zu analysieren (...), und auf der anderen Seite gebe es die Möglichkeit, die langue oder die Kompetenz zu untersuchen. Und das sei etwa für praxisferne Theoretiker oder sozialschwache Spinner." (HERINGER 1977:95).

12 Siehe zu dieser Auffassung des Lernens die Diskussion des fiktiven Beispiels aus "Alice hinter den Spiegeln" in BIERE 1979.

Literatur

AMMON, Rainer/ FÖRSTER, Renate/ HUBER, Claudia/ JODLBAUER, Ralph/ WILDGEN, Wolfgang (1979): "Gesprächsanalyse. Empirie und didaktische Anwendbarkeit." Linguistik und Didaktik 37: 15-38.

BIERE, Bernd Ulrich (1978): Kommunikation unter Kindern. Methodische Reflexion und exemplarische Beschreibung. Tübingen: Niemeyer.

--- (1979): "Sprachgebrauch und Reflexion. Kommunikationsversuche in einer andern Welt." VANDEWEGHE, Willy/ VAN DE VELDE, Marc (eds.): Bedeutung, Sprechakte und Texte. Akten des 13. Linguistischen Kolloquiums, Gent 1978. Bd. 2. Tübingen: Niemeyer: 159-169.

BOECKH, A. (1886): Enzyklopädie und Methodenlehre der philologischen Wissenschaften. Nachdruck Darmstadt 1966.

CICOUREL, Aaron V. (1964): Method and Measurement in Sociology. Glencoe: Free Press. - Übers.: Methode und Messung in der Soziologie. Frankfurt/M.: Suhrkamp ²1974.

DITTMANN, Jürgen (ed.) (1979): Arbeiten zur Konversationsanalyse. Tübingen: Niemeyer.

--- (1979): "Einleitung - Was ist, zu welchen Zwecken und wie treiben wir Konversationsanalyse?" DITTMANN (ed.): 1-43.

FRANK, Manfred (1978): "Schleiermachers hermeneutische Sprachtheorie und das Problem der Divination." BRINKMANN, Richard (ed.): Romantik in Deutschland. Ein interdisziplinäres Symposion. Stuttgart: 550-562.

HABERMAS, Jürgen (1971): "Der Universalitätsanspruch der Hermeneutik." APEL, Karl-Otto, u.a.: Hermeneutik und Ideologiekritik. Frankfurt/M.: Suhrkamp; 120-159.

HENNE, Helmut (1977): "Gesprächsanalyse - Aspekte einer pragmatischen Sprachwissenschaft." WEGNER (ed.): 67-92.

--- /REHBOCK, Helmut (1979): Einführung in die Gesprächsanalyse. Berlin: de Gruyter.

HERINGER, Hans-Jürgen (1977): "Gesprächsanalyse." WEGNER (ed.): 93-107.

JAPP, Uwe (1977): Hermeneutik. Der theoretische Diskurs, die Literatur und die Konstitution ihres Zusammenhangs in den philologischen Wissenschaften. München: Fink.

KALLMEYER, Werner, u.a. (1974): Lektürekolleg zur Textlinguistik. Bd. 1: Einführung. Frankfurt/M.: Athenäum.

--- /SCHÜTZE, Fritz (1976): "Konversationsanalyse". Studium Linguistik 1: 1-26.

SCHLEIERMACHER, Friedrich D.E. (1829): "Über den Begriff der Hermeneutik mit Bezug auf F.A. Wolfs Andeutungen und Asts Lehrbuch." GADAMER, Hans-Georg/ BOEHM, Gottfried (eds.): Seminar: Philosophische Hermeneutik. Frankfurt: Suhrkamp 1976: 131-165.

--- (1838): Hermeneutik und Kritik. Herausgegeben und eingeleitet von Manfred Frank. Frankfurt: Suhrkamp 1977.

SCHOENTHAL, Gisela (1979): "Sprechakttheorie und Konversationsanalyse". DITTMANN (ed.): 44-72.

SZONDI, Peter (1970): "L'herméneutique de Schleiermacher." Poétique 2.

WEGNER, Dirk (ed.) (1977): Gesprächsanalysen. Vorträge, gehalten anläßlich des 5. Kolloquiums des Instituts für Kommunikationsforschung und Phonetik, Bonn 1976. Hamburg: Buske.

WUNDERLICH, Dieter (1976): "Entwicklungen der Diskursanalyse." DERS.: Studien zur Sprechakttheorie. Frankfurt: Suhrkamp: 293-395.

WIE KANN MAN ALS PATIENT IN DER VISITE ZU WORT KOMMEN?

Thomas Bliesener

1. Einleitung: Der Spielraum des Patienten

Patienten, die im Krankenhaus stationär behandelt werden, zeigen oft ein hohes Mitteilungs- und Zuwendungsbedürfnis. Einerseits würden sie gerne das Personal über etwas unterrichten, von gewissen Ansichten überzeugen oder zu bestimmten Handlungen bewegen (BLIESENER 1980). Andererseits wünschen sie sich vom Personal Aufklärung, Zuspruch und Anleitung (RASPE/SIEGRIST 1979). Patienten möchten also erzählen, erklären, anbieten, fragen, klagen, bitten und vieles mehr; kurz: Sie haben einen ausgeprägten Drang zum Gespräch.

Dem kommen aber die Verhältnisse im Krankenhaus kaum entgegen. Sogar die einzige regelmäßige Gelegenheit zum Kontakt mit dem Arzt, die tägliche Stationsvisite, ist wenig patientenfreundlich. Sie ist in erster Linie eine Arbeitsbesprechung des Personals zur Festlegung und Überwachung der medizinischen Behandlung des Patienten. In vielen Fällen ist es im Prinzip sogar möglich, eine Visite durchzuführen, ohne daß der Patient überhaupt dabei ist ('Kurvenvisite'). In praxi wird der Patient dementsprechend nur bei besonderem Bedarf in eine Helfersrolle hinzugezogen. Vieles, was er von sich aus sagt, wird dagegen überhört oder abgewiesen (BLIESENER 1978).

Trotzdem ist es nicht so, daß der Patient an der Entwicklung des Gesprächs überhaupt nicht teilhat. Erfahrungsgemäß entfällt auf ihn doch ein bestimmter Anteil der Gesprächsaktivitäten. Man kann sagen, daß im Durchschnitt knapp ein Fünftel aller Initiativen von ihm stammen (RASPE/SIEGRIST 1979). Daran läßt sich ablesen, daß immerhin ein gewisser Spielraum für eine Eigenbeteiligung besteht.

Patienten scheinen um diesen Spielraum zu wissen und ihr Verhalten danach auszurichten. Dabei haben sie zweierlei zu beachten Grundsätzlich kommt es darauf an, den beschränkten Spielraum für Eigenaktivitäten nicht verfallen zu lassen, sondern voll auszuschöpfen. Deswegen werden sich Patienten bemühen, so viele Initiativen zu äußern, wie es ihnen möglich erscheint. Insbesondere kommt es darauf an, die wenigen möglichen Initiativen so zu äußern, daß auch Aussicht besteht, die gewünschte Antwort vom Personal zu bekommen und vielleicht sogar noch Platz zu haben zum Beharren und Verhandeln. Deswegen werden Patienten bei ihren Initiativen strategische Rücksichten walten lassen.

Im Prinzip stehen ihnen dabei zwei Wege offen. Einmal können sie sich dem Gang des Gesprächs anpassen und darauf warten, daß sich eine günstige Redegelegenheit ergibt. Zum anderen können sie den Gang des Gesprächs ihren Absichten anpassen, indem sie durch vorbereitende Äußerungen solche Gelegenheiten schaffen. Mit der ersten Strategie wird die Initiative vorteilhaft placiert, mit der zweiten geschickt lanciert. Die P l a z i e r u n g geschieht durch die mentalen Prozeduren des Beobachtens und Abwartens, die L a n c i e r u n g durch verbale Prozeduren, nämlich Wendungen und Signale.

Bevor ich die Mechanismen von Plazierung und Lancierung im einzelnen untersuche, will ich angeben, wie ich in einer Visitenaufzeichnung feststelle, ob ein Patient eine Initiative äußert.

In Visiten ist in der Regel sehr gut erkennbar, ob Arzt, Assistent und Schwester einander oder aber den Patienten ansprechen. In vielen Fällen kommt zu inhaltlichen und formalen Hinweisen (z.B. Themenwechsel und Anrede) sogar noch ein deutlicher Höreindruck hinzu. Wenn sich ein Mitglied des Personals an den Patienten wendet, wird oft seine Aussprache deutlicher, betonter, näher an der Hochlautung; der Tonfall steigt leicht und die Lautstärke nimmt zu. Erste Intensitätsmessungen[1] weisen ebenfalls in diese Richtung - eine hieb- und stichfeste Objektivierung des Höreindrucks ist damit selbstverständlich noch lange nicht erbracht.

Da also gut feststellbar ist, wann der Patient angesprochen wird, kann man in seinen darauffolgenden Reaktionen u.a. Antworten, Rückmeldungen und Gegenzeichnungen erkennen und aussondern. Alle übrigbleibenden Äußerungen dagegen hat der Patient von sich aus gebracht. Sie zählen als Initiativen bzw. Bestandteile derselben, sogar wenn es sich nur um Fragmente handelt wie <u>Äh, was ich noch ö</u>. (Zur Unterscheidbarkeit zwischen Initiative und Antwort in einem komplizierten Grenzfall vgl. BLIESENER 1980). Unter den so herausgesuchten Initiativen finden sich die bekannten Akte wie: Fragen, Bitten, Vorschläge, Argumente, Erzählversuche usw.

2. Die Plazierung von Initiativen

Manchmal ist es schwerer, manchmal leichter, in ein laufendes Gespräch einzugreifen. Leichter ist es gewöhnlich, wenn man das Gespräch in der eingeschlagenen Richtung fortführt, schwerer, wenn man einen Wechsel herbeiführen will. Worin die 'Richtung' bzw. der 'Wechsel' genauer besteht, ist allerdings überaus vage und vielschichtig. Ich kann hier nur ein Minimum der in Gesprächen wirksamen Konstanz-Erwartungen nennen:

1. Wer schon länger schweigt, wird vermutlich weiterschweigen.
2. Wer mit Beschlag belegt ist, wird sich keiner anderen Aufgabe zuwenden.
3. Wenn bislang zu einer bestimmten Thematik gesprochen wurde, kann auch weiterhin zu ihr beigetragen werden.
4. Wenn ein Problem aufgeworfen wurde, wird es mit Vorrang abgearbeitet und gelöst.

In dieser Formulierung sind die obenstehenden Sätze natürlich völlig unbestimmt bzw. einfach falsch. Wenn man sie jedoch als grobe Faustregeln versteht, an denen sich im Gespräch ein Anwärter auf die Initiantenrolle orientiert, können sie die beobachtbare 'Trägheit' von Gesprächsverläufen aufklären helfen.

Es sieht so aus, als bemühten sich Patienten darum, die vom Personal erwartete Kontinuität des Visitenverlaufs nicht durch ihre Initiativen zu gefährden. Bei den Untersuchungen eines Korpus von 180 Tonbandaufzeichnungen von Visiten[2] zeigte sich nämlich, daß Patienten ihre Beiträge großenteils wie folgt plazieren:

1. Nachdem sie schon vom Personal angesprochen und hinzugezogen worden sind
2. Nachdem sie ihren Antwortpflichten nachgekommen sind
3. Wenn das Personal nicht gerade mit der Bearbeitung eines bestimmten Problems beschäftigt ist
4. Wenn das aktuelle Thema nicht zu weit vom geplanten entfernt ist.

Um zur Verdeutlichung nur zwei Zahlen zu nennen: Zwei Drittel aller Initiativen schließen an eine schon bestehende Beteiligung des Patienten an, erfüllen also Bedingung 1, und über drei Viertel aller Initiativen nehmen das vorausgegangene Thema wieder auf, genügen also Bedingung 4. Daran sieht man, daß Patienten in hohem Maß die Konstanzerwartungen des Personals respektieren.

Andererseits zeigte sich auch, daß diejenigen Initiativen, die keiner der vier genannten Bedingungen genügen, besonders oft eine Abweisung nach sich ziehen. Es deutet sich also eine Kovariation von Position und Erfolg der Initiativen an. Wenn sie nicht gerade durch einen verborgenen dritten Faktor bewirkt wird, darf man ihr entnehmen, daß sich für Patienten die Plazierung von Initiativen lohnt.

Aus diesen Befunden läßt sich die Strategie der vorteilhaften Plazierung von Initiativen hypothetisch rückerschließen. Ich stelle sie in der üblich gewordenen Form eines Flußdiagramms dar:

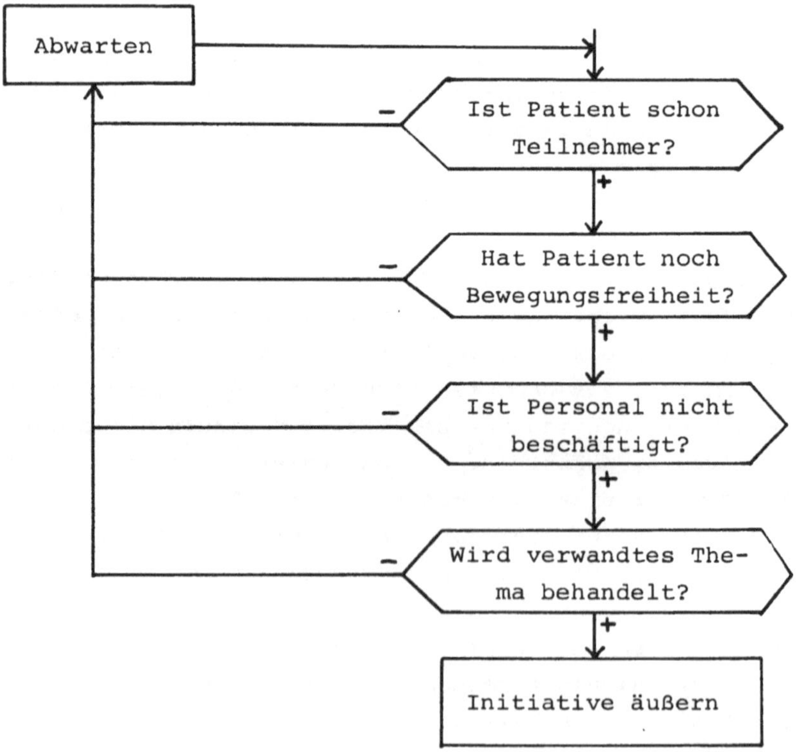

Wie fundamental die Rücksichtnahmen bei der Plazierung von Initiativen sind, mag ein extremes Beispiel veranschaulichen. Eine schwerkranke Patientin, die sich nur völlig unartikuliert in das Visitengespräch einzuschalten weiß, murmelt und stöhnt trotzdem noch an der 'richtigen' Stelle, nämlich immer erst dann, wenn das Personal eine angeschnittene Frage wieder abgeschlossen hat.

(1) MA: [3]Sie ist, heute morgen beim Spritzen habe ich gemerkt, daß sie ziemlich verwirrt ist.
A1: Jaja, das glaub ich. Da wollen wir mal heute nachmittag fragen, ob wir doch das Dogmatil mal nehmen.
MA: Was hat sie denn für eine Frequenz?
A1: Hydergin kriegt sie, nicht?
A2: Helfagin.
A1: Helfagin. Helfagin. Helfagin, ja.
MA: Ne Frequenz von 36.
→ P: ((murmelt unverständlich))
A2: Was ist, was ist, Frau X?
P: ((unverständlich))
A1: Die ißt zuwenig, nicht? Setzen wir mal das ((Medikament)) ab.
A2: Ist schon.
A1: Ist schon.
→ P: ((stöhnt))

Die Strategie der Plazierung ist dennoch nur sehr begrenzt erfolgversprechend. Wenn es ein Patient ausschließlich mit ihr versuchen will, Initiativen erfolgreich einzubringen, sieht er sich rasch einer Fülle unüberwindbarer Hindernisse gegenüber. Um nur die häufigsten zu nennen:

1. Er wird vom Personal einfach nicht ins Gespräch einbezogen.
2. Er wird zwar ins Gespräch eingeschaltet, aber völlig absorbiert, z.B. durch hintereinandergestaffelte Fragen, Mahnungen zur Aufmerksamkeit oder ablenkende Begleitumstände wie Abtasten, Abhorchen, Pulszählen.
3. Er kann die Stelle nicht erkennen, an der das Personal ein behandeltes Problem abschließt, weil das Gespräch durch Rückfragen, Korrekturen, Einmischung Dritter, Nachträge, Dispute usw. unüberschaubar wurde.
4. Er kann diese Stelle zwar erkennen, aber nicht ausnutzen, weil sie schon für das nächste Problem verplant ist oder weil über sie im letzten Moment anderweitig verfügt wurde.
5. Er kann das laufende Thema nicht mitverfolgen, weil das Personal zu leise spricht oder sich gegenseitig ins Wort fällt oder weil das Personal sich in Andeutungen, Kürzeln und Fachausdrücken unterhält und dabei zu schnell verfährt.
6. Er kann das laufende Thema zwar mitverfolgen, aber nicht an es anknüpfen, weil es vom geplanten Thema zu weit entfernt ist

In all diesen Fällen verlangt die Strategie der Plazierung Abwarten. Will ein Patient aber nicht so lange warten, sondern eine Initiative sozusagen außer der Reihe einbringen, so kann er sie gegen die erhöhte Gefahr des Scheiterns durch besondere Vorkehrungen präparieren.

3. Die Lancierung von Initiativen

Wenn bestimmte Voraussetzungen für eine 'weiche Landung' der Initiative fehlen, kann der Patient dieses Defizit dadurch ausgleichen, daß er seiner Initiative besondere Wendungen oder Signale vorausschickt.

Wenn der Patient zum Beispiel zuletzt weder als Sprecher noch als Angesprochener am Gespräch beteiligt war, so kann er sich zunächst einmal bei den anderen Teilnehmern in Erinnerung bringen, um auf der Grundlage ihrer erhöhten Aufmerksamkeit sein eigentliches Anliegen anzuschließen. Der folgende Visitenausschnitt veranschaulicht dieses Vorgehen:

(2)
StA: Sie steht auf regelmäßig
CA: Ja ist recht.
Ist sie nur noch wegen des Delcomar da?
StA: Ja
OA: Ja
Pf: Sie hatte gebrochen (   )
CA: Kinder, könnten wir nicht die ganzen Medikamente jetzt mal weglassen.
→P: Ja, ich hab's auch schon gedacht.
OA: Ja (   )
CA: ((zu P)) Bitte?
→P: Hab auch schon gedacht die ganzen Medikamente.
CA: Also gut.
P: Herr Doktor, nur mal kurz: Wann könnt ich denn bald heim?
CA: Morgen.

Die hier vom Patienten benutzte Methode, eine Initiative mit Hilfe direkter Kommentare zum laufenden Thema vorzubereiten, ist sehr gebräuchlich:

> As we all know, an act of agreement is often a way of 'getting one's foot in the door' in order to go ahead and to present one's own ideas. And similarly, when one has given a disagreement, he is very likely to go ahead and 'tell why'. (BALES 1966: 452)

Solche Randbemerkungen scheinen den Erwartungshorizont der aktiven Gesprächsteilnehmer nicht zu sprengen, sondern werden gewöhnlich von ihnen toleriert. Dabei schaffen sie es aber, vorweg anzuzeigen, daß fortan mit einem weiteren aktiven Gesprächsteilnehmer zu rechnen ist. Sie erzeugen also neue Erwartungen.

Damit ist an diesem Einzelfall bereits das allgemeine Funktionsprinzip von vorbereitenden Äußerungen angegeben: Ihr Auftreten liegt noch innerhalb der bestehenden Erwartungsgrenzen der Teilnehmer, bewirkt aber das Aufkommen neuer Erwartungen, auf deren Grundlage dann die hauptsächliche Äußerung erfolgen kann.

Wenn auch ihre Funktionsweise dieselbe ist, sind es doch jeweils spezifische Mittel, mit denen unterschiedliche Voraussetzungen geschaffen werden. So eignet sich das eben besprochene Mittel der "Voranzeige" speziell dazu, den Wechsel vom Schweigen zum Reden zu harmonisieren, das Mittel der Anrede aber besonders dazu, den Wechsel von einem (oder keinem) Ansprechpartner zu einem neuen zu erleichtern. Überschneidungen in der Anwendbarkeit unterschiedlicher Mittel können natürlich empirisch auftreten.

Im folgenden werde ich nicht alle bekannten Typen vorbereitender Äußerungen, sondern nur solche, die tatsächlich im untersuchten Material vertreten sind, exemplarisch anführen.

(2) V o r a n z e i g e (der Sprecher ist neu)

(Text siehe Vorseite)

(3) A n k ü n d i g u n g[4] (der Sprecher wird Initiant)

A2: Wir sollten noch mal gezielt fragen, wann diese Beschwerden genau eingesetzt haben.
((Auslassung))
Sind sie denn stärker geworden?
P: Wo? Nein.
→ Es ist bei mir folgendes:
Mit der Wirbelsäule selbst habe ich keine Schwierigkeiten ((folgt längere Beschreibung))

(4) A n r e d e (der Adressat ist neu)

A1: ((an A2)) Dafür bräuchte er doch nicht mehr da sein, nein?
→P: ((an A1)) Herr Professor?
A1: Ja
P: Dürft ich Sie auch mal ( )?

(5) P l e b i s z i t (der Adressat wird gestört)

→P: Dürft ich Sie auch mal ( )?
A1: Ja sicher, jederzeit.

(6) E i n l e i t u n g (das Thema ist neu)

A2: Braucht sie ja auch keine Paraproteine zu haben.
MA: Nein.
A2: Ja.
→P: Was ich noch sagen wollte:

Also mit den Warzen da, das kann ich nicht so lange haben, bis die da oben rauskommen.

(7) E i n l e i t u n g (das Thema wird neufokussiert)

P: Ich habe gerade gestern dem Oberarzt gesagt, daß ich also ((lacht)), daß ich also den Eindruck habe, daß es also mindestens 50% besser ist.
A2: Vielen Dank, Herr ((lacht, weil ihn P als OA bezeichnet hat))
A1: Ja
A2: Und zwar meinte er auch, in der Theorie mal, ja hatte er mir spontan gesagt,
→P: Ja, also ich hatte folgende Idee gehabt, daß also das möglicherweise äh spasmisch äh bedingt war vielleicht.

(8) V o r f r a g e (sprecherseitige Bedingung unklar)

A2: Es war Ihnen nie mehr schlecht?
P: Nein, neinnein, ich mein also.
→ Wie meint Frau Doktor?
A2: Ich meine, es war Ihnen doch. Als ich hierherkam auf Station, da haben Sie über Übelkeit geklagt.
P: Ja, da hatte ich, absolut schrecklich ((folgen anhaltende Erzählversuche))

(9) S o n d i e r u n g (hörerseitige Bedingung unklar)

A1: Haben Sie den Pflegern sagen können, auf welcher Station Sie in der Nervenklinik waren?
((Auslassung))
Und äh dann weiß man äh, daß es vielleicht eine transfusionsbedingte Hepatitis ist, also Leberentzündung.
P: Ja ja.
→ Ich hab den Namen von der Är Stationsärztin,
→ wenn Sie der interessiert.

Da sich in einer bloßen Taxonomie nicht wiedergeben läßt, wie die verschiedenen vorbereitenden Elemente zu einer situationsbezogenen Strategie zusammenwirken können, stelle ich auch die Strategie der Lancierung von Initiativen im Flußdiagramm dar. Das Diagramm ist aber ausschließlich so konstruiert, daß es den Befunden der untersuchten Visiten gerecht wird. Mit Sicherheit wird es bei Berücksichtigung weiterer Texte nötig sein, zusätzliche Eingangsbedingungen, Kommunikationsmittel und Verzweigungen einzuarbeiten.

Das nachfolgende Diagramm könnte zu der Annahme verleiten, Initiativen wären um so erfolgsträchtiger, je umfangreicher die Vorbereitungen sind. Die Beobachtungen sprechen jedoch dagegen. Zu lange vorbereitete Initiativen stehen verstärkt in der Gefahr, abgewürgt zu werden. Das scheint daher zu kommen, daß aufwendige

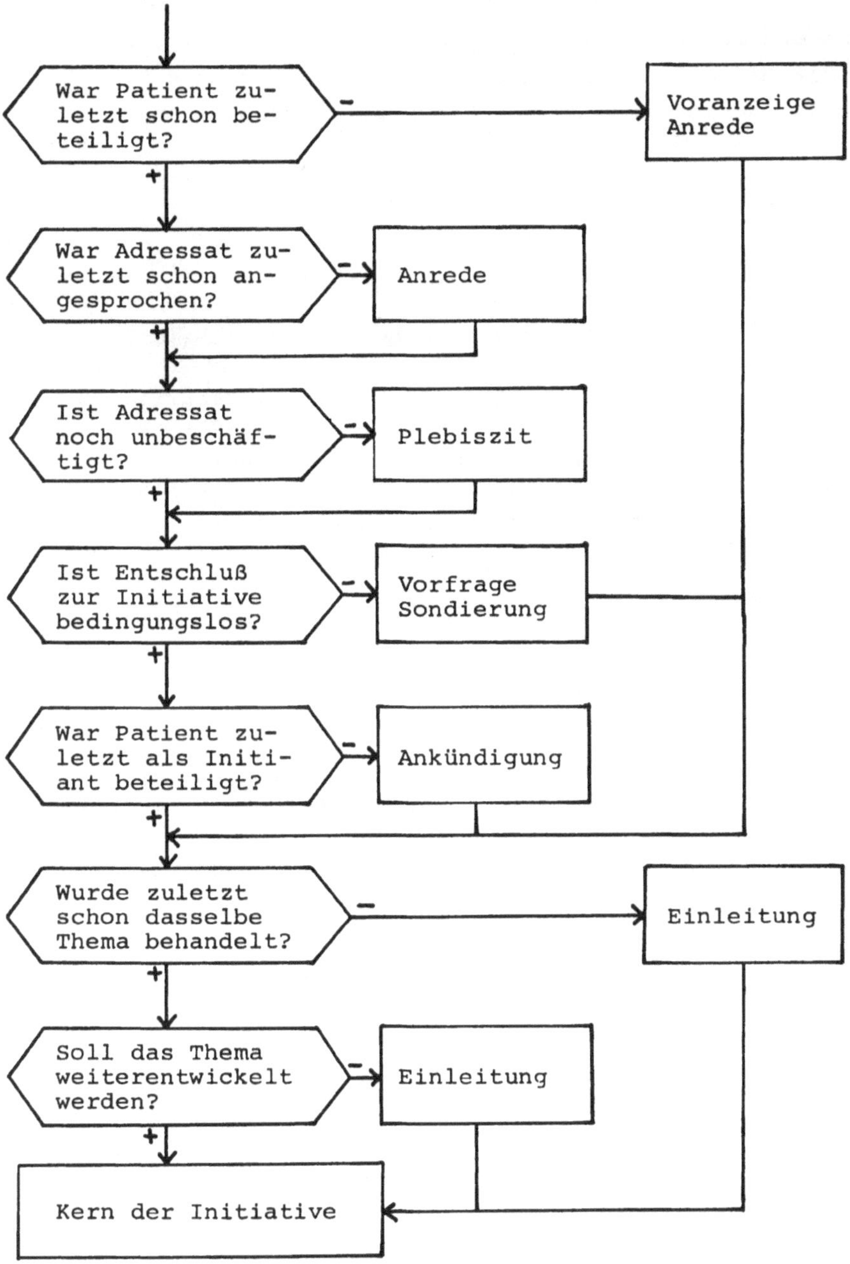
War Patient zuletzt schon beteiligt?
Voranzeige Anrede
War Adressat zuletzt schon angesprochen?
Anrede
Ist Adressat noch unbeschäftigt?
Plebiszit
Ist Entschluß zur Initiative bedingungslos?
Vorfrage Sondierung
War Patient zuletzt als Initiant beteiligt?
Ankündigung
Wurde zuletzt schon dasselbe Thema behandelt?
Einleitung
Soll das Thema weiterentwickelt werden?
Einleitung
Kern der Initiative
+
-

Vorbereitungen dem Gegenspieler Zeit und Gelegenheit zu Gegenmaßnahmen geben. Für den Patienten kommt es also auf eine Konzentration der Mittel an. Besonders eignen müßten sich z.B. Vorrangsignale wie Moment, Moment. Sie freilich fehlen im Material.

Anmerkungen

1 Konrad Ehlich danke ich für die Anregung und entscheidende Hilfe bei den Messungen.

2 Nähere Angaben bei RASPE/SIEGRIST (1979). Prof. Siegrist danke ich herzlich für die Bereitstellung der Materialien.

3 A = Arzt, StA = Stationsarzt, OA = Oberarzt, CA = Chefarzt, MA = Medizinalassistent, S = Schwester, Pf = Pfleger, P = Patient.

4 "Ankündigung" hier nicht als selbständiger Beitrag wie "preannouncement" (m.W. am umfassendsten bei TERASAKI (1976) behandelt), sondern als beitragsinterne Überleitung von Antwort zu Initiative.

Literatur

BALES, Robert F. (1966): "The equilibrium problem in small groups." HARE, P. / BORGOTTA, E. P. / BALES, R. F. (eds.) (1966): Small groups. New York: 444-476.

BLIESENER, Thomas (1978): Strategien der Abweisung von Initiativen. Zur Kommunikation zwischen Krankenhauspersonal und Patient in der Visite. Bonn: unveröff. Diplomarbeit.

BLIESENER, Thomas (1980): "Erzählen unerwünscht. Erzählversuche von Patienten in der Visite". EHLICH, Konrad (ed.) (1980): Erzählen im Alltag. Frankfurt/Main: Suhrkamp (im Erscheinen)

RASPE, Hans H. / SIEGRIST, Johannes (1979): "Zur Gestalt der Arzt-Patient-Beziehung im stationären Bereich". SIEGRIST, Johannes / HENDEL-KRAMER, A. (eds.) (1979): Wege zum Arzt. München etc.: Urban und Schwarzenberg: 113-138.

TERASAKI, Alene K. (1976): Pre-announcement sequences in conversation. Social Sciences Working Paper 99. Irvine: School of Social Sciences.

HÖRERSIGNALE UND GESPRÄCHSSTEUERUNG IM ENGLISCHEN

Wolfram Bublitz

1. In neueren Untersuchungen über die Englischkenntnisse deutschsprachiger Schüler und Studenten begnügt man sich nicht mehr damit festzustellen, wieweit Grammatik, Vokabeln und Aussprache beherrscht werden, sondern man fragt beispielsweise nach der "Gesprächsfähigkeit" (GÖTZ 1978). Nicht unerwartet kommt man dann zu dem Ergebnis, daß Mängel auftreten, wenn in der Fremdsprache ein Gespräch geführt wird. Ich glaube jedoch nicht, daß die Schlußfolgerung, wie sie in manchen Arbeiten zur Analyse gesprochener Sprache anklingt (z.B. BROWN 1977: 123f.), zutrifft, daß in der Fremdsprache Planung, Organisation, Aufbau und Steuerung eines Gesprächs gelernt werden müßten, so, als seien diese von grundsätzlich anderer Art als in der eigenen Sprache. Der Wechsel von der eigenen zur fremden Sprache scheint zu suggerieren, daß auch die Handhabung der Sprache, ihr Einsatz im Gespräch etwa, sich verändere. Bezogen auf zwei so verwandte Sprachen wie das Deutsche und das Englische ist dies in der Regel jedoch nicht der Fall. Der Ablauf einer Unterhaltung, von den Eröffnungs- bis zu den Beendigungskonstruktionen, weist jeweils weitgehend entsprechende sprachliche Strukturen auf. Sprecherwechsel, Sprecher- und Hörersignale etwa funktionieren gleich, wie man unschwer erkennen kann, wenn man Arbeiten zur gesprochenen dialogischen englischen und deutschen Sprache vergleicht.[1] Es ist auch nicht so, daß deutschen Studenten nicht ähnliche sprachliche Mittel im Englischen zur Verfügung stehen wie im Deutschen, um ein reibungsloses Gespräch zu führen. Zu den sprachlichen Erscheinungen, die nach dem Urteil englischer Lektoren in einer Untersuchung von GÖTZ (1978: 35ff., 75 und öfter) nicht oder falsch verwendet werden, gehören Vergewisserungsfragen (*tag questions*), Kontakt- und Anredeformen (Vokative, *hello*), Hörersignale (*yes*, *mhm*), *hesitation-markers* (*er*, *well er*) und andere; alles sprachliche Phänomene, die ihre Äquivalente im Deutschen haben. Natürlich finden sich in beiden Sprachen auch Wörter und Wendungen, die ohne formale Ent-

sprechung in der jeweils anderen Sprache sind. Wichtiger als die bloße Vermittlung der sprachlichen Ausdrucksweisen scheint mir aber zu sein, dem Lernenden den Aufbau eines Gesprächs und die Vorgänge bei der Planung und Steuerung b e w u ß t zu machen.

2. Eine Voraussetzung für jede zielgerichtete Interaktion zwischen zwei Partnern ist beispielsweise die beiderseitige Bereitschaft zur Kooperation. Dies gilt natürlich auch für das Gespräch. Das allgemeine Prinzip der Zusammenarbeit (<u>cooperative principle</u>) und die ihm zugeordneten spezifischen Gesprächsmaximen, die GRICE (1975) formuliert hat, entsprechen dieser Gültigkeit. Ein Ausdruck des Kooperationsbemühens ist das Streben nach Übereinstimmung mit dem anderen. Ein Sprecher ist in der Regel dann darum bemüht, mit dem Hörer einer Meinung zu sein, Annahmen und Stimmungen mit ihm zu teilen, wenn dies für den weiteren Verlauf der Kommunikation und für das Verhältnis der Teilnehmer zueinander bedeutsam ist. Es ist wiederholt hervorgehoben worden, wie unerläßlich das Bestehen von Gemeinsamkeiten in der Sicht der Dinge für das Gelingen der Kommunikation ist (z.B. BUBLITZ 1978: 222ff. mit weiterführender Literatur). Vergewisserungsfragen, bestimmte Partikeln und Floskeln dienen einem Sprecher gerade dazu, Gemeinsamkeiten und Übereinstimmung herzustellen oder sich ihrer zu vergewissern.

Ob ein Sachverhalt bekannt ist oder nicht, ob der Gesprächspartner die Ansicht des Sprechers teilt oder nicht und ob er überhaupt den Ausführungen folgt, dies kann nur durch genaue Beobachtung festgestellt werden. Ein Sprecher ist immer darauf eingestellt, nicht nur das Verhalten des Hörers zu antizipieren, sondern es auch während des Sprechens zu beachten. Das bedeutet, daß er sein eigenes Verhalten nach der jeweiligen sprachlichen oder nichtsprachlichen Reaktion des Hörers richtet, also jederzeit bereit ist, Veränderungen in der Planung für die folgende und unter Umständen sogar für die laufende Äußerung vorzunehmen. Es ist sicher, daß diese Art der fortlaufenden Rückbeeinflussung unabdingbar ist für die Aufrechterhaltung eines Gesprächs.[2] In diesem Zusammenhang möchte ich auf das Verhalten des Hörers beim Zuhören eingehen. Dabei greife ich ein Einzelproblem heraus, nämlich eine Klasse von sprachlichen Phänomenen, die als <u>Hörer-</u>

signale bekannt sind.[3]

3.1. Zu den Hörersignalen im Englischen zählen neben nichtverbalen Mitteln (z.B. Kopfnicken, Blickrichtung) kurze Äußerungen wie yes, uhuh oder schlicht hm, die vom Hörer in die Rede des Sprechers gleichsam eingestreut werden und ohne die dieser über kurz oder lang seine Ausführungen irritiert abbrechen würde. Zu den allgemeinen Charakteristika der verbalen Hörersignale, auf die ich mich im folgenden beschränken werde, gehören folgende:[4]

Hörersignale werden geäußert, während der Gesprächspartner spricht oder während er zwar nicht spricht, etwa weil er eine Atem- oder Planungspause einlegt, aber noch das Wort hat. Ich folge hier dem Sprachgebrauch YNGVEs (197o), der zwischen s p r e c h e n (having the turn) und d a s W o r t h a b e n (having the floor) unterscheidet.[5] Beide Aktivitäten können, müssen jedoch nicht zusammenfallen. Immer nur ein Sprecher hat das Wort, ist also 'an der Reihe', sich zum Thema zu äußern. Ein diffiziles und fein abgestimmtes System von sprachlichen und nicht-sprachlichen Signalen regelt den Sprecherwechsel, wie die Konversationsanalytiker gezeigt haben. Sowohl für die Gesprächsteilnehmer als auch für inaktive, beobachtende Dritte ist es in der Regel kein Problem zu erkennen, wann und wie ein Teilnehmer zeigt, daß er das Wort behalten, abgeben oder übernehmen will. Wer das Wort hat, ist befugt, zu einem Thema zu sprechen, es zu kommentieren, von ihm vorübergehend abzuschweifen und es gegebenenfalls einzuführen oder abzuschließen.[6] Der Hörer seinerseits ist dennoch durchaus berechtigt, währenddessen kurze Äusserungen einzuwerfen, ohne daß der Sprecher dadurch sein Rederecht, also das Wort, verliert. Ja, eine Übernahme des Rederechts wird durch die Äußerung eines Hörersignals vom Hörer gar nicht angestrebt.[7] Dies Kriterium unterscheidet Hörersignale von bestimmten Eröffnungssignalen (speaker-state signals, vgl. DUNCAN 1972: 288 und öfter), mit denen typischerweise Unterbrechungen eingeleitet werden, die den Anspruch des Hörers auf Übernahme der Sprecherrolle ausdrücken.

Hörersignale werden vom Sprecher, der das Wort hat, entweder erwartet oder nicht erwartet. Im ersten Fall gibt er dem Hörer im allgemeinen die Gelegenheit dazu, indem er eine (gefüllte oder ungefüllte) Pause einlegt oder ihn durch Stimmhebung, plötzlichen Blickkontakt oder bestimmte Ausdrucksweisen (sog. Sprechersignalen, vgl. SCHWITALLA 1979: 9off. bzw. within-turn signals, vgl. DUNCAN 1973: 36) wie okay (mit Frageintonation) zu einer solchen Bekundung auffordert. Beispiele für e r w a r t e t e Hörersignale finden sich in (1):[8]

(1) (Aus einem Gespräch zwischen der Angestellten einer öffentlichen Bücherei und einer Leserin:)

The number - the accession number - you'll find if you open the book on the fly-lèaf. (P) [Yès] A, it's usually about six numbers at lèast. (P) [Mhm̄] And if you'd give us that, the date that is stamped on the date label - the last date stămped - (P) [Yès] and your name and addrèss.

(Nach UNDERWOOD 1971: 98)

Wird das Hörersignal für den Sprecher unerwartet geäußert, kommt es oft zu simultanem Sprechen beider Gesprächsteilnehmer, etwa in (2):

(2) (Aus einem Gespräch zwischen dem Besitzer eines Einkaufsmarkts und der Interviewerin:)

Blue is supposed [...] to be the one colour we don't {want / [Yes]} apparently.

(Nach UNDERWOOD 1971: 13o)

Im Englischen - wie auch im Deutschen - lassen sich die Hörersignale nach unterschiedlichen Kriterien klassifizieren und voneinander abgrenzen. Denkbar sind Taxonomien, die die Wortklassenzugehörigkeit zugrundelegen oder die Hörersignale, die einen Sprechakt konstituieren (da man ihnen eine illokutionäre Funktion zuschreiben kann), von anderen, denen diese Eigenschaft nicht zukommt, trennen. In diesem Vortrag möchte ich jedoch einen anderen Weg einschlagen und die Hörersignale nach ihren Funktionen unterscheiden, die sie in bezug auf die Gesprächsführung und Gesprächssteuerung durch den Sprecher ausüben. Gemeinhin herrscht die Ansicht vor, daß der jeweilige Sprecher, der das Wort hat, den Gang des Gesprächs zumindest für den Zeitraum, für den er von seinem Rederecht Gebrauch macht, allein bestimmt. Mich soll im folgenden die Frage interessieren, ob und welchen Einfluß die begleitenden Hörersignale (als wichtiges Ausdrucksmittel der Hörerreaktion) auf das planende und steuernde

Verhalten des Sprechers haben.

3.2. Die Analyse einer Reihe von gesprochenen, natürlichen Dialogen ergibt unter dieser Fragestellung, daß man die Hörersignale des Englischen in zwei große Klassen einteilen kann.[9] Zum einen wird der Sprecher durch nicht-steuernde Hörersignale darin bestärkt, die eingeschlagene Richtung seiner Rede beizubehalten. Hierzu gehören zunächst alle Hörersignale, die die Umstände der Kommunikation, genauer die Unversehrtheit des Kanals betreffen, und solche, die anzeigen, daß man dem Sprecher aufmerksam folgt, daß man bei der Sache ist und den Inhalt der Rede zu erfassen vermag. Zu den nicht-steuernden Hörersignalen, die auf diese Weise die Verfügbarkeit des Hörers und seine Aufnahmefähigkeit signalisieren, gehören im Englischen die Partikel yes mit ihren dialektalen und umgangssprachlichen Varianten (z.B. yeah), Interjektionen wie uhuh, Formen von m (z.B. mhm), aber auch interesting, is that so und indeed, normalerweise mit fallender oder gleichbleibender Intonation und geringer Lautstärke.[10] Besonders während längerer Gesprächsbeiträge, etwa eingeschobener Erzählungen, sind nicht-steuernde Hörersignale unabdingbar, z.B. in (3):

(3) (Der Erzähler berichtet über den Versuch einer Frau, den neuen Wagen der Familie vorsichtig aus der Garage zu fahren:)

As she backed, there was an unpleasant crunching sound and she slapped on the brakes [..] and realized that she hadn't opened the gates [..] and she'd just backed into these very gèntly and [M] sort of touched the bumper and bent the gàtes slightly [M] (P) and this put her into a bit of a flàp (P) [M] so (P) before she could do anything about this she had to pull fòrward [M] (P) in order to open the gates (P) so she (P) took the car out of reverse, put it into first gëar [Yēah] and pulled forward very gently [Yèah]

(Nach CRYSTAL/DAVY 1975: 44)

Zu diesen nicht-steuernden Hörersignalen rechne ich auch solche, die nicht nur Indikatoren für die Teilnahme am Kommunikationsprozeß sind, sondern die Bekanntheit des Gesagten bestätigen und die Zustimmung zum Inhalt signalisieren. Diese Funktion von I know, that's right, true, sure, rather, quite, exactly, without question, I see u.a. neben yes und no bezeichnen ALLEN/GUY (1974: 166) als "support function". Und in der Tat bestärkt und ermutigt der Hörer mit Mitteln dieser Art den Sprecher, wie begonnen und geplant fortzufahren.[11] Dazu betrachte man die Beispiele in (4):

(4a) Well, one can get quite a decent car for five hundred pounds [Quite] - second hand, of course.

(Nach UNDERWOOD 1971: 1o1)

(4b) (Der Sprecher berichtet über seine Erfahrungen in Zypern:)

There've been international situations that people have really just taken as part of their normal life and it hasn't affected the everyday life of Cyprus at àll (P) [Nǒ] you know. And yet [..] my mother [..] used to be so worried because she would read in the papers [..] crisis in Cyprus [..] and she thought I was going to be blown up or shòt or something [Yès (P) that's ríght (P) yès] and there was no possibility of any such thing

(Nach CRYSTAL/DAVY 1975: 1oo)

(4c) You know, Heinz soups, we all know they're rèd. [Yes, yes] So. I think colour is important (P) [Mm] Heinz Baby Foods for the babies are blue and for the juniors are red, [Yes, yes]

(Nach UNDERWOOD 1971: 129)

Zustimmungssignale dieser Art können auch Interjektionen wie gosh, oh , wow oder tut sein, die dann jedoch eher höfliche Ausdrucksformen des Interesses sind als tatsächliche emotionale Kundgaben. Überhaupt werden nicht-steuernde Hörersignale bevorzugt in abschwächender, höflicher Funktion verwendet, beispielsweise vom Prüfer während eines mündlichen Examens, um dem Prüfling, der das Wort hat, Mut zu machen und eine Zustimmung zum Inhalt der Ausführungen zu suggerieren, die tatsächlich nicht immer vorliegt. Diese Doppelfunktion eines Hörersignals wie yes, nämlich I agree (ich stimme zu) und I listen (ich höre zu), führt nicht selten zu Mißverständnissen und Fehlinterpretationen des Hörers. Eine strikte Zweiteilung innerhalb der nicht-steuernden Hörersignale ist demnach möglich, die Zuordnung kann häufig aber erst anhand des Kontexts vorgenommen werden.

Parallel zu diesen beiden Funktionen der nicht-steuernden Hörersignale und ihnen entsprechend gibt es N a c h f r a g e n zweierlei Art. Der Hörer bittet den Sprecher mit eh, what, pardon um Wiederholung (oder u.U. auch Präzisierung), weil er einem Äußerungsteil akustisch oder inhaltlich nicht gefolgt ist und ihm daher keine Interpretation zuordnen kann, oder weil er unvollständig oder nicht korrekt verstanden und somit eine falsche Interpretation zugeordnet zu haben glaubt. Ich neige dazu, die in dieser Funktion verwendeten Wörter ebenfalls zu den nicht-steuernden Hörersignalen zu zählen, da sie keinen eigenständigen Sprecherbeitrag konstituieren. Der Hörer macht dem Sprecher dadurch das Rederecht nicht streitig. Sie haben zwar zur Folge, daß der Sprecher nicht kontinuierlich fortfahren kann, wie er es vorhatte. Doch die kurzen Unterbrechungen, um Informationen zu wiederholen, zu erläutern oder nachzutragen, haben keinen Einfluß auf den geplanten Gang der Ausführungen, die sich anschließen. Eine solche Richtungsänderung ist, anders als bei den Hörersignalen, auf die ich jetzt zu sprechen komme, vom Hörer auch gar nicht beabsichtigt.[12]

3.3. Durch diesen zweiten Typ, den steuernden Hörersignalen, kann der Hörer erreichen, daß der Sprecher die Richtung seiner Ausführungen ändert oder zumindest korrigiert. Der Hörer nimmt zum Inhalt des Gehörten Stellung und kann den Sprecher mit Hörersignalen wie really, honestly, you don't mean that, fancy that, nonsense, is that so, yes, indeed u.a. mit gewöhnlich steigender Intonation zu einer unbeabsichtigten Kurskorrektur 'zwingen'. Der Sprecher paßt sich dem Hörerverhalten an; er reagiert darauf, etwa indem er eine Behauptung abschwächt oder einschränkt, zur Stützung einer These neue Argumente einflicht oder die angezweifelte Wahrheit eines neuen Sachverhalts noch einmal explizit unterstreicht. Aber nicht nur Zweifel und Widerspruch drücken sich häufig in steuernden Hörersignalen aus, sondern auch andererseits Unterstützung und Zustimmung (of course, I know, certainly, no doubt, u.a.), die dann, wenn sie für den Sprecher unerwartet sind, dessen Ausführungen beeinflussen. Er kann sich beispielsweise darauf einstellen, dem Hörer einen vermeintlich unbekannten Sachverhalt ausführlich darzulegen oder ihn von der Wahrheit eines strittingen Punktes zu überzeugen. Ein vom Hörer eingeworfenes Hörersignal wie I agree oder I know kann ihm dann plötzlich vor Augen führen, daß er dabei ist, 'offene Türen einzurennen', und daß er auf die weiteren geplanten Äußerungen verzichten kann, ja, verzichten muß gemäß der Gesprächsregel, nichts Bekanntes oder Offensichtliches zu äußern. Beispiele für steuernde Hörersignale finden sich in (5):

(5a) And they [= the teachers at a secretarial school] resented the fact that we [= the pupils, all graduates] were fairly educated and much pre {ferred the / [Réally]} oh yès.

(Nach SURVEY OF ENGLISH USAGE, Univ. Coll. London, S.5.9.26.)

(5b) [..] and then he showed me his pet crocodile and [Indéed] - yes, believe me or not, there it was in his bathroom and [..]

Wie bei allen Hörersignalen finden sich auch in steuernder Funktion nicht-verbale oder wie in (5c) nicht-lexikalische Äquivalente:

(5c) [..] fox really become bothered (P) {any / [1 syll.]} body - no Mr Moore it's no good sniffing (P) the point is this you never experienced a hunt you've never seen a fox leave cover you've never seen [..]

(Nach SURVEY OF ENGLISH USAGE, Univ. Coll. London, S. 5.6.36.)

Da der Hörer weder das Wort hat noch es beansprucht und da die Zeitspannen, in denen er überhaupt Gehör finden kann, kurz sind, muß er zu Wörtern greifen, die bei einem Minimum an Länge ein Maximum an Aussagekraft haben. Diese Position ist für den Hörer durchaus vorteilhaft. Die Situation des <u>not having the floor - but taking the turn</u> ist geeignet für Hörersignale, die Einwürfen und Zwischenrufen gleichkommen und die nicht nur zweifelnd, sondern auch bissig und sarkastisch sein können. Sie bekämen jedoch zuviel Gewicht, machte sie der Hörer dann zum Gegenstand seines Sprecherbeitrags, wenn er das Wort hat. Der Sprecher, der sich während seiner Rede steuernden Hörersignalen gegenüber sieht, richtet zwar normalerweise seinen anschließenden Beitrag nach diesen Hörerkundgaben aus, er ist aber nicht verpflichtet, offen und ausdrücklich darauf einzugehen. Ignoriert er ein steuerndes Hörersignal, so muß der Hörer, will er seiner Äußerung Geltung verschaffen, diese wiederholen, und zwar als vollwertigen Sprecherbeitrag, wenn er das Wort hat. Der Gesprächspartner muß dann in seinem Folgebeitrag direkt darauf Bezug nehmen. Hierin liegt ein weiterer Unterschied zwischen der Funktion eines Wortes als Hörersignal und als Sprecherbeitrag oder als Teil davon, z.B. als Eröffnungssignal.

Da die am häufigsten vorkommenden Hörersignale, die nicht-steuernden, reine Hörverfügbarkeits- und Zustimmungsformen sind und da der Hörer dabei das Wort nicht hat, wird leicht die wichtige Rolle übersehen, die er mit Hilfe steuernder Hörersignale in der Kommunikation spielen kann. Anders als gelegentlich angenommen, kann er aktiv den Gesprächsverlauf bestimmen und die Planung des Sprechers beeinflussen, ohne selbst das Wort zu haben und ohne es zu beanspruchen. Daran wird deutlich, wie sehr der Verlauf des Gesprächs von b e i d e n Teilnehmern bestimmt werden kann.

Stichwortartig fasse ich an dieser Stelle noch einmal die bisher besprochenen Gebrauchsweisen und Eigenschaften von Hörersignalen zusammen: Nach ihrem Einfluß auf die Gesprächsführung und -steuerung kann man zwischen nicht-steuernden und steuernden Hörersignalen unterscheiden. Erstere werden verwendet, um entweder Hörverfügbarkeit, Gesprächsteilnahme und -bereitschaft sowie Zugänglichkeit oder Zustimmung des Hörers zu signalisieren, ohne daß der Gebrauch der dazu eingeworfenen Hörersignale Folgen für die Sprecherplanung hat. Letztere drücken entweder Zweifel, Widerspruch und Unkenntnis oder Zustimmung und Kenntnis des Hörers aus, wobei ihr Gebrauch in der Regel Folgen für die Sprecherplanung hat. Sowohl die nicht-steuernden als auch die steuernden Hörersignale können somit die Zustimmung des Hörers mitteilen; welchem Typ sie zuzuordnen sind, kann man tatsächlich oft erst im Nachhinein unter Berücksichtigung der Sprecherreaktion bestimmen. Dies ist vor allem dann notwendig, wenn es sich um Hörersignale wie yes oder hm handelt, die zweideutig sind und m.E. auch kaum anhand ihrer Prosodie eindeutig einem Typ von Hörersignalen zugeordnet werden können. I agree und I know kann man dagegen häufig nach ihren prosodischen Eigenschaften als nicht-steuernde (geringe Lautstärke) oder steuernde Hörersignale (normale oder größere Lautstärke, mit Nachdruck gesprochen, höher einsetzende Tonhöhe als normal) erkennen. Aus Zeitgründen kann ich auf diese und andere wichtige Probleme nicht weiter eingehen.[13]

Nur auf eine Schwierigkeit möchte ich abschließend noch kurz hinweisen. Betrachtet man die Rolle, die die steuernden Hörersignale im Gespräch spielen können, so wird einem unter anderem die Fragwürdigkeit von Versuchen klar, deutlich abgegrenzte Äusserungen in Gesprächen als Nachbarpaare einander zuzuordnen und nur ihnen eine Folgereaktion auslösende (bzw. eine reagierende) Funktion einzuräumen.

Der Begriff Nachbarpaar (adjacency pair) wird von den Konversationsanalytikern in den USA verwendet und von Linguisten wie SCHWITALLA (1979: 95ff.) aufgegriffen. Er bezeichnet eine Einheit von zwei Äußerungen, einer ersten, vorangehenden, einleitenden und die Folgereaktion auslösenden Äußerung eines Sprechers A (first pair part, initiierender Akt) und einer zweiten, folgenden, reaktiven und entgegnenden Äußerung eines Sprechers B (second pair part, respondierender Akt). Das Paar weist folgende Eigenschaften auf: ein räumliches bzw. zeitliches Nebeneinander der beiden Glieder, einen Sprecherwechsel und eine irgendwie ausgeprägte formale, inhaltliche und funktionale gegenseitige Abhängigkeit. Beispielsweise muß der respondierende Akt vom selben Typ sein wie der initiierende (Frage - Antwort, Behauptung - Widerspruch, Gruß - Gegengruß, etc.).

Eine gerade gesprochene Äußerung eines Sprechers und das simultan dazu gesprochene Hörersignal, mit dem der Hörer das Rederecht nicht beansprucht, so daß kein Sprecherwechsel folgt, kann sicherlich nicht als Nachbarpaar in diesem Sinne verstanden werden. Dennoch wirken die steuernden Hörersignale durchaus initiierend, da sie eine sofortige Reaktion des Sprechers bewirken und bewirken sollen. Ich glaube auch nicht, daß man ein steuerndes Hörersignal einfach als Unterbrechung oder Unterbrechung einleitendes Signal und damit als vollwertigen Sprecherbeitrag (oder als Teil davon) bezeichnen kann, da der Hörer sich das Rederecht eben nicht nimmt und nicht nehmen will. Möglicherweise muß das Konzept des Nachbarpaars, das ja immerhin mehr und mehr als grundlegende Analyseeinheit in neueren Arbeiten zur Gesprächsstruktur verwendet wird, neu überdacht werden, damit es auch die so beziehungslos und ohne Gegenpart erscheinenden, den Gesprächsverlauf aber beeinflussenden, steuernden Hörersignale erfassen kann. Die Beschreibung der Hörersignale im Rahmen einer möglichst umfassenden und widerspruchsfreien Theorie steht noch aus. Sie scheint mir auch deshalb notwendig zu sein, weil dadurch dem Lehrer und dem Lerner einer Fremdsprache wie hier des Englischen die Wirkung solcher scheinbar wirkungsloser sprachlicher Kleinformen eindringlicher vor Augen geführt und damit bewußt gemacht werden kann.

Anmerkungen

1 Stellvertretend für eine ständig wachsende Zahl von Arbeiten auf diesem Gebiet nenne ich hier nur COULTHARD (1977) fürs Englische und SCHWITALLA (1979) fürs Deutsche; in beiden Büchern wird weiterführende Literatur angegeben.

2 Vgl. ALLEN/GUY (1974: 26), die vier Arten des feedback im gesprochenen, spontanen Dialog unterscheiden.

3 Dieser deutsche Terminus findet sich beispielsweise bei SCHWITALLA (1979: 92 und öfter); im englischen Sprachraum ist eine Vielzahl von Bezeichnungen gebräuchlich. KENDON (1967: 43ff.) spricht von "accompaniment signals", DUNCAN in mehreren, inhaltlich sich teilweise überschneidenden Publikationen (1972, 1973, 1974, 1975) und in DUNCAN/NIEDEREHE (1974) sowie in DUNCAN/FISKE (1977) von "back-channel behaviors", "back-channel signals" oder kurz "back channels", was auf den Sprachgebrauch von YNGVE (197o) zurückgeht; in DITTMANN/LLEWELLYN (1968) schließlich ist von "listener responses" die Rede.

4 Zu den nicht-verbalen Hörersignalen, die in der Kommunikation von Angesicht zu Angesicht wohl eine ebenso bedeutende Rolle spielen wie die verbalen Hörersignale, gehören Kopfbewegungen, Handbewegungen (Gesten), Veränderung der Körperhaltung, Schulterzucken, Mimik und Veränderung der Blickrichtung; zu diesen Ausdrucksformen gibt es - weniger von linguistischer als vielmehr von psychologischer Seite - reichlich Literatur, ich nenne stellvertretend den Aufsatz von KENDON (1967) über die Rolle der Blickrichtung in der Kommunikation.

5 Um Mißverständnissen vorzubeugen sei darauf hingewiesen, daß im Gefolge der amerikanischen Konversationsanalytiker der Terminus turn häufig dort gebraucht wird, wo YNGVE (197o) von floor spricht.

6 Auch diese Handlungen werden gewöhnlich sprachlich indiziert, vgl. z.B. RONCADOR/BUBLITZ (1979) zu den Abschweifungen vom augenblicklichen Gesprächsthema

7 Darauf hat bereits KENDON (1967: 43) hingewiesen.

8 Aus Platzmangel können in dieser schriftlichen Version des Vortrags nur wenige Beispiele angeführt werden. Dabei habe ich alle vorgefundenen Verschriftlichungszeichen, die für die Belange dieser Untersuchung unerheblich sind, weggelassen, andere nach Abhören des Tonträgers hinzugefügt; aus diesem Grund wurde das einschränkende nach in die jeweilige Quellenangabe eingefügt. Es gilt, daß fallende Intonation durch ˋ, steigende durch ˊ, fallend-steigende durch ˇ, steigend-fallende durch ˆ und gleichbleibende durch ˉ angezeigt wird. Die Hörersignale erscheinen unterstrichen und in eckige Klammern gesetzt, um anzudeuten, daß sie nicht von dem Sprecher der jeweiligen Sequenz geäußert werden. Geschweifte Klammern umfassen simultan Gesprochenes. (P) steht für Pause.

9 Den Begriff "natürliches" Gespräch verwende ich im Sinne SCHANKs (1979: 74ff.).

1o In einer Untersuchung von fünf "spontaneous informal face-to-face conversations" (etwa 5ooo Wörter) kommt ORESTRÖM (1977) zu dem Ergebnis, daß ungefähr 6o % aller Hörersignale simultan und mit geringerer Lautstärke als normal geäußert werden. Allerdings hat ORESTRÖM nur eine bestimmte Gruppe von Hörersignalen berücksichtigt, die sich mit den von mir so genannten nicht-steuernden Hörersignalen weitgehend deckt. KENDON (1967: 44) nennt Hörersignale der zuletzt vorgestellten Art "attention signals proper".

11 KENDON (1967: 44) verwendet für diese Hörersignale die Termini "point granting" bzw. "assenting" oder "agreement signals".

12 An dieser Stelle sei eingefügt, daß gelegentlich zu den Hörersignalen auch längere Wortfolgen und ganze Sätze gezählt werden, die als "sentence completions", "requests for clarification" und "brief restatements" dienen, vgl. DUNCAN (1972: 288, 1973: 38f., 1974: 166f.). Diese Zuordnung, der ich nicht folgen kann, wird jedoch von DUNCAN selbst in DUNCAN/NIEDEREHE (1974: 136f.) angezweifelt.

13 Zu einer eingehenderen Charakterisierung der Hörersignale ist es etwa notwendig, folgende Fragen zu stellen, auf die in der bisherigen Literatur gar nicht oder nur recht oberflächlich eingegangen wird: Wo im Gespräch werden steuernde und wo nicht-steuernde Hörersignale eingeworfen? Kann dies jederzeit geschehen oder nur in Pausen des Sprechers hinein? Gibt es in dieser Hinsicht einen Unterschied zwischen steuernden und nicht-steuernden Hörersignalen? Wie lassen sich Hörersignale von Eröffnungssignalen eines Redebeitrags und einer (erfolglosen) Unterbrechung abgrenzen? In all diesen Fällen kann ja das gleiche Wort, z.B. _yes_, verwendet werden. _Yes_ als Eröffnungssignal einer Sequenz, mit dem die Übernahme der Sprecherrolle angekündigt wird, ist deshalb oft nur schwer von dem Hörersignal _yes_ zu unterscheiden, weil der Gesprächspartner durch die Behauptung seines Rederechts (also durch sein Weitersprechen) die Realisierung der geplanten und dem Eröffnungssignal folgenden Äußerung verhindern kann. In diesen Fällen wird nur _yes_ hörbar.

Literatur

ALLEN, D.E. / R.F. GUY (1974): Conversation Analysis. The Hague: Mouton.

BROWN, G. (1977): Listening to Spoken English. London: Longman.

BUBLITZ, W. (1978): Ausdrucksweisen der Sprechereinstellung im Deutschen und Englischen. Untersuchungen zur Syntax, Semantik und Pragmatik der deutschen Modalpartikeln und Vergewisserungsfragen und ihrer englischen Entsprechungen. Tübingen: Niemeyer.

COULTHARD, M. (1977): An Introduction to Discourse Analysis. London: Longman.

CRYSTAL, D. / D. DAVY (1975): Advanced Conversational English. London: Longman.

DITTMANN, A.T. / L.G. LLEWELLYN (1968): "Relationship between vocalizations and head nods as listener responses". Journal of Personality and Social Psychology 9: 79-84.

DUNCAN, S.Jr. (1972): "Some signals and rules for taking speaking turns in conversations". Journal of Personality and Social Psychology 23: 283-292.

--- (1973): "Toward a grammar for dyadic conversation". Semiotica 9: 29-46.

--- (1974): "On the structure of speaker-auditor interaction during speaking turns". Language in Society 3: 161-18o.

--- (1975): "Interaction units during speaking turns in dyadic, face-to-face conversations". KENDON, A. et al. (eds.): Organization for Behavior in Face-to-Face Interaction. The Hague: Mouton: 199-213.

DUNCAN, S.Jr. / D.W. FISKE (1977): Face-to-Face Interaction. New York: Wiley.

DUNCAN, S.Jr. / G. NIEDEREHE (1974): "On signalling that it's your turn to speak". Journal of Experimental Social Psychology 1o: 234-247.

GÖTZ, D. (1978): Erfolgsanalyse zum Anglistenprogramm des DAAD: Untersuchungen zum Bereich der Gesprächsfähigkeit. Augsburg (vervielf.).

GRICE, P.H. (1975): "Logic and Conversation". COLE, P. / J.L. MORGAN (eds.): Syntax and Semantics, Vol.3: Speech Acts. New York: Academic: 41-58.

KENDON, A. (1967): "Some functions of gaze-directions in social interaction". Acta Psychologica 26: 22-63.

ORESTRÖM, B. (1977): Supports in English. Lund: Survey of Spoken English, University of Lund.

RONCADOR, M.v. / W. BUBLITZ (1979): "Abschweifungen." WEYDT, H. (Hg.): Die Partikeln der deutschen Sprache. Berlin: de Gruyter: 285-298.

SCHANK, G. (1979): "Zum Problem der Natürlichkeit von Gesprächen in der Konversationsanalyse". DITTMANN, J. (Hg.): Arbeiten zur Konversationsanalyse. Tübingen: Niemeyer: 73-93.

SCHWITALLA, J. (1976): "Dialogsteuerung". BERENS, F.J. et al.: Projekt Dialogstrukturen. München: Hueber: 73-1o4.

--- (1979): Dialogsteuerung in Interviews. München: Hueber.

UNDERWOOD, M. (1971): Listen to This! London: Oxford.

YNGVE, V.H. (197o): "On getting a word in edgewise". Chicago Linguistic Society 6: 567-577.

"SIE LÜGNER!" BEOBACHTUNGEN ZUM VORWURF DER LÜGE

Gabriel Falkenberg

0. Bei der Untersuchung der Lüge kann man zwei Arten von Fragen unterscheiden: zum einen kann man fragen, was eine Lüge ist, welche Arten der Lüge es gibt, wie man lernt zu lügen, usw.; zum andern kann man fragen, wie man eine Lüge merkt und aufdeckt, andere der Lüge verdächtigt, beschuldigt, überführt, usw. Die erste Gruppe von Fragen betrifft die Konstitution von Lügen, die zweite deren Zuschreibung. Bei meinem Versuch, eine Theorie der Lüge zu entwickeln (Falkenberg 1980) bin ich von der Konstitutionsproblematik ausgegangen; im folgenden will ich einen Vorstoß zur Klärung eines Problems aus dem Bereich der Zuschreibung von Lügen unternehmen, das des Vorwurfs der Lüge.

Als erstes möchte ich einige Andeutungen zur Sozialgeschichte des Lügenvorwurfs machen (§ 1); anschließend werde ich anhand von Textbelegen aus dem Deutschen Bundestag näher auf bestimmte Charakteristika solcher Vorwürfe in einem institutionellen Zusammenhang eingehen (§ 2); schließlich will ich die Gelegenheit nutzen, um ein paar Randnotizen zum Rechtsstreit Carstens-Metzger nachzuliefern (§ 3).

Den Begriff des Vorwurfs verwende ich, unanalysiert, als Oberbegriff für eine Reihe von sprachlichen Handlungen, die hier gleichfalls nicht weiter untersucht werden, wie: beschuldigen, bezichtigen, anklagen, schelten, tadeln, kritisieren, usw. Erhebt jemand einen Vorwurf, so bringt er seine Mißbilligung dessen zum Ausdruck, wofür jemand im weitesten Sinne verantwortlich ist. In erster Linie, zumal wenn der Vorwurf direkt ist, geschieht dies mittels Behauptungen. Ein Vorwurf muß nicht in der grammatischen zweiten Person dem Betroffenen gegenüber erhoben werden, dies kann auch andern gegenüber in der grammatischen dritten Person geschehen.

1. Unser Begriff "Lüge" ist ein moralischer: Wir bringen gewöhnlich unsere moralische Mißbilligung zum Ausdruck, wenn wir sagen, jemand habe gelogen, lüge, oder sei ein Lügner, und wir erheben

damit einen starken Vorwurf. Wollen wir dies nicht, so können wir auf andere Ausdrücke ausweichen, wie "nicht ganz bei der Wahrheit bleiben", "kohlen", "flunkern", "irreführen", "die Unwahrheit sagen" und viele andere. Jemanden einen "Lügner" zu nennen, erfüllt in der Praxis der heutigen deutschen Rechtsprechung zwar per se nicht den Tatbestand der Beleidigung (im Sinne von § 185ff StGB), aber es gilt - wie wir später sehen werden - etwa im Deutschen Bundestag als Ordnungsverletzung.

Daß diese Komponente der Bedeutung von "Lüge" nicht auf die deutsche Sprache der Gegenwart beschränkt ist, läßt sich einer Reihe von Quellen entnehmen (etwa Adelungs Stichwort "Lüge"). Besonders ergiebig für unser Thema ist jedoch die Geschichte der Ehrenhändel. Seit dem späten Mittelalter gab es kaum eine ärgere Beleidigung für einen Mann von Ehre als die, von einem andern Ehrenmann "Lügner" genannt zu werden. Wollte er seine Ehre nicht unrühmlich verlieren, so mußte er den Betreffenden zum Duell fordern. Mit der Zeit gewann der Vorwurf der Lüge den Status einer festen Redensart: "Du lügst in Deinen Hals" - die sogenannte mentita - wurde die rituelle Handlung, durch die ein Ehrenmann im 16.Jahrhundert gezwungen werden konnte, den Sprecher zu einem Duell herauszufordern. Der Grund war u.a. folgende Komplikation des traditionellen Ehrenduells: Der bei einem Duell Herausgeforderte hatte im allgemeinen die Wahl der Waffe. Im Falle einer Beleidigung, bei der der Beleidigte den Beleidiger herausfordern mußte, bedeutete dies nun einen unfairen Nachteil für das ursprüngliche Opfer. Daher überließ man es dem in seiner Ehre Angegriffenen, den Angreifer rituell der Lüge zu bezichtigen, wodurch sich die Last der Herausforderung verschob: der ursprüngliche Angreifer konnte nun den andern fordern, dem daraufhin gerechterweise die Waffenwahl zufiel.

Es ist klar, daß die Sozialgeschichte der Beleidigung nicht zureichend diskutiert werden kann ohne eingehende Erörterung des Ehrbegriffs. Ich muß mich hier mit zwei allgemeinen Hinweisen begnügen. Daß nach dem Prinzip der ritterlichen Ehre der Vorwurf der Lüge als so schwer angesehen wird, daß er nur mit dem Blut des Anschuldigers abgewaschen werden kann, liegt daran, daß er den Vorwurf der Feigheit beinhaltet: nur Schwächlinge haben es nötig, zur Lüge zu greifen, und als Schwächling kann man nicht dastehn. Anders im Kontext der bürgerlichen Moral: hier stellt der Vorwurf der Lüge eher die Geschäftsfähigkeit der Person in Frage, gegen den sich der Betroffene zur Wehr setzen muß, wenn er nicht seinen Ruf, seine Kredit- und Vertragsfähigkeit aufs Spiel setzen will.

2. Reste ritualisierten Umgehens sogenannter Ehrenmänner lassen sich heute beispielsweise in den Debatten des Deutschen Bundestages beobachten; kodifiziert sind sie in der Geschäftsordnung des Deutschen Bundestages, wo es in § 40 heißt, daß Mitglieder, die die Ordnung verletzen, vom Präsidenten zur Ordnung gerufen werden können. Unter diese Vorschrift fallen Redner und Zwischenrufer, die mit dem Wort "Lüge"(und ähnlichen) einen persönlichen Vorwurf erheben. Der amtierende Präsident kann daraufhin (a) dem Betreffenden einen Ordnungsruf erteilen, (b) ihn formlos rügen (tadeln, mahnen) oder (c) die Äußerung schlicht als unparlamentarisch zurückweisen. (Siehe die Beispiele 3, 5 und 9 weiter unten. Ein dreimaliger Ordnungsruf kann unter bestimmten Bedingungen den Ausschluß von weiteren Sitzungen nach sich ziehen.) Die Standardformulierung eines Ordnungsrufs ist: "Herr Abgeordneter X, Sie haben gesagt:"...". Ich rufe Sie hiermit zur Ordnung"("rüge Sie", o.ä.). Die im folgenden dokumentierten und diskutierten Beispiele stammen aus den Jahren 1974-76.

Es ist in der Tat so, daß im Deutschen Bundestag nicht jede Äußerung der Ausdrücke "lügen", "Lüge", "gelogen" usw. sanktioniert wird, sondern nur solche, mit denen ein persönlicher Vorwurf erhoben wird. Zunächst will ich exemplarisch auf zwei Verwendungen des Ausdrucks "Lüge" hinweisen, für die dies nicht gilt - insofern überhaupt kein Vorwurf erhoben wird - und auf die auch keine Beanstandung durch den Präsidenten erfolgt. Das erste Beispiel stammt aus einer Kurzlektion in praktischer Semantik, die Franz Josef Strauß dem Hohen Haus erteilt (zitiert wird nach den Stenographischen Berichten der Sitzungen des Deutschen Bundestages):

(1) Strauß (CDU/CSU): "In diesem Hause sollte es über die Definition des Begriffes "Lüge" doch keinen Zweifel geben, weil wir noch nicht unter kasuistischer Bewußtseinsspaltung oder dialektischer Doppeldeutung leben. "Lüge" heißt, daß jemand in Kenntnis der Wahrheit

bewußt das Gegenteil der Wahrheit sagt."

Lebhafter Beifall bei der CDU/CSU - Zurufe von der SPD

"Eine Unwahrheit ist eine objektiv falsche Darstellung, die man subjektiv gutgläubig gibt. Das ist keine Lüge, sondern eine Unwahrheit." (13.5.1976)

Hier beschuldigt Strauß niemanden der Lüge, sondern verwendet das Wort, um es zu erklären. Aufschlußreich in dieser Hinsicht ist auch der unmittelbar sich anschließende Wortwechsel:

(2) Zuruf Schinzel (SPD)

Strauß: "Wenn Sie das nicht wissen, Herr Gansel, dann ist das jungsozialistische Bildungspolitik. Ausgerechnet Sie mit Ihrem Parteifreund Matthiesen in Schleswig-Holstein! Sie sind gerade der Richtige."

Ehrenberg (SPD): "Also daß Herr Schinzel "Gansel" heißt, ist eine Lüge!" - Heiterkeit

Ehrenberg bezieht sich hier zwar auf das gerade von Strauß Gesagte und macht unter Benutzung des Wortes "Lüge" eine Einwendung, aber es handelt sich nicht um einen ernsthaften Vorwurf. Ehrenbergs Behauptung entspricht nämlich offenkundig nicht seiner Überzeugung. Allen Beteiligten ist klar, daß Strauß einem Irrtum erlegen ist.

Wann der Vorwurf, den jemand erhebt, ein persönlicher ist, ist nicht immer leicht zu entscheiden. Die Bundestagspräsidenten und -präsidentinnen gehen in der Ausübung ihrer Ordnungsgewalt von einer sehr weiten Auslegung des Begriffs "persönlicher Vorwurf" aus - wohl, um rhetorischen Tricks vorzubeugen, mit denen die Vorschrift, eng ausgelegt, leicht zu unterlaufen wäre. Zum Beispiel wird die folgende Ausführung, obwohl sie allgemein gegen die Regierung zielt, mit einem Ordnungsruf quittiert:

(3) Müller-Hermann (CDU/CSU): "Meine Damen und Herren, eine Regierung, die wissentlich und willentlich und nicht zum ersten Mal das Volk belügt, kann sagen, was sie will-"

Beifall bei der CDU/CSU - "Pfui!" bei der SPD - Wehner (SPD): "Hört, hört, Herr Müller!"

Vizepräsident von Hassel: "Herr Abgeordneter, ich rufe Sie wegen dieses Ausdruckes zur Ordnung." (12.6.1975)

Ebenso wird folgende an die Adresse der "Herren von der Opposition" gerichtete Äußerung eines Ministers als unparlamentarisch zurückgewiesen (vergleiche unten, Beispiel 9):

(4) Bundesminister Ehmke: "... Nun können Sie sich, meine Herren von der Opposition, auch nicht darauf berufen, daß Sie daran gehindert gewesen wären, sich Gewißheit durch die Vernehmung der Zeugen zu verschaffen, eine Vernehmung, die ich angeregt hatte. Sie haben das nicht getan. Ohne dies zu tun, haben Sie natürlich viel freiere Hand gehabt für das, was Sie "Beweiswürdigung" nennen und ich eine üble verlogene Verdrehung von Tatsachen." (27.3.1974)

Eine nahezu unerschöpfliche Fundgrube für alle Spielarten des Vorwurfs ist jedoch die politische Rhetorik von Franz Josef Strauß. Betrachten wir etwa dieses Beispiel:

(5) Strauß: "... Darum verstehe ich nicht, wie Sie, Herr Brandt, heute sagen können, auf Grund der neuen Zahlen nach dem 3.Oktober 1976 seien die Zahlen bekanntgeworden. Lügen jetzt Sie, oder lügt Herr Muhr?, muß man fragen." (...)

Vizepräsident Schmitt-Vockenhausen: "Herr Abgeordneter Strauß, das Wort "Lüge" rüge ich ausdrücklich."

Strauß: "Ich habe es als Frage gestellt."

Heiterkeit und Beifall bei der CDU/CSU

Schmitt-Vockenhausen: "Herr Abgeordneter Strauß, ich muß Sie mahnen. Sie haben gesagt: "Lügen Sie oder Herr Muhr?". Insoweit haben Sie einen der beiden Herren bezichtigt."

Beifall bei der SPD - Rawe (CDU/CSU): "Und zwar völlig zu Recht!" - Marx (CDU/CSU): "Fragen darf er noch!" (17.12.1976)

Unter die Vorschrift der Geschäftsordnung fallen demnach nicht nur direkte Vorwürfe, die mittels Behauptungen erhoben werden, sondern auch indirekte, hier mittels einer Frage über deren Präsupposition oder Implikatur. Der Präsident rügt hier - mit sicherem Gespür für die sprachlichen Gegebenheiten - die Unterstellung, daß einer von beiden, Brandt oder Muhr, lüge; dies ist die Präsupposition der disjunktiven Frage, ob Brandt oder Muhr lügt - der Strauß überdies noch ein "muß man fragen" nachschickt, so als sei nicht er es, der dies fragt. Wie Strauß sein Metier beherrscht, zeigt auch der folgende konditionale Vorwurf, der nicht ohne weiteres mit einem Ordnungsruf belegt werden kann:

(6) Strauß: "... Es ist allmählich zu einem Stil der vollendeten Demagogie und der vollendeten Irreführung

geworden, daß man der Öffentlichkeit gegenüber durch ständiges Wiederholen der Unwahrheit, durch ständige Wiederholung der Behauptung, die Opposition habe niemals gewarnt, niemals Vorschläge gemacht, niemals Alternativen geboten, diesen Eindruck erwecken will."

Ehrenberg (SPD): "Haben Sie ja auch nicht!"

"Herr Dr.Ehrenberg, wenn Sie das hier wiederholen, beweisen Sie, falls Sie ein Fachmann sein wollen, daß Sie lügen!!"

Ehrenberg: "Tun Sie es bitte!"

(...)

Präsident [sic] Frau Renger: "Herr Abgeordneter Strauß, ich darf Sie freundlicherweise um eines bitten. Wenn Sie Worte wählen wie "lügen" oder "betrügen" -"

Zurufe von der CDU/CSU

"- das war nicht klar zu verstehen -, dann bitte ich Sie, sich sehr zurückzuhalten. Sonst muß ich Sie zur Ordnung rufen."

Strauß: "Frau Präsidentin [sic] , das würde ich notfalls in Kauf nehmen..." (13.5.1976)

Ich hatte zu Beginn dieses Abschnitts, bei der Erklärung der Geschäftsordnungsvorschrift, von "Ritual" gesprochen, und will das jetzt näher erläutern. Ein Indiz für den rituellen Charakter der vorliegenden Auseinandersetzungen ist die Tatsache, daß kaum einer der Betroffenen entgegnet, und wenn doch, so jedenfalls nicht inhaltlich. Zu diesen selten vorkommenden Fällen zählt folgendes Beispiel:

(7) Schmidt (Wattenscheid, SPD): "... Dadurch gibt es 6000 Arbeitnehmer mehr im öffentlichen Dienst."

Zurufe von der CDU/CSU: "Das ist doch nicht richtig!" - Weitere lebhafte Zurufe von der CDU/CSU - Kroll-Schlüter (CDU/CSU): "Sie lügen!" - Gegenrufe von der SPD

"Ich rechne damit, daß Sie sich entschuldigen!" (17.9.1975)

Das sonst typische Abfolgeschema Vorwurf-Entgegnung ist in diesem institutionellen Kontext beim Vorwurf der Lüge weitgehend aufgehoben. Stattdessen finden wir charakteristischerweise Folgen von sprachlichen Handlungen wie diese:

1. Vorwurf der Lüge (von A an B)
2. Reaktion von Fraktionskollegen des B
3. Ordnungsruf des Präsidenten an A
4. Reaktion von Fraktionskollegen des A.

Niemand der Beteiligten käme auf die Idee, sich in eine Debatte um die Berechtigung des Vorwurfs einzulassen. Der Vorwurf der Lüge hat hier, so könnte man sagen, keinerlei deskriptiven Gehalt mehr, sondern invektiven. Er ist eine rituelle Beleidigung, ebenso wie im Ehrenduell des 16.Jahrhunderts; der Unterschied liegt in den Methoden der Schlichtung. Der Betroffene kann darauf rechnen, daß der Präsident den Angreifer zur Ordnung ruft, und der steckt das im allgemeinen gelassen weg. Straußens bereits zitierte Bemerkung (am Ende von Beispiel 6), einen Ordnungsruf würde er notfalls in Kauf nehmen, ist ein Beleg. Einen weiteren liefert er an anderer Stelle, wo in souveräner Antizipation der Rüge ihr die institutionelle Kraft bereits genommen wird:

(8) Strauß: "Das ist doch einfach - Frau Präsidentin, ich bedaure es sehr, aber ich muß es sagen - eine echte Lüge. Das ist nicht einmal mehr eine Unwahrheit." (13.5.1976)

Auch in einem anderen Punkt ähnelt die in der Geschäftsordnung des Deutschen Bundestages niedergelegte Regelung dem alten Kodex der Ehrenhändel, deren Überbleibsel sie zweifellos ist: in ihrer Fixierung auf den Vorwurf gerade der Lüge. Das führt dazu, daß Redner sich, ohne Sanktionen befürchten zu müssen, offen der Manipulation, Täuschung und Unredlichkeit bezichtigen dürfen; und dazu, daß andere Ausdrücke, wie "bewußt die Unwahrheit sagen", "nicht ganz die Wahrheit sagen" u.a. den Platz von "lügen" einnehmen - ein Vorgang, dessen Struktur aus der Sprachgeschichte, etwa dem Studium der Ablösung von Euphemismen, bekannt ist: die Unterdrückung eines Ausdrucks führt häufig genug nur dazu, daß ein anderer Ausdruck dessen semantische Funktion übernimmt, sodaß letztlich nur der Austausch einer Form gegen eine andere bewirkt wird. Bundestagspräsident Jaeger bringt dies auf den Begriff, als er die in Beispiel (4) zitierte Äußerung Ehmkes zurückweist:

(9) Jaeger: "Herr Bundesminister, das Wort "verlogen" muß ich als unparlamentarisch zurückweisen. Mir ist nicht in Erinnerung, daß Ihnen das Wort "Lüge" entgegengeschallt ist."

Lebhafte Zurufe von der SPD

"Sie können sich auch so ausdrücken, daß die Vokabel "Lüge" nicht verwendet wird."

Ehmke: "Herr Präsident, wenn es Ihnen dann recht ist, sage ich, daß die Minderheit der Opposition hier bewußt die Unwahrheit gesagt hat. Das waren die Worte, die mir entgegengehalten worden sind."

Beifall bei den Regierungsparteien

Jaeger: "Dies zu sagen kann Ihnen niemand verwehren. Es geht nur um die Vokabel." (27.3.1974)

3. Zum Abschluß möchte ich einige Nachbemerkungen aus linguistischer Sicht zum Rechtsstreit Carstens-Metzger machen. Schließlich leben wir in einer Republik, von deren Bundespräsident jedermann ungestraft behaupten darf, er habe vor einem Unterausschuß des Bundestages die Unwahrheit gesagt.

Zur Erinnerung kurz die wesentlichen Fakten der Vorgeschichte. Carstens, der 1968-69 als Chef des Bundeskanzleramtes auch die Dienstaufsicht über den Bundesnachrichtendienst (BND) hatte, wurde am 10.Oktober 1974 im sog. "Guillaume"-Untersuchungsausschuß als Zeuge vernommen und dabei u.a. über eine etwaige Beteiligung des BND an Waffengeschäften befragt. Ausschnitt aus dem Sitzungsprotokoll:

(10) "Z.Dr.Carstens: Ich habe in der Zeit, als ich die Aufsicht über den Bundesnachrichtendienst führte, über den Waffenhandel des BND nie etwas gehört, ich habe über andere Waffenhändler einiges gehört, aber nicht darüber, daß der BND an Waffenhändel beteiligt gewesen ist, und ich muß sagen, daß ich davon heute zum erstenmal höre."

Metzger, damals stellvertretender Vorsitzender der SPD-Bundestagsfraktion, warf daraufhin in der Bundestagsdebatte über den Bericht des Untersuchungsausschusses am 27.Februar 1975 Carstens vor, "gegenüber dem Untersuchungsausschuß und der deutschen Öffentlichkeit in Bezug auf diesen Komplex die Wahrheit verschwiegen zu haben". Einen Monat später schrieb er in einer Pressemitteilung:

(11) "Wie aus inzwischen bekannt gewordenen Unterlagen zu entnehmen ist, hat der CDU-Politiker vor dem Untersuchungsausschuß in dieser Frage die Unwahrheit gesagt."

Carstens klagte daraufhin gegen Metzger auf Unterlassung der Behauptung, er habe vor dem Untersuchungsausschuß die Unwahrheit gesagt, und bekam in den ersten beiden Instanzen recht. Doch der Bundesgerichtshof hob am 3.Oktober 1978 das Urteil des

Oberlandesgerichts Köln auf und verwies die Sache zur Verhandlung dorthin zurück, u.a. mit dem Hinweis darauf, es gebe für Metzgers "Schlüsse vom objektiven Sachverhalt auf die subjektive Tatseite einer Falschaussage erhebliche Anhaltspunkte".

Nach der Entscheidung des Bundesgerichtshofs erwies sich durch die Veröffentlichung amtlicher Dokumente im "Stern" und im "Spiegel" zweifelsfrei, daß Carstens mit dem Problem Waffenhandel beim BND amtlich befaßt gewesen war. Die mit Spannung erwartete Verhandlung in Köln am 7.März 1979 - zwei Tage nach der einmütigen Nominierung von Carstens zum Präsidentschaftskandidaten der CDU/CSU - dauerte jedoch nur wenige Minuten: Metzger blieb bei seiner Erklärung, Carstens habe die Unwahrheit gesagt, machte aber den Zusatz, dies enthalte "nicht den Vorwurf der schuldhaften Falschaussage", sprich Lüge. Dies genügte für Carstens, seinerseits die Klage zurückzuziehen.

Soviel zu den Fakten. Für Nichtjuristen - und es ist entscheidend, daß sich hier zwei Juristen gegenüberstehen - ist der Unterschied zwischen Unwahrheit und Lüge nicht immer leicht zu sehen. Die Lüge ist vorsätzlich und schuldhaft, die Unwahrheit dagegen, die unrichtige oder unvollständige Aussage, kann einem unterlaufen. Auf diesen juristischen Unterschied hebt Metzger noch einmal ab, wenn er im Anschluß an die abschließende Verhandlung vor der Presse erklärt:

(12) "Ich habe nie den Vorwurf erhoben, daß Herr Carstens ... gelogen hat. Ich habe immer bewußt von der Unwahrheit gesprochen. ... ich wiederhole, daß feststeht, daß der Bundesnachrichtendienst an Waffengeschäften beteiligt war, daß feststeht, daß Herr Carstens davon gewußt hat, und daß feststeht, daß Herr Carstens vor dem Untersuchungsausschuß unrichtige und unvollständige ... Aussagen gemacht hat."

Es soll nicht bestritten werden, daß es sinnvoll sein mag, zwischen Unwahrheit und Lüge zu differenzieren. Jeder kann sich irren, jeder hat Erinnerungslücken - und es ist dies, was den entscheidenden Unterschied zwischen Unwahrheit und Lüge ausmacht. Was zur Debatte steht, ist die Möglichkeit einer Differenzierung zwischen beidem *im vorliegenden Fall*. Und da könnte sich Carstens nicht einmal mehr auf einen Gedächtnisnotstand à la Filbinger berufen; diese Annahme würde besagen, daß er sich nicht daran erinnern konnte, womit er zwei Jahre seines Lebens zugebracht hat. (Mit feiner Ironie stellt denn auch der Bundesgerichtshof in seinem Urteil fest, daß "beispielsweise ... die "Beurlaubung" eines Regierungsdirektors des BND zur Einschleusung in eine Waffenhandelsfirma auf Vorschlag des damaligen Präsidenten des BND ein außergewöhnlicher Vorgang gewesen sein [mußte], der als solcher nicht ohne weiteres dem Gedächtnis entschwindet".)

Der gerichtliche Vergleich zwischen Carstens und Metzger - auf den politischen Hintergrund, den auf Metzger offenbar ausgeübten Druck u.a. will ich nicht eingehen - und der fein gezogene Unterschied zwischen "Lüge" und "Unwahrheit" erlaubt es beiden Ehrenmännern, sich halbwegs unbeschädigt aus der Affaire zu ziehen; jeder weiß, was gespielt wird, und jeder von uns weiß, wie er für sich die Frage beantworten würde, ob Carstens gelogen hat. Nur öffentlich äußern darf dies ungestraft niemand. Die Sanktionierung einer Redeweise führt auch hier zur Herausbildung neuer und subtilerer Formen des Vorwurfs der Lüge.

Das linguistisch bedenkenswerte an der ursprünglich fachsprachlichen Differenzierung zwischen Unwahrheit und Lüge scheint mir, daß ihre konsequente Anwendung auf Fälle wie den vorliegenden die Bedeutung der Ausdrücke "Unwahrheit" und "Lüge" in der Umgangssprache über kurz oder lang aushöhlen muß. Man vergleiche den Satz Metzgers, Carstens habe die Unwahrheit gesagt, dies enthalte jedoch nicht den Vorwurf der schuldhaften Falschaussage, nur einmal mit dem Satz

(13) "Er hat ihn dreimal in den Kopf geschossen, aber dies beinhaltet nicht den Vorwurf der schuldhaften Tötung",

und ähnlichen Sätzen, und male sich Situationen aus, in denen sie am Platze wären. Wenn solche Versuche impliziter Normierung der Umgangssprache Erfolg haben, so wird sich auf die Dauer das verändern, was wir "Vorwurf" nennen. Und das heißt, es wird sich unsere Moral verändern.

Literatur

Deutscher Bundestag (1972-76): Stenographische Berichte der Sitzungen der 7. und 8. Wahlperiode. Bonn: Heger

FALKENBERG, Gabriel (1980): Lügen. Grundzüge einer Theorie sprachlicher Täuschung. Tübingen: Niemeyer

KOMMUNIKATION UND IHRE ROLLE IN VERSCHIEDENEN TYPEN VON TÄTIGKEITSZUSAMMENHÄNGEN

Reinhard Fiehler

1. Tätigkeitszusammenhänge

Daß Menschen handeln, ist nur die halbe Wahrheit, wenn man nicht zugleich auch sagt, daß sie zusammen-handeln. Jede Theorie des Handelns ist unzureichend, wenn es nicht zugleich eine Theorie des Zusammen-Handelns ist.

Handlungstheorien - insbesondere die handlungslogisch orientierten Theorien - nun beschäftigen sich überwiegend mit *individuellen Handlungen*, nicht aber mit ihrer Vernetzung im Rahmen gesellschaftlicher Praxis.[1] Die verschiedenen Formen kollektiver Praxis und die Mechanismen ihrer Organisation werden weitgehend vernachlässigt zugunsten der Untersuchung singulärer, individueller Handlungen.

Anders ist dies schon bei der Tätigkeitstheorie, die Tätigkeiten ganz vorwiegend als Elemente kollektiver Praxis und damit in ihrem überindividuellen Zusammenhang sieht. Aber auch hier sind die Struktur und die Mechanismen des Gemeinsam-Tätigseins keineswegs umfassend untersucht.

Diesem Defizit möchte ich begegnen, indem ich in meinem Beitrag den Begriff des *Tätigkeitszusammenhangs* in den Mittelpunkt stelle und einige Überlegungen zu seiner analytischen Fruchtbarkeit anstelle.

Individuen vollziehen - gleichzeitig oder in zeitlicher Folge Praktische Tätigkeiten, Bewußtseinstätigkeiten und Kommunikative Tätigkeiten. Die Tätigkeiten dieser drei Tätigkeitsformen nun erfolgen nicht unabhängig von den Tätigkeiten anderer Individuen, sondern sie sind - zumindest zu einem Teil - auf diese bezogen.

Wenn Tätigkeiten eines Individuums wissentlich bzw. geplant *mit Bezug auf* oder *unter Berücksichtigung* der Tätigkeiten eines anderen Individuums erfolgen, spreche ich von einem Tätigkeitszusammenhang. Dabei spielt es keine Rolle, welcher der drei Tätigkeitsformen die Tätigkeiten zuzurechnen sind, sofern sie nur relational verbunden sind.

Sicher sind auch die Tätigkeiten eines brasilianischen Kaffeepflückers mit meinem morgendlichen Kaffeetrinken relational verknüpft. Dies ist aber kein Tätigkeitszusammenhang, weil kein wissentlicher oder geplanter Bezug zwischen den respektiven Tätigkeiten besteht.

Der Begriff des Tätigkeitszusammenhangs unterscheidet sich vom Interaktionsbegriff dadurch, daß er nur Beziehungen zwischen Tätigkeiten thematisiert und daß diese Tätigkeiten einen gemeinsamen Aufgaben- bzw. Zielbezug besitzen.[2]

Nach bestimmten Merkmalen - u.a. danach, welche Beziehungen zwischen den individuellen Zielsetzungen bestehen und wie die Tätigkeiten aufeinander bezogen werden - lassen sich verschiedene T y p e n von Tätigkeitszusammenhängen unterscheiden. Bei einer K o o p e r a t i o n beispielsweise realisieren die Beteiligten mit ihren Tätigkeiten arbeitsteilig eine allen gemeinsame, identische Zielvorstellung, wobei sich die Zielvorstellung auf ein gemeinsames Drittes 'außerhalb' der Beteiligten bezieht. Sowohl das gemeinsame Bauen eines Hauses, bei dem Praktische Tätigkeiten konstitutiv sind, wie das arbeitsteilige, gemeinsame Lösen einer Mathematikaufgabe, bei dem Bewußtseins- und Kommunikative Tätigkeiten im Vordergrund stehen, wären demnach Kooperationen. Bei I n t e r a k t i o n e n hingegen - beispielsweise einer Schlägerei oder dem kommunikativen Austausch von Meinungen verfolgen die Beteiligten individuelle, aber spiegelbildlich gleiche Zielsetzungen, die auf den jeweils anderen gerichtet sind: A will B schlagen bzw. ihm die Meinung sagen und umgekehrt will B dies auch.

Solche Typen von Tätigkeitszusammenhängen lassen sich auf verschiedenen Ebenen der A l l g e m e i n h e i t unterscheiden. Kooperation vs. Interaktion ist eine Unterscheidung auf sehr allgemeiner Ebene, und die Allgemeinheit der Bestimmung läßt sie als universelle Typen von Tätigkeitszusammenhängen erscheinen.

Differenziert man feiner - z.B. indem man verschiedene Kooperationsformen unterscheidet oder indem man die Tätigkeitszusammenhänge 'Verkauf-Kauf', Dienstleistungen etc. als spezielle Interaktionen bestimmt -, so erhält man auf konkreterer Ebene Typen von Tätigkeitszusammenhängen, deren Existenz an bestimmte Gesellschaftsformationen gebunden ist.

Zugleich können Einheiten sehr unterschiedlicher Komplexität als Tätigkeitszusammenhänge begriffen werden. Kooperationen sind in der Regel höchst komplexe Tätigkeitszusammenhänge, die sich aus elementareren zusammensetzen wie z.B. 'Jemanden veranlassen' oder der Koordination zweier Tätigkeiten an einer bestimmten Stelle der Kooperation. Kurz: Tätigkeitszusammenhänge können sich aus elementareren zusammensetzen bzw. sie können in umfassendere eingelagert sein, wobei keine Typgleichheit bestehen muß.

Diese verschiedenen Typen von Tätigkeitszusammenhängen stellen nun verschiedene Praxisformen dar, und gesellschaftliche Praxis setzt sich zusammen aus wiederholten (sowohl in der Zeit wie an verschiedenen Orten) Realisierungen dieser Praxisformen. Das Konzept der Tätigkeitszusammenhänge führt damit zu einer Binnenstrukturierung gesellschaftlicher Praxis, die sich in dieser Perspektive nicht als unüberschaubare Vielfalt singulärer, individueller Tätigkeiten darstellt, sondern als rekurrente Realisierung definierter Praxisformen. Das Konzept verschiedener Typen von Tätigkeitszusammenhängen bzw. Praxisformen steht vermittelnd zwischen individuellen Tätigkeiten und gesamtgesellschaftlicher Praxis.

Die Kollektivität von Praxis besteht demnach - zumindest unter den gegebenen Verhältnissen - nicht in einer bewußten und geplanten gesamtgesellschaftlichen Praxis, sondern in der Produktion solcher partiellen Tätigkeitszusammenhänge, bei denen mehrere Individuen ihre Praktischen, Bewußtseins- und Kommunikativen Tätigkeiten wissentlich und geplant aufeinander beziehen. Diese Tätigkeitszusammenhänge werden von den Beteiligten auch subjektiv als abgegrenzte, kollektive Einheiten der Praxis erfahren.

Diese Bemerkungen zum Begriff Tätigkeitszusammenhang sind notwendig kurz und recht abstrakt. Sie haben aber ihre Funktion erfüllt, wenn nur deutlich geworden ist, daß nach bestimmten Merkmalen verschiedene Typen von Tätigkeitszusammenhängen unterschieden werden können.[3]

2. Kommunikation in Tätigkeitszusammenhängen

Tätigkeitszusammenhänge als Praxisformen, in denen Praktische Tätigkeiten, Bewußtseinstätigkeiten und Kommunikative Tätigkeiten verschiedener Individuen funktional aufeinander bezogen sind, besitzen - wie aus der Definition hervorgeht - in der Regel kommunikative Anteile, und diese Tatsache macht den Begriff des Tätigkeitszusammenhangs für die Sprachwissenschaft interessant. Es ist meine These, daß die Funktion von Kommunikativer Tätigkeit insgesamt wie die einzelner Kommunikativer Tätigkeiten nur adäquat erfaßbar ist, wenn man den Tätigkeitszusammenhangstyp berücksichtigt, in den sie eingelagert ist. Kommunikation hat andere Funktionen, je nachdem ob sie beispielsweise in einer Kooperation oder einer Interaktion auftritt oder ob sie in einem praktisch dominierten bzw. einem kommunikativ dominierten Tätigkeitszusammenhang auftritt.

Mit dieser letzten Unterscheidung wird vorausgesetzt, daß in Tätigkeitszusammenhängen verschiedene Tätigkeitsformen das Primat besitzen können, und zwar unterscheiden wir praktisch dominierte Tätigkeitszusammenhänge (z.B. industrielle Produktion von Waren, Hausbau, Umzug), für die Praktische Tätigkeiten konstitutiv sind und Bewußtseins- und Kommunikative Tätigkeiten funktional auf diese bezogen sind, von kommunikativ dominierten Tätigkeitszusammenhängen, für die Bewußtseins- und Kommunikative Tätigkeiten konstitutiv sind und Praktische Tätigkeiten nur begleitend oder unterstützend auftreten (z.B. gemeinsam einen Plan entwickeln, Unterrichtsstunde, Diskussion, Beratung).[4]

Im Fall des praktisch dominierten Tätigkeitszusammenhangs dient die Kommunikation im wesentlichen der (kommunikativen) Organisation dieses Tätigkeitszusammenhangs (Übermittlung der Zielvorstellung, Koordination von Tätigkeiten, Vermittlung von Fähigkeiten, Beseitigung von Wissensdefiziten, Kontrolle etc.), im anderen Fall bildet die Kommunikation das Zentrum und kann ganz andere Funktionen erfüllen.

Es ist nun erstaunlich zu sehen, daß die (empirisch arbeitende) Sprachwissenschaft ihre Untersuchungen fast ausschließlich auf kommunikativ dominierte Tätigkeitszusammenhänge beschränkt. Immer wieder sind es Gerichtsverhandlungen, Beratungsgespräche, Unterrichtsstunden, Alltagskonversationen etc., die untersucht werden, nicht aber die Kommunikation, die in praktische Arbeitsprozesse funktional eingelagert ist.

Entsprechend werden, wenn es um Mechanismen des Zusammen-Handelns geht, allenfalls Mechanismen des kommunikativen Zusammenhandelns (in kommunikativ dominierten Tätigkeitszusammenhängen) erforscht. Dies geschieht beispielsweise, wenn Sprechaktsequenzen analysiert oder wenn die Mechanismen des turn-taking herausgearbeitet werden.

Für diese Beschränkung gibt es auf verschiedenen Ebenen eine Vielzahl von Erklärungen. Sicher spielen dabei auch Probleme der Datenerhebung eine Rolle: Die Untersuchung kommunikativ dominierter Tätigkeitszusammenhänge kommt in der Regel aus mit der Erhebung der kommunikativen Anteile (und dies ist mit Tonbandaufnahmen zu leisten), während bei praktisch dominierten Tätigkeitszusammenhängen Praktische u n d Kommunikative Tätigkeiten in ihrer Relation dokumentiert werden müssen (und dies macht audiovisuelle Aufnahmen erforderlich).

Diese Einseitigkeit hat nun bestimmte (einseitige) Vorstellungen über den Stellenwert und die Funktion der Kommunikation zur Folge. Der Tendenz nach wird die Rolle der Kommunikation und Sprache hypertrophiert.

Diese Überbewertung hat auch einen Grund in der Art und Weise, wie wir Tätigkeitszusammenhänge erfahren. Im Mittelpunkt des Bewußtseins steht die dominante Tätigkeitsform: Wenn ich mit anderen diskutiere, tritt mir kaum ins Bewußtsein, daß ich dabei Kaffee koche (man ist ins Gespräch vertieft). Umgekehrt ist, wenn ich mit anderen zusammen arbeite, das Sprechen dabei unauffällig und unproblematisch. Die bewußte Erfahrung von Kommunikation rührt also hauptsächlich aus kommunikativ dominierten Tätigkeitszusammenhängen her. Nicht nur die empirische Kommunikationsforschung, schon unser Sprachbewußtsein ist systematisch einseitig.

3. Beispielsanalyse

Wie sich das Verhältnis von Praktischer und Kommunikativer Tätigkeit verändert, wenn ein praktisch dominierter Tätigkeitszusammenhang in einen kommunikativ dominierten übergeht, möchte ich exemplarisch an einem Ausschnitt aus der Kooperation 'Montage einer Tischtennisplatte' (s. Anhang) zeigen.

In diesem Auschnitt räumen M und G, nachdem sie die Tischtennisplatte kooperativ montiert haben, nun gemeinschaftlich das benutzte Werkzeug weg.

Betrachten wir die Praktische Tätigkeit, die M während (527) - (529) vollzieht: M nimmt eine Zange auf, hält sie spielerisch in der Hand und legt sie wieder an die gleiche Stelle zurück. Wie ist diese Tätigkeit zu erklären? Was hat diese Tätigkeit mit Werkzeugwegräumen zu tun?

Um dies erklären zu können, müssen wir sehen, was sich auf der kommunikativen Seite abspielt. Mit (526) wird deutlich, daß M ein Problem hat: Warum hat Harry so geschwitzt, als er den Tisch abgebaut hat und warum ist es M und G so relativ leicht gefallen, ihn zu montieren? Dabei kann dahingestellt bleiben, ob ihr dies ein ernsthaftes Problem ist oder ob die Funktion dieser Frage darin besteht, small talk zu betreiben oder einen Scherz zu machen.

Das Problem ergibt sich für M aus (52o)-(524). Diskutiert wird hier die Frage, ob noch einige Verschraubungen am Tisch nachgezogen werden müssen. M und G weisen dies mit dem Hinweis zurück, daß der Tisch vorher auch gewackelt habe. M schließt daraus, daß die Schrauben auch vorher locker waren, und damit stellt sich das Problem, das sie mit (526) formuliert.

Dies Problem, das ersichtlich nichts mit der Kooperation von M und G zu tun hat, will sie - wie an der Frageform zu sehen ist - in einem kommunikativen Tätigkeitszusammenhang lösen. G geht darauf ein, gibt mit (529) eine mögliche Antwort[5] und somit entsteht ein kommunikativer Tätigkeitszusammenhang. Für M steht das Problem und seine kommunikative Lösung offensichtlich deutlich im Vordergrund, so daß man von einem kommunikativ dominierten Tätigkeitszusammenhang sprechen kann. Währenddessen vollzieht M die besagte Tätigkeit, und zwar dem Augenschein nach, ohne daß sie sich ihrer bewußt ist oder ihr Beachtung schenkt. Die Zange ist für sie im Moment kein Werkzeug, das weggeräumt werden soll, sondern ein Spielzeug. Dominant sind also für sie die Kommunikativen Tätigkeiten, die ihr Problem lösen sollen; sie werden begleitet von einer Praktischen Tätigkeit, der keine Aufmerksamkeit geschenkt wird und die funktionslos ist.

Aber warum vollzieht sie dann diese und nicht eine beliebige andere Praktische Tätigkeit?

Vor (526) und nach (529) räumen - wie gesagt - M und G das

benutzte Werkzeug weg. Dabei sind zweifellos die Praktischen Tätigkeiten dominant und die Kommunikation ist funktional darauf bezogen (z.B. (525) G zu M: Wo kommt das hin?).[6] Dies gilt in gleicher Weise auch wieder für die Zusammenarbeit ab (53o). Die Kommunikativen Tätigkeiten dienen der Organisation der kooperativen Praktischen Tätigkeiten. Im wesentlichen werden kommunikativ Wissensdefizite darüber behoben, wohin die einzelnen Werkzeuge gehören.

Vor (526) und nach (529) besteht also ein praktisch dominierter Tätigkeitszusammenhang. Indem der praktisch dominierte Tätigkeitszusammenhang mit (526) in einen kommunikativ dominierten umschlägt, erlischt M's Handlungsplan, das Werkzeug wegzuräumen, nicht sofort, sondern wirkt auch nach dieser Fokusverschiebung in einer funktionslosen Praktischen Tätigkeit auslaufend fort. Mit dem Eintritt in einen kommunikativ dominierten Tätigkeitszusammenhang ändert sich schlagartig der Status der Praktischen Tätigkeiten bei M und für M.

Bei G ist der Wechsel des Tätigkeitszusammenhangtyps nicht so kraß und vollständig wie bei M. Sie beteiligt sich zwar an der Problemlösung und damit an diesem kommunikativ dominierten Tätigkeitszusammenhang, aber ihre Praktischen Tätigkeiten gelten durchgehend dem Wegräumen des Werkzeugs. Sie teilt sich sozusagen, indem sie sich kommunikativ am kommunikativ dominierten und praktisch am praktisch dominierten Tätigkeitszusammenhang beteiligt.

Der Versuch der Erklärung der betreffenden Praktischen Tätigkeit hat uns zu der Annahme geführt, daß in diesem Ausschnitt ein kommunikativ dominierter Tätigkeitszusammenhang in einen praktisch dominierten eingelagert ist, bei denen die Praktischen und Kommunikativen Tätigkeiten jeweils einen anderen Stellenwert haben bzw. in einem anderen Verhältnis zueinander stehen, und dies obwohl der kommunikative wie der praktische Tätigkeitszusammenhang Kooperationen sind.

Faßt man die Ergebnisse dieser kurzen Analyse zusammen, so kann man festhalten, daß das Konzept verschiedener Typen von Tätigkeitszusammenhängen es erlaubt, den Fluß linear aufeinander folgender Praktischer und Kommunikativer Tätigkeiten zu strukturieren. Ferner ist festzuhalten, daß Tätigkeiten (einerlei ob es

Praktische oder Kommunikative Tätigkeiten sind) sich nur hinreichend erklären lassen, wenn man berücksichtig, im Rahmen was für eines Tätigkeitszusammenhangs sie erfolgen, und wenn man in Rechnung stellt, daß Tätigkeitszusammenhänge in Tätigkeitszusammenhänge eingelagert sein können, und den Relationen, die zwischen ihnen bestehen, Beachtung schenkt.

Anmerkungen

1 Paradigmatisch sind dabei u.a. Fragestellungen wie: Intentionalität von Handlungen, Resultate und Konsequenzen von Handlungen, Elementarhandlungen, Handlungsbeschreibungen und -erklärungen.

2 Wenn ich im folgenden den Begriff Interaktion verwende, dann nicht im üblichen weiten Sinn, sondern er bezeichnet einen speziellen Typ von Tätigkeitszusammenhang, bei dem eine besondere Konstellation der individuellen Zielsetzungen vorliegt.

3 Für eine genauere Darstellung vgl. FIEHLER, Reinhard (198o): Kommunikation und Kooperation. Theoretische und empirische Untersuchungen zur kommunikativen Organisation kooperativer Prozesse. Berlin:Einhorn.

4 Die Unterscheidung von verschiedenen Typen von Tätigkeitszusammenhängen auf der einen Seite und praktisch dominierten vs. kommunikativ dominierten Tätigkeitszusammenhängen auf der anderen Seite bildet eine Kreuzklassifikation.
Im folgenden interessieren hauptsächlich die unterschiedlichen Rollen, die Kommunikation in praktisch dominierten und kommunikativ dominierten Tätigkeitszusammenhängen spielen kann.

5 Vermutlich ist schon (527) eine Antwort, die aber weder für M noch für den Transkribenten verständlich war, weil M im Moment der Äußerung hustet.

6 Die Kommunikativen Tätigkeiten (52o)-(524) sind ebenfalls funktional auf die Kooperation bezogen, allerdings nicht auf die gleichzeitig laufenden Praktischen Tätigkeiten, sondern diskutiert wird die Frage, ob noch bestimmte Tätigkeiten - das Festziehen der Schrauben -, die der Ausführungsphase der Montage zuzurechnen sind, ausgeführt werden müssen.

Anhang

Ausschnitt aus der Kooperation 'Montage einer Tischtennisplatte' (R.Fiehler)

Transkription 'Montage einer Tischtennisplatte' S.31

	KT(G+M)	PT(M)	PT(G)	
512 G zu M: Zieh mal rüber!				
				M zieht den Faden ein Stück zu ihrer Seite.
513 G zu M: Hm. ((Zustimmend.))				
514 M zu G: Ja, gut.				M hakt den Spannfaden am Netzholm fest.
	4			M prüft mit dem Finger die Netzspannung.
515 M: ( )				
				G und M gehen auf die Kamera zu.
516 G zu R+M: Soll noch jemand sagen, Frauen hätten kein Gespür für die Technik.	213o			
((M lacht.))	5			
517 G zu R: Schluß jetzt.				
				Sie legen sich vor der Kamera stehend gegenseitig den Arm um die Schulter.
518 M zu R: Akt beendet.				
519 M: So.				
				Sie beginnen mit dem Wegräumen des Werkzeugs und der übrigen Teile.
52o R zu G+M: Und was is mit den Schrauben, die ihr nicht festgezogen habt?				
521 G zu R: Können so bleiben.				G tut die restlichen Kleinteile in eine Plastiktüte.
522 M zu R: Geht so. Find ich nicht wichtig.				M steckt hockend die Schraubenschlüssel in die zugehörige Tasche.
523 G zu R: Moni hat gesagt, der Tisch hat vorher auch gewackelt.				

Transkription 'Montage einer Tischtennisplatte' S.32

	KT(G+M) PT(M) PT(G)	
524 M zu G+R: Ja, genauso.		
525 G zu M: Wo kommt das hin?		G nimmt zwei Schraubenzieher auf.
526 M zu G: Und allerdings frag ich mich natürlich, warum Harry so geschwitzt hat, als er den auseinandergebaut hat.		((M hat R beim Auseinanderbauen des Tisches schwitzen gesehen.))
((M lacht.))	4	M hockt beim Werkzeug.
527 G zu M: ( ) ((M hustet gleichzeitig.))	216o	G legt die Schraubenzieher hin, nimmt die GA, fa tet sie zusammen und nimmt wieder die Schraubenzieher auf.
528 M zu G: Hm? ((Fragend.))		
		M nimmt die Zange ((spielerisch)) und legt sie wieder weg.
529 G zu M: (Weil sie geklemmt haben.) ((Gemeint sind die Schrauben.))		
53o M: Das gehörte/		G nimmt ((auch noch)) die Zange.
531 G zu M: Kommt das da . in eure Kiste?		M bringt die Schraubenschlüsseltasche weg.
532 M zu G: Nee. Das . war da nicht drin.		G wendet sich der weggehenden M zu und zeigt ih die Schraubenzieher, die Zange und die GA.
533 R zu G: Gudrun, die drei, die kommen nach oben.		
		M kehrt zurück.
534 G zu R: Gut.		G legt die Schraubenzieher und die Zange auf de Boden.
535 G zu R: Und die+ Anweisung und die restlichen Schrauben?		G nimmt die Plastiktüte und steht aus der Hocke auf.
M zu R: +Die Anweisung?		M zeigt auf die GA in G's Hand.
536 R zu G: Die kommen zu mir.		G steht mit Plastiktüte und GA in der Hand.
537 M zu R: Aha, gut.		M steht.
538 G zu M: Ja, das wars!		G faltet die Plastiktüte ((in der die restliche Kleinteile sind)) zusammen.
539 M zu G: Ja.		M nimmt die Schraubenzieher und die Zange auf.
54o M zu G: So, dann können wir . einen Kaffee trinken.	219o	M wendet sich G zu.

((Ende der Aufnahme.))

SPRICHWORT UND SLOGAN - ZUR FUNKTION DES SPRICHWORTES IN DER KONSUMWERBUNG

Hartwig Frankenberg

0. Vorbemerkung

Meine Untersuchung - es handelt sich um einen Teilaspekt meines Projektes 'Mythos und Narration' - gliedert sich in drei Teile. Im ersten Teil werde ich versuchen, die pragmatische Funktion des Sprichwortes zu beschreiben. Im zweiten Teil soll die Funktion des Werbeslogans unter pragmatischen Gesichtspunkten behandelt werden. Im dritten Teil folgen einige abschließende Bemerkungen.

1. Die pragmatische Funktion des Sprichwortes

Zunächst kann man feststellen, daß Sprichwörter bisher ausschließlich in Literaturwissenschaft und Volkskunde Gegenstand wissenschaftlicher Beschäftigung waren. Von der linguistischen Pragmatik ist das Sprichwort noch nicht als Forschungsgegenstand entdeckt worden.

In der Literaturwissenschaft zählt das Sprichwort zu den epischen Kurzformen und steht in enger Nachbarschaft zu Aphorismus, Rätsel, Redensart, Sentenz, Maxime, geflügeltes Wort und Slogan (Schlagwort). Nach Röhrich[1] hat das Sprichwort "die Form eines abgeschlossenen Satzes in fester und unveränderlicher Formulierung, z.B. 'Hunger ist der beste Koch'. ... Es drückt in der Regel einen allgemeingültigen Satz aus, der entweder eine Erfahrung des täglichen Lebens ('Neue Besen kehren gut'), ein Urteil oder eine Meinung ('Ein Sperling in der Hand ist besser als eine Taube auf dem Dach'), eine Warnung ('Verliebe dich oft, verlobe dich selten, heirate nie !' - 'Es ist nicht alles Gold, was glänzt'), eine Vorschrift oder Klugheitsregel enthält ('Man soll den Tag nicht vor dem Abend loben.'). Viele Sprichwörter sprechen eine Sozialkritik aus ('Als Adam grub und Eva spann, wo war denn da der Edelmann ?') oder eine Religionskritik ('Der beste Patron ist der Tierarzt.') oder schließlich einfache Haushaltsregeln ('Ein gebranntes Kind scheut das Feuer.'). Unter einem Sprichwort verstehen wir also einen festgeprägten Satz, der eine unser Verhalten betreffende Einsicht oder eine Aufforderung zu einem bestimmten Verhalten ausspricht."[2] An anderer Stelle führt Röhrich[3] weiter aus: "Dabei wird deutlich, daß das Sprichwort keine absolute Weisheit ausdrückt. In der Tat sind Sprichwörter nur 'allgemeine Aussagen oder Urteile, mit denen eine gegebene Situation erklärt, eingeordnet, beurteilt wird.' (Burger 1973: 54)"[4] Einige Forscher schreiben dem Sprichwort auch eine didaktische Funktion zu, z.B. spricht Bausinger von einer "partiell gültigen Lebensregel"[5]. Seiler sagt: "Das Sprichwort will Erkenntnisse und Normen vermitteln, die für die Auffassung und Gestaltung des Lebens bedeutsam sind."[6]

Eine Untersuchung neueren Datums von Gerhard Peukes[7] versteht sich zwar als eine sprachwissenschaftliche Untersuchung, die jedoch nur die semantischen Beziehungen zwischen den Lexemen eines Sprichwortes untersucht und die Syntax ansatzweise analysiert. Diese Arbeit ist jedoch völlig blind für den pragmatischen Aspekt, so daß Peukes die völlige Unabhängigkeit des Sprichwortes von der Sprechsituation behaupten kann.[8]

Ein Forscher, der schon sehr früh die didaktische Funktion der Sprichwörter abgelehnt und ihre pragmatische Dimension erkannt hat, war André Jolles[9]. Jolles führt das Sprichwort - bzw. den 'Spruch' - auf die menschlichen Grundbefindlichkeiten des Bewußtseins der Erfahrung und des Bewußtseins des Mangels zurück: "Sehen wir aber erst den Spruch als solchen noch einmal an. Wenn etwas, was gelingen konnte, nicht gelungen ist und wir schreiben das Mißlingen einem uns aus der Erfahrung bekannten und mit unserem Wesen zusammenhängenden Mangel an Möglichkeiten des Gelingens zu, so sagen wir trübselig: man muß Glück haben. Wenn dagegen etwas gelungen ist, was nicht zu gelingen brauchte, und wir schreiben das Gelingen einem gewissen Wagemute zu, der, wie die Erfahrung lehrt, zum Ziele führt, so sagen wir wiederum: man muß Glück haben. So tritt der Spruch jedesmal im Leben und in der Kunst auf, wenn eine Erfahrung in der oben besprochenen Weise gefaßt wird. Es ist aber schon in diesen Fällen klar, daß wir die Situation keineswegs kritisch beurteilen oder daß wir in eine Erörterung eintreten, die etwa lauten könnte:'wenn ich anders gehandelt hätte, wäre vielleicht ... usw.' Wir sondern die Tatsache oder den Sachverhalt ab, wir reihen ihn sozusagen auf der Schnur der Erfahrung auf, die lauter solche einzelne Perlen durchzieht."[10] Und weiter sagt Jolles: Die "Erfahrung in der Form, in der sie der Spruch faßt, ist ein Schluß. Ihre Tendenz ist rückschauend, ihr Charakter ist resignierend. Dasselbe gilt von ihrer Vergegenwärtigung. Auch das Sprichwort ist kein Anfang, sondern ein Schluß, eine Gegenzeichnung, ein sichtbares Siegel, das auf etwas aufgedrückt wird und womit es seine Prägung als Erfahrung erhält."[11]

Um die Aussagen von Jolles besser zu verstehen, rufen wir uns einfach einige bekannte Sprichwörter ins Gedächtnis zurück:

Ehrlich währt am längsten.
Je näher der Kirche, je weiter von Gott.
Wer keine Hand hat, kann keine Faust machen.
Wie man's macht, ist's falsch.
Geteiltes Leid ist halbes Leid.
Wenn zwei sich streiten, freut sich der dritte.
Ein Mann, ein Wort.

Die Verwendung (Zitierung) eines Sprichwortes in einer alltäglichen Situation möchte ich als eine spezifische Sprechhandlung beschreiben und weiterhin von der 'Sprichworthandlung' sprechen:

1.1. Die Sprichworthandlung ist ein reaktiver Sprechhandlungstyp, der nicht initiativ verwendet werden kann.

1.2. Im Gegensatz zu reinen Stereotypen ist die Sprichworthandlung keine topische Sprechhandlung.

1.3. Die Sprichworthandlung ist die indirekte Kommentierung:
einer Handlung,
eines Ereignisses,
eines Zustandes.

1.4. Eine Sprichworthandlung ist immer retrospektiv.

1.5. Durch die Kommentierung der Sprichworthandlung wird Bezug genommen auf zwei menschliche Grundbefindlichkeiten:
Mangel, Not;
Glück, Abrundung und Abgrenzung der Persönlichkeit.

1.6. Dadurch, daß die Sprichworthandlung den Menschen auf seine Grundbefindlichkeiten zurückwirft, bzw. ihn daran erinnert, besitzt die Sprichworthandlung reflexive Funktion. Sie ist das Eingeständnis der Unveränderlichkeit der menschlichen Grundbefindlichkeiten und wirkt als ein Appell zur Selbstbescheidung. Darüber hinaus wird durch ihre Verwendung die Gültigkeit eines spezifischen gesellschaftlichen und kulturellen status quo behauptet.

1.7. Der Sprecher einer Sprichworthandlung möchte den Angesprochenen - nach einem erlittenen Schaden oder Glück - an die genannten menschlichen Grundbefindlichkeiten erinnern und ihn dazu bewegen, diese anzuerkennen und den erlittenen Schaden (oder das erfahrene Glück) der menschlichen Grundbefindlichkeit zuzuordnen. Außerdem gibt der Sprecher der Sprichworthandlung seine Solidarität mit dem Angesprochenen zu erkennen. Hier erhalten Sprichworthandlungen den Charakter von indirekten Handlungsanweisungen.

1.8. Die Sprichworthandlung hat die Form eines kontrafaktischen Konditionals[12], da die kommentierte Handlung (Zustand, Prozeß, Ereignis) als Handlungskonsequenz zu verstehen ist, und mit ihren Voraussetzungen in Beziehung gebracht wird - jedoch nicht auf der Ebene der Reflexion und der Problematisierung[13].

1.9. Dadurch, daß ein Sprichwort keine spezifischen textexternen Referenzen und keine Raum-Zeit-Deiktika besitzen, hat ein Sprichwort keine belehrende Funktion und kann vom Angesprochenen nicht als direkte Kritik verstanden werden: "Ein Sprichwortbild muß konkret stimmen, meint aber selten das Bezeichnete."[14] Dadurch besitzt die Sprichworthandlung einen relativ großen illokutiven Spielraum, da Sprichwörter nur generelle Kommentierungen mit metaphorisierten Lexemen enthalten, deren Verbindlichkeit in der konkreten Anwendung auf spezielle Handlungen nur relativ gering sein können. So kommt es, daß Sprichwörter in ihrer Verwendung als Sprichworthandlungen häufig in die Nähe von topischen Sprechhandlungen geraten, bzw. wie diese verwendet werden. Man kann auch sagen: Die Konventionalität von Sprichworthandlungen ist begrifflich nicht so scharf zu fassen und zu beschreiben wie bei einfacheren Sprechhandlungen. Dies hängt damit zusammen, daß die Sprichworthandlungen an keine dyadischen Interaktionssequenzen gebunden sind, wie z.B. Frage-Antwort, Vorwurf-Rechtfertigung etc.

1.10. Oberflächenstrukturell fällt die Zweigliedrigkeit der meisten Sprichwörter auf:

- Syntax: hypotaktisch, parataktisch.
- Häufige Verwendung des Paarreims.
- Semantik: semantische Beziehungen zwischen den Lexemen in Form des Kontrastes, des Kontrastes Abstrakt-Konkret und des Kontrastes zwischen Überbegriff und Unterbegriff.

Verschiedene Sprichwortforscher, die der Literaturwissenschaft zuzurechnen sind, begründen die offensichtliche Zweigliedrigkeit der Sprichwörter mit der Grundgliederung des Satzes in Subjekt und Prädikat, bzw. mit der 'Spannung', die zwischen Subjekt und Prädikat angenommen wird. Die Oberfächlichkeit und geringe Reichweite einer solchen Begründungsweise[15] muß nicht weiter betont werden.

Wir haben gesehen, daß Sprichwörter und Sprichworthandlungen spezifische Verbindlichkeiten stabilisieren sollen, was jedoch kaum durch die literaturwissenschaftlichen Merkmale begründet werden kann. Die Ausführungen von Paul, Brinkmann und Peukes scheitern letzten Endes bei ihrem Bemühen einer wissenschaftlichen Beschreibung des Sprichwortes, da diesen Untersuchungen die pragmatische Dimension völlig fehlt.

Zu Beginn meiner Ausführungen hatte ich auf die Beschreibungen des Sprichwortes durch Jolles und ihre pragmatische Dimension hingewiesen. Jolles macht die Unterscheidung zwischen 'Spruch' und seiner 'Vergegenwärtigung' durch das Sprichwort. Jolles nimmt also an, daß jedem Sprichwort ein 'Spruch' zugrundeliegt, der sich in einem bereits geprägten Sprichwort als Sprichworthandlung realisiert.

Meine Thesen lauten nun:

1) Sehr vielen Sprichwörtern liegt eine konditionale Struktur zugrunde, indem eine Erfahrung, bestehend aus Handlungsvoraussetzungen und ihren Handlungsfolgen retrospektiv begriffen und an eine menschliche Grundbefindlichkeit gebunden wird, ohne daß eine konkrete Situation, auf die sich das Sprichwort bezieht, kritisch reflektiert und problematisiert wird.

2) Daraus folgt, daß Sprichworthandlungen als spezifische Sprechhandlungen, nämlich als konditionale Sprechhandlungen aufzufassen sind.

Der Begriff 'konditionale Sprechhandlung' stammt von Wunderlich[16]. Er faßt darunter Sprechhandlungen zusammen wie z.B. Warnung, Drohung, Ratschlag, Versicherung, Belehrung, Vorwurf, Aushandeln, Erpressung, Angebot und Vorschlag. Gemeinsam ist allen diesen Sprechhandlungen die ihnen zugrundeliegende konditionale Struktur: "Ich denke, daß alle erwähnten Sprechakte durch die Behauptungsäußerung eines deklarativen Konditionals realisiert werden können (was nicht heißen soll, daß sie ausschließlich so realisiert werden müßten). Wir können die Natur dieser Sprechakte ein ganzes Stück weit klären, wenn wir sie mit einem jeweils spezifischen Konditional in Verbindung bringen. Dieses Konditional kann eventuell als charakteristischer propositionaler Gehalt der betreffenden Sprechakte angesehen werden. Alle anderen Realisierungsvarianten müßten sich dann in eine Normalform von der Art eines Konditionals übersetzen lassen; die Annahme ist, daß dadurch der jeweilige propositionale Gehalt am explizitesten ausgedrückt werden kann."[17] Wunderlich geht bei seinen Betrachtungen von dem Konditionalsatz aus "Wenn du den Hund reizt, wirst du gebissen." Dieser Satz "hat die Struktur 'wenn p, dann q', worin p eine Handlung und q ein für den Agenten positives oder negatives Ereignis beschreibt. q kann auch einen Zustand oder einen Prozeß beschreiben; ich fasse hier jedoch Ereignisse, Prozesse und das Eintreten oder Aufhören von Zuständen in dem Wort 'Ereignis' zusammen,/.../. Es ist aber zu beachten, daß q ein für den Agenten positives oder negatives Ereignis beschreiben soll, kein Ereignis, das indifferent bewertet wird. Unterstellt wird, daß der Agent positiv bewertete Ereignisse herbeiführen, negativ bewertete Ereignisse verhindern will."[18]

Ich kann hier leider nicht weiter darauf eingehen, daß der Gesamtkomplex der konditionalen Sprechhandlungen in Zusammenhang mit der Problematik des praktischen Schlusses, bzw. der in ihm eingebetteten kognitiven Prämisse, gesehen werden muß. Auch dem Sprichwort liegt in vielen Fällen eine konditionale Struktur zugrunde, wodurch ein kausal hinreichender Zusammenhang zwischen einem Antecedens (p) und seinem Konsequens (q) behauptet wird. Auf die philosophische Diskussion um das hypothetische und irreale Konditional kann hier nicht eingegangen werden.[19] Es sei mir lediglich noch der Hinweis gestattet, daß offensichtlich allen konditionalen Ausdrücken bezweifelte oder nicht geklärte, bzw. bedingte Zuordnungen von ein- und mehrstelligen Prädikaten zu quantifizierten Gegenstandsvariablen zugrundeliegen. Dabei geht es offenbar in erster Linie nicht um den behaupteten Zusammenhang in einem Konditional zwischen einem Antecedens und einem Konsequens, sondern um den Wahrheitsanspruch des Konsequens.

2. Die pragmatische Funktion des Werbeslogans

In der Literaturwissenschaft und in der linguistischen Pragmatik ist verschiedentlich[20] auf die Beziehung zwischen Sprichwort und Werbeslogan hingewiesen worden.

Seit Beginn der Konsumwerbung sind Sprichwortmuster mit Erfolg in Werbeslogans verwendet worden: "Werbetexter greifen gern auf das vorgeprägte Baumuster eines Sprichwortes zurück, da dadurch der dem Sprichwort eigene Autoritätsanspruch sowie dessen Glaubwürdigkeit auf die Werbebotschaft übertragen werden."[21]

Zur Veranschaulichung überfliegen wir einige gängige Werbeslogans:

Wer weiterkommen will, muß auf Etikette achten. (Dimple)
Wer viel von Bier versteht, hat wenig Auswahl. (Warsteiner)
Wer die Welt kennt, kennt Tuborg. (Tuborg)
Die ALNO: Frisch gewagt ist halb gewonnen. (Alno)
Wenn, denn PEN. (Pen)
Der Tag geht. Johnny Walker kommt. (Johnny Walker)
A man, a shoe. (Lloyd)

Röhrich und Mieder[22] stellen fest: "In der modernen Wirtschaftswerbung spielt das Sprichwort eine wichtige Rolle. Dabei erweist es sich als nahezu unbegrenzt anpassungsfähig. Das Sprichwort ist die geschlossenste, prägnanteste und kürzeste einfache Form der mündlichen Überlieferung. Es erfüllt so auch am leichtesten die Forderungen des Slogans. Wie ein Sprichwort will auch ein Werbetext vor allem kurz, einprägsam, leicht verständlich und eingängig sein. Wie ein Sprichwort prägt sich auch ein Werbeslogan durch ständige Wiederholung ein."

Röhrich und Mieder unterscheiden dabei dreierlei:

1 Sprichwörter als Werbeslogans, z.B.:
'Voller Bauch studiert nicht gern.' (Margarine-Werbung)

2 Abgewandelte Sprichwörter in Werbeslogans, z.B.:
'Reden ist Silber - Kupferberg Gold.'

3 Werbeslogans mit Sprichwortmuster, z.B.:
'Gut rasiert - gut gelaunt.'

Die pragmatische Funktion von Werbeslogans läßt sich mit der Funktion der Sprichworthandlungen kontrastieren.

2.1. Im Unterschied zu den Sprichworthandlungen verweisen Werbeslogans nicht auf vergangene sondern auf zukünftige Ereignisse. Werbeslogans sind also immer prospektiv.

2.2. Daraus folgt, daß Werbeslogans nicht reaktiv, sondern nur initiativ verwendet werden können.

2.3. Werbeslogans sind - im Gegensatz zu den Sprichwörtern - in erster Linie indirekte Handlungsaufforderungen, die zum Kauf einer Ware animieren sollen.

2.4. Auch Werbeslogans beziehen sich auf die menschlichen Grundbefindlichkeiten des Mangels und des Glücks wie die Sprichwörter.

2.5. Im Unterschied zu den Sprichworthandlungen stellen die Werbeslogans jedoch keine Appelle zur Selbstbescheidung und zur Erhaltung eines status quo dar, sondern fordern dazu auf, den status quo zu verändern und zu verlassen: Statt Bescheidung Expansion.

2.6. Auch die Werbeslogans besitzen die Struktur abgeschlossener Sätze und verfügen oft über einen zweigliedrigen Aufbau, spielen mit den semantischen Beziehungen ihrer Lexeme, besitzen gelegentlich Endreim und weisen auf eine rhythmische Gliederung.

2.7. Genau wie die Sprichwörter haben die Werbeslogans keine textexternen Referenzen und Deiktika, sie sind Aussagen allgemeiner Art. Lediglich der Produktname erscheint im Werbeslogan oder in seinem Kontext.[23]

2.8. Während sich das Sprichwort auf eine kollektive Erfahrung, bzw. auf ein konkretes Ereignis bezieht, muß die "Werbung hingegen ... erst eine künstliche Situation schaffen, aus der der Slogan sich ableiten läßt. ... Den Kredit, den der Hörer dem Sprichwort aus eigener Erfahrung zu geben bereit ist, ... - diesen Kredit muß die Werbung sich erst verschaffen, sie findet ihn nicht vor. So müssen denn die Kaminecke um den Sekt herum, das Alpenpanorama hinter dem Auto, der befrackte männlich-herbe Typ, der lässig mit dem Feuerzeug spielt, die Erfahrung ersetzen, auf die das Sprichwort beim Empfänger bauen kann. Aus Alpen, Kamin und Frack zieht der Slogan seine Resümees, die tatsächlich das Auto, den Sekt und das Feuerzeug betreffen."[24] Der Slogan muß also die Erfahrung, die das Sprichwort ihm voraus hat, durch den Hintergrund der Werbeanzeige kompensieren.[25]

2.9. Ähnlich wie das Sprichwort zielt auch der Werbeslogan auf eine Solidarisierung mit dem Angesprochenen.

2.10. Nach den bisherigen Ausführungen bedarf es keiner weiteren Erläuterung, daß auch sehr vielen Werbeslogans eine konditionale Struktur zugrundeliegt.

2.11. Flader[26] hat auf die pragmatische Dimension der Werbeslogans mehrfach hingewiesen und sie eingehend begründet, so daß - analog zu dem oben geprägten Begriff 'Sprichworthandlung' - auch von einer 'Sloganhandlung' als einer spezifischen konditionalen Sprechhandlung gesprochen werden muß. Der Handlungsträger der Sloganhandlung erscheint nur virtuell als Werbekommunikator im Gegensatz zur Sprichworthandlung, in der der Handlungsträger, der das Sprichwort verwendet, notwendig in Erscheinung treten muß. Es scheint aber gerechtferigt zu sein - so Flader - die Funktion des Handlungsträgers im Werbeslogan dem Produktnamen zuzuweisen.

2.12. Flader beschreibt die Funktion des Werbeslogans als "künstliche Wiederherstellung einer früheren Kommunikationssituation"[27], als "intendierte Neuauflage eines Grundmusters der Eltern-Kind-Interaktion"[28], indem die Fiktion einer frühen Eltern-Kind-Beziehung reaktiviert wird. Der Slogan "hofft auf infantile Reaktionsmuster"[29].

2.13. Nach Flader gibt der Werbeslogan Antwort auf die implizite Frage: Wer hilft mir ? "Durch die sprachliche Realisierung der strukturellen Funktionen seiner Aktionssätze gibt der Kommunikator auf diese Fragen Antworten, die sicher sehr befriedigend sind:

1. Die Rolle des Akteurs der Handlungen übernimmt ein Produkt, das man kaufen kann und das der Sprecher namentlich identifiziert. Der Empfänger kann sich also leicht das verschaffen, was seinen Glückszustand bewirkt.

2. Die Zustände, die der Sprecher als Handlungsresultate der Produkte behauptet, werden durch Ausdrücke beschrieben, die auf der psychologischen Ebene Idealwünsche ausdrücken: jung, frei, sicher usw.

3. Der Bereich der Personen, die Nutznießer dieser Handlungen sind, ist nicht eingeschränkt. Wir alle können von den Produkthandlungen profitieren, die der Kommunikator als existent behauptet.

4. Auch die Umstände der Handlungen sind nicht eingeschränkt. Ihre befriedigenden Wirkungen gelten bedingungslos."[30]

2.14. Flader spricht zwar nicht von der konditionalen Struktur des Werbeslogans, sondern von der "Kausalkette: Produktverwendung - Glückszustand"[31]. "Um die kausale Relation auszudrücken, kann sich der Kommunikator eines relativ einfachen symbolischen Darstellungsmittels bedienen, das u.a. in der individuellen Traumarbeit häufig Verwendung findet: die gleichzeitige Plazierung von Antecedens und Postcendens."[32]

3. Abschließende Bemerkungen

Die vorliegenden Ausführungen hatten die Aufgabe, Unterschiede und Gemeinsamkeiten von Sprichwort und Werbeslogan zu beschreiben. Dabei konnte gezeigt werden, daß Sprichwort und Slogan in ihrer Verwendung als spezifische Sprechhandlungen (Sprichworthandlung und Sloganhandlung), als konditionale Sprechhandlungen aufzufassen sind. Dabei stellte die konditionale Struktur von vielen Sprichwörtern und Werbeslogans das verbindende Merkmal zwischen ihnen dar. So war es möglich, Sprichwörter, bzw. Muster von Sprichwörtern in den Werbeslogans aufzudecken.

Aufgrund der konditionalen Struktur von Sprichwort und Werbeslogan erhalten beide eine funktionale Nähe zur kognitiven Prämisse im praktischen Schluß. Sie sollen beide vom angesprochenen Interaktionspartner als eigene kognitive Prämisse in seinem eigenen praktischen Schluß verwendet werden. Dadurch erhalten das Sprichwort und der Werbeslogan die Funktion von sozialen Normen, die in Weltdeutungsschemata und Weltbewältigungsschemata Anwendung finden.

Anmerkungen

1 RÖHRICH (1977).
2 RÖHRICH (1977), Bd. 1, S. 9 ff.
3 RÖHRICH/MIEDER (1977), S. 2.
4 BURGER (1973) zitiert nach RÖHRICH/MIEDER (1977), S. 2.
5 BAUSINGER (1968) zitiert nach RÖHRICH/MIEDER (1977), S. 2.
6 SEILER (1918) zitiert nach RÖHRICH/MIEDER (1977), S. 1.
7 PEUKES (1977).
8 PEUKES (1977), S. 64.
9 JOLLES (1974).
10 JOLLES (1974), S. 157.
11 JOLLES (1974), S. 158.
12 Zu den Begriffen 'kontrafaktisches Konditional' und 'konditionaler Sprechakt' siehe: WUNDERLICH (1976), S. 251 - 292.
13 JOLLES (1974), S. 159: "In jedem Sprichwort deckt man den Brunnen zu - aber erst, wenn das Kind ertrunken ist."

14 RÖHRICH/MIEDER (1977), S. 52.

15 Z.B.: PAUL (1960) und BRINKMANN (1969) nach PEUKES (1977), S. 63.

16 WUNDERLICH (1976).

17 WUNDERLICH (1976), S. 273.

18 WUNDERLICH (1976), S. 264.

19 Siehe hierzu: STEGMÜLLER (1969), S. 273 ff.

20 Z.B.: RÖHRICH/MIEDER (1977), KLOTZ (1975), FLADER (1972) und FLADER (1974).

21 RÖHRICH/MIEDER (1977), S. 5.

22 RÖHRICH/MIEDER (1977), S. 111.

23 Über die Funktion der Produktnamen siehe weiter unten in Abschnitt 2.11.

24 KLOTZ (1975), S. 98 - 99.

25 HANTSCH (1975), S. 137: "Die Semantizität der Anzeige ist eine Einheit von Bild und Text."

26 FLADER (1972) und (1974).

27 FLADER (1972), S. 343.

28 FLADER (1972), S. 346.

29 FLADER (1972), S. 346.

30 FLADER (1972), S. 356.

31 FLADER (1972), S. 359.

32 FLADER (1972), S. 359.

Literatur

BAUSINGER, Hermann (1968): Formen der "Volkspoesie". Berlin: Erich Schmidt.

BURGER, Harald (1973): Idiomatik des Deutschen. Tübingen: Niemeyer.

BRINKMANN, Hennig (1969): "Der deutsche Satz als sprachliche Gestalt". H. Moser (1969): Das Ringen um eine neue deutsche Grammatik. Aufsätze aus drei Jahrzehnten. Darmstadt: Wissenschaftliche Buchgesellschaft: 335 - 359.

FLADER, Dieter (1972): "Pragmatische Aspekte von Werbeslogans". WUNDERLICH (1972): Linguistische Pragmatik. Frankfurt: Athemäum: 341 - 376.

--- (1974): Strategien der Werbung. Ein linguistisch-psychoanalytischer Versuch zur Rekonstruktion der Werbewirkung. Kronberg: Scriptor.

HANTSCH, Ingrid (1975): "Zur semantischen Strategie der Werbung". P. NUSSER (1975): 137 - 159.

JOLLES, André (1974): Einfache Formen. Tübingen: Niemeyer.

KLOTZ, Volker (1975): "Slogans". P. NUSSER (1975): 96 - 104.

NUSSER, Peter (1975) (Hrsg.): Anzeigenwerbung. München: Wilhelm Fink.

PAUL, Hermann (1960): Prinzipien der Sprachgeschichte. Darmstadt: Wissenschaftliche Buchgesellschaft.

PEUKES, Gerhard (1977): Untersuchungen zum Sprichwort im Deutschen. Semantik, Syntax, Typen. Berlin: Erich Schmidt.

RÖHRICH, Lutz (1977): Lexikon der sprichwörtlichen Redensarten, 4 Bde. Freiburg: Herder.

--- /MIEDER, Wolfgang (1977): Sprichwort. Stuttgart: Metzler.

SEILER, Friedrich (1918): Deutsche Sprichwortkunde. München: Beck.

STEGMÜLLER, Wolfgang (1969): Probleme und Resultate der Wissenschaftstheorie und Analytischen Philosophie, Bd. 1: Wissenschaftliche Erklärung und Begründung. Berlin: Springer.

WUNDERLICH, Dieter (1976): Studien zur Sprechakttheorie. Frankfurt: Athenäum.

KONVERSATIONSMAXIMEN FÜR DIE FRAGE-BEANTWORTUNG

Christopher Habel/Claus-Rainer Rollinger

1. Vorbemerkungen

1.1. Um das Gelingen einer sprachlichen Kommunikation zu ermöglichen, ist es erforderlich, daß die Kommunikationspartner (zwei oder auch mehrere) weitgehend den gleichen Konventionen und Prinzipien folgen (vgl. LEWIS 1969, GRICE 1968). Eine explizite Liste derartiger Prinzipien existiert in Form der Grice'schen Konversationsmaximen[1] mit den Kategorien Quantität, Qualität, Relation und Art und Weise:

a) Mache Deinen Redebeitrag genau so informativ, wie es erforderlich ist. (Quantitätsmaximen 1 und 2).
b) Sage nichts, was Du für falsch hältst; sage nichts, für das Du mangelnde Evidenz besitzt. (Qualitätsmaximen 1 u. 2)
c) Richte Deinen Redebeitrag so ein, daß er für den Konversationsverlauf relevant ist. (Relations-Maxime).
d) Gestalte Deinen Beitrag zur Konversation so, daß er klar und deutlich ist. (Maximen der Art und Weise).

/1/ Einige Konversationsmaximen[2]

Der expliziten Formulierung derartiger Maximen kommt bei der Entwicklung von natürlich-sprachlichen (Computer-)Systemen besondere Bedeutung zu; das unbewußte Befolgen der Maximen, das bei der Mensch-Mensch-Kommunikation üblich ist, muß innerhalb eines Computer-Systems durch explizite Anweisungen abgelöst werden; nur so wird es möglich sein, daß eine Mensch-Maschine-Kommunikation erfolgreich und befriedigend (für den Menschen) abläuft.

1.2. Im weiteren werden wir ausschließlich einen Konversationstyp betrachten: den der Frage-Antwort-Sequenzen. Der Prozeß der Frage-Beantwortung, d.h. die Methoden, die der Beantwortende A anwendet, um eine Antwort a zur Frage f zu finden, sollen hier nicht behandelt werden; im Mittelpunkt stehen hier gewisse Konversations-Maximen, denen der Beantwortungsprozeß folgen muß, damit der Fragende F die Antwort a als befriedigend empfindet, bzw. damit die Antwort a 'objektiv' befriedigend ist. (Dieser Zusatz ist notwendig, da falsche Antworten durchaus von F als befriedigend empfunden werden können, so lange F die Falschheit nicht erkennt).

Um eine, bzw. die, befriedigende Antwort zu geben, muß der Antwortende einem Satz von Maximen - wie er etwa durch /1/ vorliegt - folgen; oder anders ausgedrückt, er folgt einer - aus /1/ durch Spezialisierung gewonnenen - Beantwortungs-Maxime:

> Gib eine Antwort, die bzgl. der Frage relevant ist, die so informativ wie möglich ist, ohne aber überinformativ zu sein, deren Richtigkeit gesichert ist und all dies tue möglichst schnell[3] und verständlich.

/2/ Die Beantwortungs-Maxime

1.3. Die im weiteren vorgestellten Untersuchungen werden durch eine besondere Eigenschaft von A wesentlich beeinflußt: A ist ein Frage-Antwort-System, d.h. ein (Computer-)System zur Beantwortung von Fragen innerhalb eines vorgegebenen Themenkomplexes. Das bedeutet insbesondere, da A ein Algorithmen-System zur Frage-Beantwortung repräsentiert, daß die Konversations-Maximen soweit expliziert werden müssen, daß sie als Algorithmen realisiert werden können.

Soll ein Frage-Antwort-System der Beantwortungs-Maxime /2/ folgen, so ist dies nur möglich, wenn die informellen Begriffe formalisiert, d.h. expliziert, entsprechende "Berechnungsvorschriften" (z.B. Relevanz-Maß) entwickelt und durch "Verhaltensvorschriften für Konflikt-Situationen" ergänzt werden.

Dieser Zwang zur Präzisierung und Formalisierung, der für die Computerlinguistik durchaus charakteristisch ist, sollte weder als Nachteil, noch sollten die entsprechenden Lösungen als für die Linguistik unbedeutend angesehen werden, vielmehr werden in den präzisierten Lösungsvorschlägen der Computerlinguistik Faktoren und Sachverhalte berücksichtigt werden müssen, die etwa durch die intuitiven, informellen Begriffe der Maximen (/1/ und /2/) verdeckt werden.

2. Konflikte zwischen Konversations-Maximen

2.1. Untersuchungen (spezieller) Frage-Antwort-Paare unter dem Gesichtspunkt der Konversations-Maximen, insbesondere der Qualitäts-Maximen, findet man z.B. bei LAKOFF (1973) und JOSHI/KAPLAN (1978). Bei der Analyse dieser Arbeiten stellt man fest, daß ihnen zwei implizite Idealisierungen zugrunde liegen, die wesentliche Auswirkungen auf die Anwendung von Konversations-Maximen bei Frage-Antwort-Systemen haben; es wird davon ausgegangen, daß:

- der Antwortende genau eine, die richtige Antwort parat hat,
- keine Konflikte zwischen den Maximen auftreten.

Robin LAKOFF (1973) etwa, die eine Menge verschiedener, angemessener Antworten auf eine Frage untersucht, weist zwar darauf hin, daß diese Angemessenheit situationsbedingt sein kann, daß auch bei Verletzung von Maximen eine angemessene Antwort erfolgen kann, läßt jedoch völlig unberücksichtigt, wie der Antwortende zu derartigen Antworten gelangt, insbesondere, wie er sich im Fall eines Maximen-Konflikts verhält.

JOSHI/KAPLAN (1978) untersuchen einen speziellen Fall kooperativer Antworten, den der "kontradiktiven indirekten Antworten" [4]; man betrachte etwa

/3/ f: Hat John seine Mutter zu seiner Hochzeit eingeladen?
a: Nein.

Falls John Junggeselle ist, ist die negative Antwort a unbefriedigend, da sie zu Fehlannahmen des Fragenden führen kann (bzw. sogar: wird); kooperativ wäre es hier, die Information, daß John Junggeselle ist, somit also den Grund für die negative Antwort, mitzuteilen. Der vorliegende Fall kann nun durchaus unter dem Blickwinkel der Fragen:

/4/ Ist die Antwort "Nein" genügend informativ?
Ist die Antwort "John ist Junggeselle" überinformativ?

betrachtet werden, d.h. der Antwortende steht vor der Aufgabe, unter zwei möglichen Antworten die auszuwählen, die der Befolgung der Konversations-Maximen am ehesten entspricht.

2.2. Eine wesentlich andere Situation liegt vor, wenn der Antwortende (sei es ein Mensch oder ein Computer-System) eine bzw. die Antwort nicht weiß, sondern erst ermitteln muß. Man betrachte etwa die Frage:

/5a/ Wieviele Primzahlen gibt es, die kleiner oder gleich 1 000 000 sind?

Um /5a/ zu beantworten, stehen verschiedene Methoden zur Verfügung, etwa:

/5b/ Nachschlagen in einem Lehrbuch der Zahlentheorie (z.B. SCHWARZ 1969); falls man Glück hat, findet man die Antwort: $\pi(1\,000\,000) = 78\,498$.

/5c/ Unter Zuhilfenahme einer Primzahltafel läßt sich das gleiche Ergebnis abzählen.

/5d/ Eine Approximation aufgrund des Primzahlsatzes

$$\left(\lim_{x \to \infty} \pi(x) \cdot \frac{\ln(x)}{x} = 1 \right)$$

ergibt abhängig von den verwendeten Rundungen Antworten der Art

d_1: $10^6/\ln(10^6)$ 72.382,4 ; also in dieser Größenordnung (Taschenrechner)

d_2: In der Größenordnung von 80.000 (Kopf-Rechnung).

Die Antworten, die sich in /5/ ergeben, sind zwar von unterschiedlicher "Güte" (Informationsgehalt), werden aber auch mit unterschiedlichem Zeitaufwand gewonnen; d.h. insbesondere, daß der Fragende eventuell "schnell eine schlechtere" oder "mit Wartezeit eine bessere" Antwort erhalten kann. Für den Antwortenden bedeutet dies, daß er für den Konflikt der Maximen Quantität - Schnelligkeit eine Lösung finden muß, wobei für die Konflikt-Lösungs-Strategie sicherlich Faktoren wie die Bedürfnisse des Fragenden , aber auch der Aufwand, den der Antwortende zu leisten bereit ist, zu berücksichtigen sind.

2.3. Eine weitere wesentliche Konfliktsituation [5] tritt zwischen den Quantitäts-Maximen und der Qualitäts-Maxime auf. Man betrachte etwa die folgende Situation: [6]

/6/ Nach dem Pilzesuchen und Sortieren sagt Petra zu Monika einen der folgenden Sätze:

/a/ Das müssen Steinpilze sein.

/b/ Das können keine Bitterlinge sein.

/c/ Das werden Steinpilze sein.

Aufgrund der Qualitätsmaxime sollte man nun erwarten können, daß Monika auf die - z.B. beiläufig am Telefon gestellte-Frage: "Was werdet ihr heute Mittag essen" antwortet:

/7a/ Pilze, Petra hält sie für Steinpilze.

Die Antwort, die jedoch üblicherweise gegeben wird, ist:

/7b/ Steinpilze!

Die zweite Antwort /7b/, die bezüglich der Qualitätsmaxime nicht gerechtfertigt ist, kann dann akzeptiert werden, wenn /7a/ als überinformativ angesehen wird.

2.4 Beide Konfliktfälle (aus 2.2 und 2.3) beruhen auf der "Unvereinbarkeit" jeweils zweier Maximen, bzw. genauer, zweier Kategorien von Maximen. Es ist damit zu rechnen, daß auch Konflikte "höherer Dimension" auftreten können; im weiteren (Abschnitt 3) soll beispielhaft am Konflikt Quantität vs. Schnelligkeit eine mögliche Lösungs-Strategie entwickelt werden. Im Laufe dieser Überlegungen werden einige weitere Submaximen der Quantität (speziell für Fragebeantwortung) vorgeschlagen, die dann wiederum die Explizierung der Begriffe 'informativ' und 'relevant' beeinflussen.[7]

3. Zur Entwicklung einer Konflikt-Lösungs-Strategie (Quantität vs. Schnelligkeit)

3.1. Zugrundegelegt wird im weiteren ein vereinfachtes Frage-Antwort-Modell, unter Verwendung folgender abkürzender Schreibweisen:

FRAGEN (F,A,f)	F stellt an A die Frage f
BEANTW (A,f)	A beantwortet die Frage f
ANTW (A,f,a)	A antwortet auf die Frage f mit der Antwort a
SAGEN (P,s)	Die Person P äußert den Satz s

/8/ Einige Operatoren der Metasprache

BELNAP/STEEL (1976) folgend setzen wir voraus, daß es zur Frage f eine wohldefinierte - eventuell nicht-endliche Menge - $\mathfrak{A}(f)$ möglicher Antworten gibt. $\mathfrak{A}(f)$ enthält sowohl wahre als auch falsche, sowohl direkte als auch indirekte, etc. ... Antworten. Bei den Antworten handelt es sich im Normalfall um Aussagen (bzw. logische Formeln); Antworten wie "ja", "nein", "Franz Beckenbauer" gelten als kodierte Antworten.

Es kann angenommen werden, daß jeder Sprecher P, der betreffenden Sprache (in der die Frage f formuliert ist), in der Lage ist, eine Menge von Antworten $\mathfrak{A}_P(f)$ zu bestimmen, die Menge der Antworten, die er bzgl. f für wahre, d.h. korrekte Antworten hält. Falls $\mathfrak{A}_P(f) = \emptyset$, so bedeutet dies gerade, daß P nicht in der Lage ist, eine Antwort zu finden, die er für korrekt hält, die Reaktion "kann ich nicht beantworten" ist im Normalfall die Folge.[8] Als Präzisierung der Relations-Maxime /1c/ im Frage-Antwort-Fall ergibt sich die Aufforderung an P:

Wähle Deine Antwort aus $\mathfrak{A}_P(f)$!

Aus der Interpretation, $\mathfrak{A}(f)$ als die Menge relevanter Antworten aufzufassen, ergibt sich für die weiteren Untersuchungen, daß mit Bedingungen der Art "$a \in \mathfrak{A}(f)$" oder "$a \in \mathfrak{A}_P(f)$" stets die Befolgung der Relations-Maxime gegeben ist.

3.2. Um eine Lösungs-Strategie für den in 2.2 beschriebenen Konflikt zwischen Quantitäts- und Schnelligkeits-Maxime zu erarbeiten, ist die Explikation der informellen Begriffe der Grice'schen Maximen (/1/) notwendig, insbesondere des Begriffs 'informativ', damit die aus /1a/ abgeleitete Beantwortungs-Maxime:

/9/ Antworte so informativ, wie es erforderlich ist.

präzisiert und formalisiert werden kann. Wie sich sofort zeigt, ist es auch gerade die Wendung "wie es erforderlich ist", die erläutert werden muß. Beginnt man mit der schwächeren Maxime:

/10a/ Antworte informativ!

so muß davon ausgegangen werden, daß der Antwortende A über die Fähigkeit verfügt, zwischen informativen und nicht-informativen

Antworten zu unterscheiden; es ist also die Existenz eines Prädikats

/10b/ inf^1_A (f,a) für $a \in \mathfrak{A}_A(f)$

anzusetzen, das aus $\mathfrak{A}_A(f)$ die informativen Antworten aussondert.[9]

Als Kooperations-Maxime (d.h. Grice's Kooperations-Prinzip folgend) ergibt sich aus /10a/:

/10c/ COOP(A,BEANTW(A,f)) $\Rightarrow$

$\exists\, a \in \mathfrak{A}_A(f)$: SAGEN(A,a) und inf^1_A (f,a)

3.3. Die durch /10/ gegebenen Präzisierungen sind nicht in der Lage, das folgende Phänomen befriedigend in Angriff zu nehmen: häufig sind bzgl. einer Frage f zwei (oder auch mehrere) informative Antworten a_1, a_2 möglich; aus diesen ist die bessere auszuwählen; aufgrund dieser Überlegung ergibt sich eine weitere Submaxime zu /9/:

/11a/ Gib von zwei (möglichen) Antworten die bessere!

Analog zu /10b/ muß nun aus der Fähigkeit des Antwortenden A, die bessere (bzgl. 'informativ') Antwort auswählen zu können, auf die Existenz eines Prädikats

/11b/ inf^2_A (f,a_1,a_2) $a_1,a_2 \in \mathfrak{A}_A(f)$

"die Antwort a_1 ist besser (bzgl. 'informativ') als die Antwort a_2 auf die Frage f"

geschlossen werden.[10]

Hiermit läßt sich nun aus /11a/ eine Kooperations-Maxime ableiten:

/11c/ COOP(A,ANTW(A,f,a_1))

& CAN(ANTW(A,f,a_2))

$\Rightarrow$ inf^2_A (f,a_1,a_2) ; $a_1,a_2 \in \mathfrak{A}_A(f)$

Legt man die Existenz mehrerer möglicher Antworten zugrunde (wie oben angenommen), so ergibt sich eine /11a/ verschärfende Maxime:

/12/ Gib die best-mögliche Antwort!

Ausgehend vom Prädikat inf^2_A bedeutet dies, daß bezüglich inf^2_A inf^2_A (f,.,.) auf $\mathfrak{A}_A(f)$ ein Maximum (bzw. "Optimum"" existieren soll.

3.4. Wie das Beispiel /5/ gezeigt hat, ist die Auswahl der "besten", d.h. hier informativsten, Antwort nicht unabhängig von der Antwortzeit, vielmehr ist anzunehmen, daß eine adäquatere (als /12/) Maxime etwa folgendermaßen lauten wird:

/13 / Falls die gefundene Antwort nicht "gut genug" ist, und noch genügend Zeit zur Verfügung steht, suche eine bessere Antwort.

Um hier ein, /13 / folgendes, adäquates Verfahren zu entwickeln, ist es insbesondere notwendig, "gut genug" zu explizieren: zugrunde gelegt wird hierzu die Annahme, daß der Antwortende die Fähigkeit besitzt, ein Maß für die Güte (bzgl.'informativ') einer Antwort festzulegen.[11] Analog zu /10b/, /11b/ ist die Existenz einer Abbildung:

/14/ $\mathrm{inf}_A^3\ (f,a) \longrightarrow \mathbb{R}$

anzunehmen; für den Zusammenhang zwischen inf_A^3 und inf_A^2 gelte:[12]

/15/ $\mathrm{inf}_A^3\ (f,a_1) > \mathrm{inf}_A^3\ (f,a_2)$

$\Rightarrow \mathrm{inf}_A^2\ (f,a_1,a_2)$

Mit dem in /14/ definierten Maß inf_A^3 ist es nun möglich, die Wendung "gut genug" aus /13 / zu formalisieren, indem man eine Schranke für "genügend informativ"[13] ansetzt, einen festen Wert 'infschr', für den gelte:

/16a/ $\mathrm{infschr} < \mathrm{inf}_A^3\ (f,a) \approx$

"a ist eine für die Beantwortung von f genügend informative Antwort."

Geht man von der Konstanten infschr zu einer zeitabhängigen Funktion infschr(t) über, so ändert sich /16a/ zu

/16b/ $\mathrm{infschr}(t) < \mathrm{inf}_A^3\ (f,a) \approx$

"a ist zum Zeitpunkt t_o+t (nach dem Fragezeitpunkt t_o) eine genügend informative Antwort auf f."

Das Antwortverhalten bzgl. des in Abschnitt 2.2 beschriebenen Konflikts zwischen Quantitäts- und Schnelligkeits-Maxime wird nun - offensichtlicherweise - von der Funktion infschr abhängen. Anzunehmen ist sicherlich, daß infschr streng monoton fällt; ein Vorschlag ist in Abb. /17a/ dargestellt:

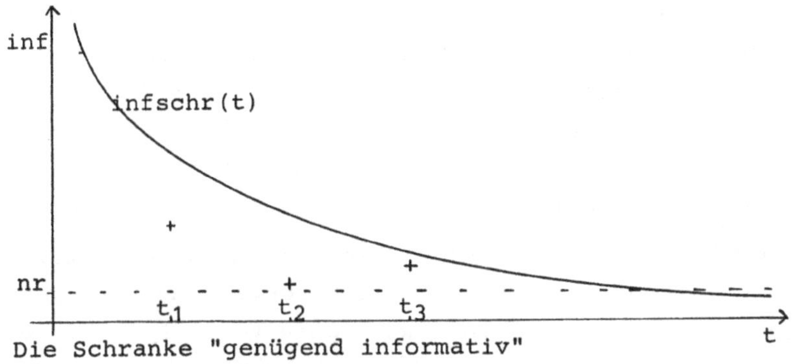

/17a/ Die Schranke "genügend informativ"

Unter Verwendung der folgenden Anweisung:

Falls A zum Zeitpunkt t (nach dem Fragezeitpunkt $t_o = 0$) eine Antwort $a \in \mathfrak{A}_A(f)$ mit

(*) $\inf_A^3 (f,a) > \mathrm{infschr}(t)$ gefunden hat,

so wird mit dem besten derartigen a geantwortet, anderenfalls wird nach einer besseren Antwort gesucht.

Für den Vergleich (*) ist ein Zeittakt zu verwenden.

$(t_i = i \cdot t_1)$

/17b/ Eine Präzisierung zu /13 /

Das in /17b/ erklärte Verfahren läßt sich an /17a/ erläutern, wobei angenommen werde, daß nach jedem Zeittakt t_i eine Antwort a_i gefunden wird[14] (Die Kreuze in /17a/ kennzeichnen jeweils $\inf_A^3 (f,a_i)$). Die Antwort a_1 zum Zeitpunkt t_1 ist nicht genügend informativ; a_2 ist 'schlechter', aber auch a_1 ist zum Zeitpunkt t_2 noch nicht genügend informativ. Erst zum Zeitpunkt t_3 ist die beste Antwort a_1 gut genug und wird als Antwort a dem Fragenden geantwortet.

Die Funktion infschr muß u.a. so beschaffen sein, daß der Prozeß der Antwortsuche endlich ist. Dies wird z.B. dadurch gesichert, daß infschr asymptotisch gegen null strebt.[15a]

4. Zusammenfassung

In Abschnitt 3. ist ein Spektrum von Formalisierungen für die Begriffe "informativ" bzw. "genauso informativ, wie es erforderlich ist" der Quantitäts-Maxime von Grice entwickelt worden.

Das Spektrum beginnt bei der qualitativen Explikation inf_A^1, geht über zur graduellen inf_A^2 und endet bei der quantitativen inf_A^3. Die Notwendigkeit dieser Explikations-Stufen (und die Existenz einer 'Informativ'-Schranke 'infschr') wird aus der Plausibilität verschiedener speziell auf die Frage-Antwort-Situation hin entwickelter Quantitäts-Submaximen begründet.

Ob und inwieweit zu inf_a und infschr entsprechende Fähigkeiten beim Menschen ausgeprägt sind, muß durch empirische Untersuchungen überprüft werden. Im Rahmen von Frage-Antwort-Systemen erscheint die Verwendung derartiger Verfahren erfolgversprechend,[15] um ein den menschlichen Benutzer befriedigendes Verhalten zu erreichen.

Anmerkungen

[1] Vgl. GRICE 1968; 45 ff. und die Abschnitte 1.3, 2 und 3 der vorliegenden Arbeit. Grice und auch GORDON/LAKOFF (1971) legen das Schwergewicht ihrer Untersuchungen auf die 'Implikaturen', die sich aus Konversations-Maximen und -Postulaten ergeben, und somit auf die übertragenden und abgeleiteten 'Bedeutungen' von Äußerungen.

[2] Die deutschsprachige Fassung der Maximen folgt zum Teil Kanngießer 1976; dort ist auch eine ausführliche Darstellung des Grice'schen Ansatzes zu finden.

[3] Hier ist eine zusätzliche, nicht-Grice'sche, Maxime berücksichtigt worden: Vermeide unnötige Gesprächspausen. (Sei "schnell") Diese Maxime ist unserer Meinung nach insbesondere bei Frage-Antwort-Dialogen von besonderer Wichtigkeit für das Gelingen der Konversation (siehe auch Abschnitt 3.).

[4] Als kontradiktiv indirekte Antworten bezeichnen Joshi/Kaplan Antworten, die eine falsche Annahme des Fragenden zurückweisen. Eine wesentliche Teilklasse ist hierbei der Fall der Zurückweisung bzgl. der existentiellen Präsupposition.

[5] Die folgenden Überlegungen, die durchaus einen vorläufigen Charakter besitzen, gehen u.a. auf Beispiele von und Diskussionen mit Gisela Brünner und Angelika Redder zurück.

[6] Das Beispiel folgt BRÜNNER (1980).

[7] Wir gehen davon aus, daß die in 3. dargestellte Methode auch auf den Dreier-Konflikt übertragbar ist; unter der - eventuell idealisierenden - Voraussetzung, daß die drei am Konflikt beteiligten Kategorien unabhängig sind, wird eine vorausgehende Untersuchung der drei entsprechenden Zweier-Konflikte wesentliche Vorergebnisse liefern.

[8] Wenn P der Qualitäts-Maxime folgt, und somit auch Searle's (1969; 64 ff) Aufrichtigkeitsbedingung nachkommt, wird P seine Antwort auf f aus $\mathfrak{A}_P(f)$ wählen, d.h.

$$\text{AUFRICHTIG}(A,\text{BEANTW}(A,f)) \Rightarrow [\ \text{SAGEN}(A,a) \Rightarrow a \in \mathfrak{A}_A(f)\ ]$$

[9] Wir sind uns bewußt, daß hier eine starke Idealisierung insofern vorgenommen wird, als inf_A^1 den Fragenden F nicht berücksichtigt; es müßte eher von einem Prädikat inf_A^1 (f,F,a) ausgegangen werden. Den Fragenden F als "das Problem komplizierenden Faktor" werden wir in den folgenden Überlegungen vernachlässigen; eine Übertragung der Methoden liegt jedoch auf der Hand.

[10] Durch inf_A^2 (f,.,.) liegt eine zweistellige Relation auf $\mathfrak{A}_A(f)$ vor; zu klären bleiben die Eigenschaften dieser Relation, ist sie transitiv, ist es eine Ordnungsrelation, ist sie konnex (d.h. sind je zwei Antworten vergleichbar bzgl. inf_A^2 (f,.,.))?

[11] Diese Annahme besagt nicht, daß ein Sprecher P einer natürlichen Sprache eine bewußte Kenntnis dieses Maßes besitzt; es wird sich eher um eine Fähikeit handeln, die in den Bereich "tacit knowledge" fällt. Ist der Antwortende ein Computer-System, ist jedoch davon auszugehen, daß die in /14/ eingeführte Funktion vom System berechnet wird.

[12] Die beste Antwort besitzt also maximalen Wert bei inf_A^3; dies zeigt insbesondere, daß das Maß inf_A^3 (f,.) nicht mit Informationsgehalt identifiziert werden kann, sondern bzgl. der Abweichungen 'unterinformativ' bzw. 'überinformativ' neutral ist. Würde man den Informationsgehalt $\text{inf}_A^4(a)$ zugrundelegen, mit dem Normwert gi (f) "genau so informativ, wie für die Beantwortung von f notwendig", so würde sich inf_A^3 aus inf_A^4 etwa durch

$$\text{inf}_A^3\ (f,a) = \left|\ gi(f) - \text{inf}_A^4\ (a)\right| \quad \text{ableiten lassen.}$$

[13] Es ist zu beachten, daß "genügend informativ" sich hier (und im weiteren) auf inf_A^3 bezieht, nicht auf den Informationsgehalt inf_A^4, und somit nicht (!) das Spektrum unterinformativ - überinformativ betrifft.

[14] Die Idealisierung, gleicher Antwortdauer für die Antworten a, d.h. die Übereinstimmung von Zeittakt und Antworttakt, ist für das Verfahren unwesentlich, erleichtert jedoch die Erläuterung.

[15] Darüberhinaus kann auch durch die Verwendung unterschiedlicher inf_A bzw. infschr innerhalb eines Computer-Systems getestet werden, welche inf_A bzw. infschr vom menschlichen Partner am ehesten akzeptiert werden.

[15a] Zusätzlich wird der negativen Reaktion ("Keine Antwort möglich") ein positiver Wert $\text{inf}_A^3(nr)$ zugeordnet und nr wird als Antwort a_o zum Fragezeitpunkt t_o aufgefaßt. (Vgl. Abb. 17a)

Literatur

BELNAP, N.D./STEEL, T.B. (1976): The logic of questions and answers. New Haven.

BRÜNNER, G. (1980): "Modalverben und Negationen". WEIGAND, Edda/ TSCHAUDER, Gerhard (eds.): Akten des 14.Ling. Kolloquiums Bochum 1979, I. Tübingen, Niemeyer.

GORDON, D./LAKOFF, G. (1971): "Conversational postulates", Papers from the 7th Regional Meeting of the Chicago linguistic Society. Wieder abgedruckt in P. COLE/J.C. MORGAN (eds.): Speech acts. (1975). Academic Press: New York.

GRICE, H.P. (1968): "Logic and Conversation" ms. Harvard, abgedruckt in P. COLE/J.C. MORGAN (eds.) (1975): Speech Acts. Academic Press: New York. 41-58.

HABEL, Ch./ROLLINGER, C.-R. (i.Vorb.): "Fragen, Wissen, Antworten".

JANAS, J. (i.Ersch.): "Maximal informative negative Antworten auf Datenbankanfragen" erscheint in: ROLLINGER, C.-R./ SCHNEIDER, H.-J. (Hrsg.): Inferenzen in natürlich-sprachlichen Systemen. Einhorn-Verlag: Berlin.

JOSHI, A./KAPLAN, S.J. (1978): "Cooperative Responses - why query systems stonewall". Paper: 7th COLING 78. Bergen (Norway).

KANNGIESSER, S. (1976): "Sprachliche Universalien und diachrone Prozesse". K.O. APEL (Hrsg.): Sprachpragmatik und Philosophie. Suhrkamp: Frankfurt. 273-393.

LAKOFF, R. (1973): "Questionable answers and answerable questions". KACHRU et al. (eds.): Papers in honor of Henry and Renee Kahane. University of Illinois Press: Urbana. 453-67.

LEWIS, D. (1969): Convention: A philosophical study. Harvard University Press: Cambridge, Mass.

SCHWARZ, W. (1969): Einführung in Methoden und Ergebnisse der Primzahltheorie. BI: Mannheim.

SEARLE, J. (1969): Speech acts. Cambridge University Press. London.

WAS IST EINE ANTWORT?

Günther Öhlschläger

Im Unterschied zur Frage "Was ist eine Frage?" hat die Frage "Was ist eine Antwort?" in der Linguistik bisher relativ wenig Aufmerksamkeit gefunden. Und w e n n man sie behandelt hat, hat man sich in der Regel darauf beschränkt, die Antwort bzw. Antworten, die Vorgehensweise und die Klassifikationen der Fragelogik zu übernehmen, die sich mit dieser Frage weit ausführlicher und intensiver beschäftigt hat. Prinzipiell ist gegen diese Anlehnung an die Fragelogik nichts zu sagen, im Gegenteil: mir scheint es sehr sinnvoll, nützlich und hilfreich, an die Fragelogik anzuknüpfen. Die - weitgehend übliche - reine Übernahme der fragelogischen Vorgehensweisen und Klassifikationen halte ich jedoch für falsch. Diese These möchte ich in meinem Vortrag mit Hilfe einiger Beispiele illustrieren und ansatzweise zu begründen versuchen.

Im alltäglichen Sprachgebrauch versteht und verwendet man <u>Antwort</u> weitgehend synonym mit <u>Reaktion</u>: Man spricht davon, daß die NATO die Raketenrüstung der Sowjetunion beantworten müsse, daß jemand auf eine Beleidigung mit einer Ohrfeige geantwortet habe, daß jemand mit einer Gegenfrage geantwortet habe, usw. Nach diesem Sprachgebrauch würden (2)-(34) beispielsweise - geäußert auf die Frage (1) - sämtlich als Antworten auf die Frage (1) gelten:

(1) Wann hat Bruno Walter Mahlers 9.Sinfonie uraufgeführt?

(2) Bruno Walter hat Mahlers 9.Sinfonie am 26.Juni 1912 uraufgeführt.

(3) Am 26.Juni 1912.

(4) Bruno Walter hat Mahlers 9.Sinfonie am 12.Mai 1912 uraufgeführt.

(5) Am 12.Mai 1912.

(6) Am 7.März 832.

(7) Vor über 67 Jahren.

(8) Als Walter 35 Jahre alt war.

(9) 4o4 Tage nach Mahlers Tod.

(1o) Am 1o.Juni 197o vor sechzig Jahren.

(11) Als Walter 4o Jahre alt war.

(12) Am 26.Juni 1912 in Wien.

(13) Am 2o.Juni 1912 in München.

(14) Nach Mahlers Tod.

(15) 1911 oder 1912.

(16) Vor dem ersten Weltkrieg.

(17) Das ist schon lange her.

(18) Nach Christi Geburt.

(19) An einem Mittwoch.

(2o) 1912.

(21) 192o.

(22) Mahlers 9.Sinfonie wurde doch gar nicht von Bruno Walter uraufgeführt.

(23) Mahler hat doch seine 9.Sinfonie selbst uraufgeführt.

(24) Hat denn Bruno Walter Mahlers 9.Sinfonie uraufgeführt?

(25) Weiß ich nicht.

(26) Das habe ich vergessen.

(27) Ich kenne mich in Musik nicht aus.

(28) Frag' doch einen andern!

(29) Ich weiß es zwar, sage es dir aber nicht.

(3o) Das weißt du doch selbst.

(31) Warum fragst du mich das?

(32) Weißt du das nicht?

(33) Das ist ein schönes Stück, nicht wahr?

(34) Schau mal im MGG nach!

In der Fragelogik ist es dagegen üblich, Reaktion und Antwort nicht synonym zu verwenden, sondern zwischen Reaktionen als dem Oberbegriff und Antworten als einer bestimmten Art von Reaktionen zu unterscheiden, den Gebrauch von Antwort also enger zu fassen. Begründet ist diese Unterscheidung darin, daß der Sinn von Fragen darin besteht, etwas, das man nicht weiß, (durch die Antwort des Gefragten) zu erfahren, und diese Funktion nicht alle auf eine Frage möglichen Entgegnungen bzw. Reaktionen erfüllen können, sondern nur bestimmte. Antworten sind für die Fragelogik also nur die Reaktionen, die - wie etwa bei unserem Beispiel (2)-(21) - die gestellte Frage erfüllen können, die - aufgrund ihrer Form und ihrer Bedeutung - erreichen können, daß der Fragende weiß, was er erfahren wollte.[1] Dabei spielt es keine Rolle, ob die Antworten wahr bzw. richtig - wie z.B. (2) - oder falsch - wie z.B. (4) - sind; entscheidend ist, daß sie ihre Funktion erfüllen könnten, wenn sie wahr bzw. richtig wären.[2]

Antworten wie (2)-(6) nennt man nach der in der Fragelogik gebräuchlichen Klassifikation direkte Antworten, Antworten wie (7)-(11) indirekte Antworten, wobei man unter direkten Antworten solche Antworten versteht, die "directly and precisely responsive to the question" sind, "giving neither more nor less information than what is called for",[3] die "neither a paraphrase of an answer nor a circumlocution of one nor a response which equals an answer only in virtue of tacit background information and conversational implication"[4] sind, während indirekte Antworten solche sind, aus denen eine direkte Antwort erschlossen werden kann.[5] Bei Antworten wie (12) und (13) spricht man normalerweise von Überbeantwortungen, bei Antworten wie (14)-(19) von Unterbeantwortungen bzw. Teilantworten: In Antworten wie (12) und (13) wird mehr gesagt, als gefragt wurde,[6] in Antworten wie (14)-(19) weniger. Dennoch gelten Fälle wie (14)-(19) als Antworten, weil sie den Bereich der möglichen Antworten auf die jeweilige Frage einschränken.[7] So schließt Antwort (14) beispielsweise alle Daten vor Mahlers Tod aus, (15) alle andern Daten außer 1911 und 1912, usw.[8] D i e Reaktionen, die keine Antworten sind, werden in der Fragelogik nicht weiter subklassifiziert, da sie sich ausschließlich mit (direkten) Antworten beschäftigt; daß diese Gruppe noch wesentlich heterogener ist als die Gruppe der Antworten, zeigt schon ein kurzer Blick auf die Beispiele (22)-(34).[9]

Für die Ziele und Zwecke der Fragelogik scheint mir die skizzierte Klassifikation sinnvoll und ausreichend zu sein - dies zu überprüfen ist aber nicht Gegenstand und Aufgabe meines Vortrags -, und auch für die Linguistik scheint sie mir - ich habe dies eingangs schon erwähnt - ein hilfreicher Ansatz zu sein. Falsch ist es jedoch - so meine zu Beginn formulierte These -, diese Klassifikation unbesehen für die Linguistik zu übernehmen, zumindest, wenn man den Anspruch erhebt, Antwort h a n d l u n g e n und/oder Ergebnisse von Antworthandlungen zu untersuchen. Denn für die Fragelogik sind Antworten keine Ergebnisse von Antworthandlungen - noch viel weniger natürlich Antworthandlungen -, sondern Sätze bzw. Propositionen, die zu bestimmten Fragen in einer bestimmten Beziehung stehen, und für die es keine Rolle spielt, ob sie bei einer konkreten Antworthandlung behauptet wurden bzw. werden oder nicht.[10] Nicht alles, was nach den Kriterien der Fragelogik eine Antwort ist, muß daher auch eine Antwort im Sinne des Ergebnisses einer Antworthandlung sein, wie auch umgekehrt nicht alles, was eine Antwort in diesem Sinne ist, auch eine Antwort im fragelogischen Sinne sein muß. Daß solche Diskrepanzen in der Tat bestehen, mögen einige Beispiele zeigen, die gleichzeitig auch Gesichtspunkte andeuten, die bei einer Bestimmung des Begriffs der Antworthandlung zu berücksichtigen sind.

Einen ersten Ansatzpunkt können hier Hintikkas neuere Arbeiten zum Thema "Fragen und Antworten" liefern.[11] In seinem Aufsatz "Questions about questions"[12] beispielsweise diskutiert Hintikka u.a. - am Beispiel von Katz - die logische Definition von Antwort. Nach dieser Definition - vgl. den Beginn meines Vortrags - sind z.B.[13]

(35) Der Rechtsanwalt.

(36) Fritz Müller.

eindeutig mögliche (direkte) Antworten auf die Frage

(37) Wer ist unter den Anwesenden Mitglied der CSU?

Hintikka hält diese Definition und dieses Ergebnis jedoch für nicht ausreichend: Für ihn sind (35) und (36) nur dann Antworten auf die Frage (37), wenn derjenige, der die Frage (37) gestellt hat, w e i ß , wer der Rechtsanwalt bzw. Fritz Müller ist, denn - so Hintikkas Argumentation - das Ziel der Frage (37) - daß der Frager weiß, wer unter den Anwesenden Mitglied der CSU ist - ist nur dann erreichbar, nicht aber, wenn der Frager gar nicht weiß, wer mit der Rechtsanwalt bzw. Fritz Müller gemeint ist.[14] Hintikka schlägt deshalb folgende Antwortdefinition vor: "... a possible answer to a simple question of the form 'Who is such that F(he)?' is of the form 'a' or 'F(a)' where the questioner must know who (or what, or where, etc.) a is."[15]

Ob diese Modifizierung für die Fragelogik notwendig ist, sei hier dahingestellt;[16] für die Linguistik jedenfalls sind Hintikkas Ausführungen meiner Meinung nach sehr wichtig, da sie die zentrale Bedeutung des Wissens der Kommunikationspartner für den Begriff der Antwort und des Antwortens, der Antworthandlung, deutlich machen, auch wenn Hintikka selbst weder von Antwort h a n d l u n g e n spricht noch es sein Ziel ist, Antworthandlungen zu untersuchen: Um eine auf die Frage (37) hin gemachte Äußerung von (36) beispielsweise als Antwort h a n d l u n g bezeichnen zu können, genügt es nicht, daß (36) eine Antwort auf (37) im eingangs skizzierten fragelogischen Sinne ist. Als Antwort h a n d l u n g ist sie erst dann gelungen, wenn der Frager - nennen wir ihn A - weiß, wer Fritz Müller ist. Denn entsprechend dem Sinn von Fragehandlungen, etwas, das man nicht weiß, (durch die Antwort des Gefragten) zu erfahren, besteht der Sinn von Antworthandlungen darin, zu erreichen, daß der Frager das, was er nicht wußte und wonach er gefragt hat, weiß. Und dieses Ziel - in unserem Fall, daß A weiß, wer unter den Anwesenden Mitglied der CSU ist - ist mit dem Äußern von (36) nicht zu erreichen, wenn A nicht weiß, wer Fritz Müller ist, unabhängig davon, ob (36) wahr bzw. richtig oder falsch ist. In einem solchen Fall liegt dann zwar eine Antwort im fragelogischen Sinne vor, aber keine Antwort im Sinne des Ergebnisses einer (gelungenen) Antworthandlung.

Für die Beurteilung der Handlung des Antwortenden - nennen wir ihn B - ist es aber nicht nur von Bedeutung, ob A weiß, wer Fritz Müller ist, oder nicht, sondern auch, ob B annimmt, daß A dies weiß, oder ob B annimmt, daß A dies nicht weiß. Denn wenn wir beispielsweise annehmen, daß A nicht weiß, wer Fritz Müller ist, B aber annimmt, daß A weiß, wer Fritz Müller ist, hat B subjektiv gesehen eine Antworthandlung vollzogen, die objektiv gesehen jedoch aufgrund des fehlenden Wissens von A mißlungen ist. Wenn wir dagegen annehmen, daß A nicht weiß, wer Fritz Müller ist, und B auch annimmt, daß A nicht weiß, wer Fritz Müller ist, würde man Bs Äußerung von (36) weder als gelungene noch als mißlungene Antworthandlung klassifizieren, sondern eher als eine der Reaktionen auf Fragen, die keine Antworthandlungen sind,[17] etwa als Ausweichen, als indirekte Weigerung, auf As Frage zu antworten, o.ä. Und auch wenn A weiß, wer Fritz Müller ist, muß es sich bei Bs Äußerung von (36) nicht unbedingt um eine gelungene Antworthandlung handeln: Wenn wir nämlich annehmen, daß B annimmt, daß A nicht weiß, wer Fritz Müller ist, müßte man statt von einer gelungenen Antworthandlung eher von einer mißlungenen anderen Reaktion, von einer mißlungenen Weigerung o.ä. sprechen, weil zwar das Ziel einer Antworthandlung erreicht ist bzw. erreicht werden kann - daß A das weiß, was er erfahren wollte -, aber dies gar nicht in Bs Absicht lag.[18]

Ähnlich verhält es sich auch bei anderen Beispielen: Nehmen wir an, A stellt die Frage

(1) Wann hat Bruno Walter Mahlers 9.Sinfonie uraufgeführt?

und B äußert darauf

(9) 4o4 Tage nach Mahlers Tod.

Nach den fragelogischen Kriterien ist (9) eine indirekte Antwort auf (1), da die direkte Antwort

(3) Am 26.Juni 1912.

aus (9) erschließbar ist. Eine gelungene Antworthandlung ist Bs Äußerung von (9) aber nur dann, wenn A weiß, wann Mahler gestorben ist - denn nur dann kann A (3) aus (9) erschließen -, und wenn B auch annimmt, daß A dies weiß. Wenn A dagegen nicht weiß, wann Mahler gestorben ist, handelt es sich bei Bs Äußerung je nach Bs Annahmen über A entweder um eine mißlungene Antworthandlung - wenn B annimmt, daß A weiß, wann Mahler gestorben ist - oder - wenn B annimmt, daß A nicht weiß, wann Mahler gestorben ist - um eine der Reaktionen, die auf Fragehandlungen außer Antworthandlungen auch möglich sind, eine Handlung, die aber dann mißlungen ist, wenn A weiß, wann Mahler gestorben ist.

Nach der Klassifikation der Fragelogik ist

(14) Nach Mahlers Tod.

- um ein weiteres Beispiel anzuführen - eine Teilantwort auf die Frage (1), zumindest wenn man annimmt, daß mit (1) nach dem Tag der Uraufführung gefragt ist.[19] Aber auch in diesem Fall - und analoges gilt für alle Teilantworten - ist nicht jede Äußerung von (14) eine (gelungene) Antworthandlung. Wenn wir z.B. annehmen, daß A schon weiß, daß Mahlers 9.Sinfonie nach Mahlers Tod uraufgeführt wurde, und daß A nur das genaue Datum nicht kennt, liegt auch hier je nach den Annahmen von B über A keine gelungene Antworthandlung, sondern eine mißlungene Antworthandlung oder eine andere Reaktion vor: Eine mißlungene Antworthandlung, wenn B annimmt, daß A nicht weiß, daß Mahlers 9.Sinfonie nach dessen Tod uraufgeführt wurde, eine andere Reaktion, wenn B annimmt, daß A schon weiß, daß Mahlers 9.Sinfonie nach dessen Tod uraufgeführt wurde, etwa ein Ausweichen von B, weil er auch nicht weiß, an welchem Tag die Uraufführung stattfand, ähnlich dem Äußern von

(31) Warum fragst du mich das?

(32) Weißt du das nicht?

o.ä., ein Umschreiben von

(25) Weiß ich nicht.

usw. Als Antworthandlung gelungen ist das Äußern von (14) also nur, wenn A noch nicht weiß, daß Mahlers 9.Sinfonie nach dessen Tod uraufgeführt wurde, und B annimmt, daß A dies noch nicht weiß.

Die bisherigen Beispiele waren alle Beispiele dafür, daß Antworten im fragelogischen Sinn nicht auch Antworten im Sinne des Ergebnisses von Antworthandlungen sein müssen, daß die häufig praktizierte unbesehene Übernahme des fragelogischen Antwortbegriffs in die Linguistik, bei der Untersuchung von Antworthandlungen, also nicht gerechtfertigt ist. Abschließend möchte ich aber wenigstens noch zwei Beispiele für den umgekehrten Fall bringen, daß nämlich nicht alles, was eine Antwort im Sinne des Ergebnisses einer Antworthandlung ist, auch eine Antwort im fragelogischen Sinne ist:

(A) A fragt B

(38) Sind Sie für die friedliche Nutzung der Kernenergie?

und B antwortet

(39) Ich weiß es nicht.

(B) A fragt B

(4o) Schläft Paul?

und B antwortet

(41) Er döst vor sich hin.[2o]

In beiden Fällen sind die Reaktionen von B keine Antworten im fragelogischen Sinn, wohl aber meiner Meinung nach die Handlungen von B Antworthandlungen, zumindest unter bestimmten Umständen. Diese Behauptung ist nicht unproblematisch - darüber bin ich mir im klaren; dennoch möchte ich sie hier so stehen lassen und nicht weiter begründen, da dies einen eigenen Vortrag erfordern würde.[21]

Meine sehr skizzenhaften Ausführungen haben natürlich vieles nur andeuten können, doch hoffe ich, daß es mir gelungen ist, die Problematik der unbesehenen Übernahme der fragelogischen Vorgehensweisen und Klassifikationen für die Untersuchung von Antwort h a n d l u n g e n ein bißchen zu verdeutlichen, und daß ich wenigstens einige Anregungen für die Formulierung von Bedingungen von Antworthandlungen geben konnte, zumindest für Antworthandlungen auf sog. Informationsfragen, auf die ich mich in meinem Vortrag beschränkt habe. Eine direkte Antwort auf die Titelfrage "Was ist eine Antwort?" ist mein Vortrag also sicher nicht; ob er eine indirekte oder eine Teilantwort oder gar keine Antwort ist, sondern eher eine Paraphrase von "Ich weiß es nicht" - dies möchte ich Ihrer Beurteilung überlassen.

Anmerkungen

1 Vgl. etwa AQVIST 1975: 138-14o, BELNAP/STEEL 1976: 15f., deren reply ich mit Reaktion übersetzt habe.
Es sei nicht verschwiegen, daß diese Autoren wie auch andere Fragelogiker sich sowohl hinsichtlich der genauen Bestimmung des Antwortbegriffs als auch hinsichtlich der Bestimmung des Sinns von Fragen z.T. deutlich unterscheiden. Im gegebenen Zusammenhang spielen diese Unterschiede aber keine Rolle. Vgl. zu den Unterschieden etwa BELNAP 1969 und BELL 1975.

2 Vgl. AQVIST 1975: 138, BELNAP/STEEL 1976: 3.

3 BELNAP 1969: 124.

4 HINTIKKA 1974: 135. - Zum Begriff direkte Antwort vgl. auch AQVIST 1975:

139-141, BELNAP/STEEL 1976: 3, 13f.
Belnap und Steel beschränken den Begriff direkte Antwort zusätzlich auf vollständige Sätze. Für sie wären (3), (5) und (6) beispielsweise keine direkten Antworten, sondern sog. "coded answers"(14). Da dies aber nur in ihrem Ziel einer formalen Analyse, in der Abhängigkeiten vom Kontext ausgeschlossen sein sollen, begründet ist, können wir in unserem Zusammenhang von dieser Spezifizierung absehen.

5 Vgl. KUBINSKI 1968: 186, AQVIST 1975: 139.

6 Vgl. BELNAP/STEEL 1976: 14.

7 Vgl. etwa HINTIKKA 1974: 137. - Teilantworten werden häufig auch als die Antworten definiert, die von direkten Antworten impliziert werden: vgl. etwa AQVIST 1975: 166, BELNAP/STEEL 1976: 126.

8 Bei Fragen wie (1) ist die Bestimmung einer Antwort als direkte oder Teilantwort oft nicht ganz einfach, da wann unterschiedliche Grade der Genauigkeit der Zeitangabe zuläßt: das Jahrhundert, das Jahrzehnt, das Jahr, den Monat, die Woche, den Tag usw.; analoges gilt für die Fragepronomina wo, wer, was u.ä. Vgl. hierzu etwa PRIOR/PRIOR 1955: 56, AQVIST 1975: 11of., BELNAP/STEEL 1976: 11. - So könnten (2o) und (21) ebensogut direkte wie Teilantworten sein; wenn wir annehmen, daß in (1) nach dem Tag der Uraufführung gefragt ist, sind (2o) und (21) Teilantworten, wenn wir annehmen, daß nur nach dem Jahr der Uraufführung gefragt ist, direkte Antworten.

9 Vgl. hierzu HERINGER/ÖHLSCHLÄGER/STRECKER/WIMMER 1977: 137-139.

1o Vgl. hierzu etwa BELL 1975: 198.

11 HINTIKKA 1974, 1975 und 1976.

12 HINTIKKA 1974: bes. 132-141.

13 Ich exemplifiziere Hintikkas Überlegungen an einem eigenen Beispiel, um das, was Hintikka an mehreren Beispielen schrittweise entwickelt, an e i n e m Beispiel zusammenfassen zu können.

14 Vgl. HINTIKKA 1974: 135f.

15 HINTIKKA 1974: 136.

16 Vgl. etwa die Ausführungen in AQVIST 1975: 16o-163.

17 So wie Antwort ist natürlich auch Reaktion akt-objekt-ambig. Im Gegensatz zum Beginn meines Vortrags meine ich hier Handlungen.

18 Von möglichen Täuschungsversuchen, unaufrichtigen Antworthandlungen, ironischen Antworthandlungen usw. möchte ich hier absehen; um dies in den Griff zu bekommen, müßte man die Annahmen der Kommunikationspartner einschließlich der Annahmen übereinander noch weiter schachteln: vgl. hierzu HERINGER/ÖHLSCHLÄGER/STRECKER/WIMMER 1977: 98-1o1.

19 Vgl. Anm.8.

2o Das Beispiel stammt aus GREWENDORF 1977: 14.

21 Vgl. hierzu etwa HERINGER 1974: 169, GREWENDORF 1977: 14, GREWENDORF 1978: 32f.

Literatur

AQVIST, Lennart (1975): A new approach to the logical theory of interrogatives. Analysis and formalization. Tübingen: Narr.

BELL, Martin (1975): "Questioning". Philosophical Quarterly 25: 193-212.

BELNAP, Nuel D., jr. (1969): "Aqvist's corrections-accumulating question-sequences". J.W.DAVIS/D.J.HOCKNEY/W.K.WILSON (eds.): Philosophical logic. Dordrecht: Reidel. 122-134.

BELNAP, Nuel D., jr. / STEEL, Thomas B. (1976): The logic of questions and answers. New Haven: Yale University Press.

GREWENDORF, Günther (1977): "Präsuppositionen bei disjunktiven Fragen". Linguistische Berichte 52: 13-31.

--- (1978): "Probleme der logischen Analyse von Fragen". Papiere zur Linguistik 19: 5-57.

HERINGER, Hans Jürgen (1974): Praktische Semantik. Stuttgart: Klett.

HERINGER, Hans Jürgen/ ÖHLSCHLÄGER, Günther/ STRECKER, Bruno/ WIMMER, Rainer (1977): Einführung in die Praktische Semantik. Heidelberg: Quelle & Meyer.

HINTIKKA, Jaakko (1974): "Questions about questions". M.K.MUNITZ/P.K.UNGER (eds.): Semantics and philosophy. New York: New York University Press. 1o3-158.

--- (1975): "Answers to questions". HINTIKKA, Jaakko: The intentions of intentionality and other new models for modalities. Dordrecht: Reidel. 137-158.

--- (1976): "The semantics of questions and the questions of semantics". Acta Philosophica Fennica 28, Nr.4.

KUBINSKI, Tadeusz (1968): "The logic of questions". KLIBANSKY, Raymond (ed.): Contemporary philosophy. A survey. Vol.1. Firenze: La Nuova Italia Editrice. 185-189.

PRIOR, Arthur N./ PRIOR, Mary (1955): "Erotetic logic". The Philosophical Review 64: 43-59.

ZUR ROLLE EINIGER MODALPARTIKELN BEI DER PROBLEMATISIERUNG VON HANDLUNGEN

Theodossia Pavlidou

1.

Eine wichtige Funktion der Modalpartikeln[1] denn, auch, eigentlich, etwa besteht nach KÖNIG (1977: 120) darin, eine Äußerung in einen Interaktionszusammenhang einzuordnen. Aus KÖNIGs Ausführungen ergibt sich die Idee, die Rolle solcher Partikeln unter dem Gesichtspunkt der Problematisierung von Handlungen zu untersuchen. Denn offensichtlich können manche Partikeln eine Handlungsproblematisierung z.B. in eine Informationsfrage einführen, die die Frage selbst nicht enthielt:

(1a) Willst du sofort fahren?

(1b) Willst du etwa sofort fahren?

Am Beispiel der Partikel denn werde ich darstellen, wie diese Überlegungen konkretisiert werden können.

2.

Zur Partikel denn schreibt HELBIG:

> denn (unbetont) kommt nur in Fragesätzen vor, verstärkt eine Frage - zugleich mit subjektiver Anteilnahme -, nimmt auf vorausgehendes Bezug und setzt im allgemeinen voraus, daß der Hörer über die erfragte Information bereits verfügt (HELBIG 1977: 38).

Nach KRIVONOSOV will der Fragende durch die Partikel denn seine Frage akzentuieren bzw.ihr Nachdruck geben (KRIVONOSOV 1977: 202). In rhetorischen Fragen wird mit denn

> die subjektiv-modale Bedeutung (der Ungeduld, des Zweifels, der Gereiztheit, der Unzufriedenheit usw.) (KRIVONOSOV 1977: 203)

zum Ausdruck gebracht. Darüber hinaus dient denn (genau wie andere Modalpartikeln) dazu, logische Urteile "in der emotionalen Form"[2] (KRIVONOSOV 1977: 203) zu artikulieren.

Nach KÖNIG schließlich verknüpft die Partikel denn die Frage, in der sie vorkommt, mit einer vorangegangenen Handlung oder mit einem Aspekt der Interaktionssituation. Im ersten Fall wird mit der Äußerung nach dem Grund, nach einer Voraussetzung oder Spezifizierung der vorangegangenen Handlung gefragt, beispielsweise:

(2) A: Soll ich dich mitnehmen?
B: Willst du denn sofort fahren?

Wenn die Frage an einen Aspekt der Situation anknüpft, dann zielt die Äußerung auf eine "Spezifizierung einer bereits verfügbaren Information ab" (KÖNIG 1977: 122f):

(3) Was ist denn hier los?

In beiden Fällen signalisiert denn die starke Erwartung des Fragenden, daß der Angesprochene die Antwort weiß (KÖNIG 1977: 121).

Da die Fragen, in denen denn verwendet wird, auch ohne diese Partikel an eine vorangegangene Handlung oder an einen Aspekt der Situation (zumindest meistens) anknüpfen würden, stellt sich das Problem: Worin genau besteht die Rolle von denn im Rahmen dieser Beziehung des Anknüpfens? Auch KÖNIG (1977: 123) bemerkt, daß die angesprochene "Anknüpfung" einer weiteren Präzisierung bedarf. Dieser Präzisierung versuche ich im folgenden nachzugehen und zu zeigen, daß abgesehen von der oben erwähnten Funktion der Intensivierung oder Verstärkung der Frage, denn dazu verwendet wird, um Handlungen in einer bestimmten Weise indirekt zu problematisieren .

3.

Nach KÖNIG (1977: 120) erscheint die Partikel denn typischerweise in Fragen, die explizit zur Rechtfertigung oder Erklärung einer Handlung auffordern, z.B.:

(4) Warum soll ich denn gehen?

(5) Wieso denn ich?

Eine Möglichkeit, die sich also anbietet, um die Rolle von denn zu spezifizieren, ist folgende: Wir können solche Fragen untersuchen, die explizit nach Gründen verlangen und in denen die Partikel denn vorkommt. Leistet in diesem Fall denn etwas über das hinaus, was die Frage selbst schon tut?

Hätten wir eine Beschreibung der Funktion von denn in expliziten Begründungsfragen, so könnte dies aufschlußreich über ihre Funktion in weitern Arten von Fragen sein. Zu diesem Zweck habe ich zweierlei berücksichtigt: erstens Ergebnisse eines Tests, dessen Gegenstand die Muster von Warum-Fragen waren; zweitens die Übersetzbarkeit von Warum-Fragen mit denn ins Griechische.

3.1.

Der eben genannte Test[3] wurde durchgeführt unter der allgemeinen Fragestellung: Wie wird nach Gründen für Handlungen gefragt? Mit dem Test sollte festgestellt werden:

(a) Welche Aspekte einer Sprechhandlung werden mit Warum-Fragen problematisiert?

(b) Gibt es einen Zusammenhang zwischen dem illokutiven Typ der Sprechhandlung und der Angreifbarkeit eines bestimmten Aspektes?

Der Testbogen bestand aus 14 Einträgen (mindestens zwei pro illokutivem Typ)[4] der folgenden Art:

A: Stell das Radio sofort leiser!

B: Warum

A:

Die Probanden sollten erst die Warum-Frage (in der Rolle von B) vervollständigen und dann eine Antwort auf diese Frage (in der Rolle von A) geben. Der Test wurde mit zwei studentischen Gruppen von 10 bzw. 13 Personen durchgeführt.

Die Ergebnisse des Tests weisen eine große Häufigkeit von denn gegenüber anderen Modalpartikeln auf. Aus der Gesamtzahl der 322 möglichen Warum-Fragen kam die Partikel denn 40 mal vor; andere Partikeln wie überhaupt, auch, eigentlich kamen nur ein- oder zweimal vor. Dies ist eine Bekräftigung der Auffassung, daß denn typisch für explizite Begründungsfragen ist und daß eine engere Beziehung zwischen der Funktion von denn und einem Problematisierungszusammenhang von Handlungen besteht.

Die Verteilung der Häufigkeit von denn über die illokutiven Typen war nicht gleichmäßig, wie die folgende Tabelle zeigt:

TABELLE 1: Verteilung von denn über die illokutiven Typen

ILL. TYP:	direkt.	interrog.	repräs.	dekl.	commis.	expres.	GES.
GRUPPE A:	7	0	3	8	6	5	29
GRUPPE B:	5	0	0	4	0	2	11
GESAMT:	12	0	3	12	6	7	40

Beim direktiven und deklarativen Typ kam denn am häufigsten vor (12 mal), gefolgt vom expressiven (7 mal) und vom commissiven Typ (6 mal).

Das eben Gesagte muß im Zusammenhang mit einem anderen Aspekt gesehen werden. Die nach DUDEN (1973: 309) zur Hervorhebung von Satzgliedern verwendeten Modaladverbien gerade und ausgerechnet kamen im Gesamtergebnis ebenfalls verhältnismäßig oft vor, jeweils 23 bzw. 9 mal. Am häufigsten waren sie erwartungsgemäß dort, wo im propositionalen Gehalt der Sprechhandlung etwas unübliches vorkam.

Da sich eine gewisse Kongruenz im Vorkommen von denn und gerade bzw. ausgerechnet aufzeigte, lässt sich vermuten, daß denn etwas mit dem Ausdrücken von Überraschung, mit einer Konfrontation mit Unerwartetem zu tun hat.

Weiterhin ergibt sich aus TABELLE 1, daß die beiden Probandengruppen die Partikel denn nicht gleich oft verwendet haben. Gruppe A (10 Personen) hat denn 29 mal gebraucht, Gruppe B (13 Personen) hat diese Partikel nur 11 mal verwendet. Gruppe A bestand zum größten Teil aus Männern; in Gruppe B waren größtenteils Frauen. Außerdem hat Gruppe A insgesamt einen viel selbstbewußteren Eindruck gemacht. Aus dieser Gruppe kamen mehr Reaktionen, Kommentare und Kritik während des Tests und in der anschließenden Diskussion. All dies könnte ein Indiz dafür sein, daß der Gebrauch von denn auf eine gewisse Selbstsicherheit des Sprechers hindeutet[5].

3.2.

Modalpartikeln haben es an sich, daß sie schwer (wenn überhaupt) in eine Fremdsprache übersetzbar sind. Ihre Wiedergabe aber in einer anderen Sprache kann Aufschluß über ihre Funktion geben. Beim Versuch, die beim Test eingegangenen Warum-Fragen ins Neugriechische zu übertragen, hat sich als bester Kandidat für eine adäquate Wiedergabe von denn das Wort μα erwiesen. Μα kam ins Neugriechische aus dem Italienischen und ist nicht zu verwechseln mit der Altgriechischen Beschwörungspartikel μα, wie in

(6) Μα το θεό! (Bei Gott!),

die heute noch in der gleichen Verwendung gebraucht wird. Ersteres μα gilt als adversative Konjunktion. Nach ΤΖΑΡΤΖΑΝΟΣ ist der Gebrauch von μα im allgemeinen gleich mit dem von αλλά, einer weiteren adversativen Konjunktion mit der Bedeutung aber. Eine der Funktionen, die nach ΤΖΑΡΤΖΑΝΟΣ μα und αλλά oft haben, besteht darin, einen Einwand (meistens des Hörers, seltener des Sprechers) in das Gespräch hineinzubringen (TZAPTZANOΣ 1953: 38):

(7)	A: Ποιός μπήκε στο δωμάτιο-μου;	Wer ist in mein Zimmer gegangen?
	B: Κανείς!	Niemand!
	A: Μα μη λες "κανείς", γιατί κάποιος μπήκε.	Sag doch nicht "niemand", denn jemand ist reingegangen.

TZARTZANOΣ, der über 100 unflektierte Wörter des Neugriechischen eingehend studiert hat und stets viele Beispiele angibt, bringt interessanterweise an dieser Stelle sieben Beispiele - alle mit μα und kein einziges mit αλλά, wie zu erwarten wäre. Es dürfte also kein Zufall sein, daß μα als Kandidat für denn gelten kann, nicht jedoch αλλά.

Schauen wir uns einige Warum-Fragen, die die Probanden beim oben genannten Test angegeben haben, und ihre griechische Übersetzungen an:

(8)	A: Stell das Radio sofort leiser!	
	B:1. Warum das denn?	Μα γιατί;
	2. Warum soll ich das denn?	Μα γιατί να το χαμηλώσω;
	3. Warum soll ich denn das Radio sofort leiser stellen?	Μα γιατί να χαμηλώσω αμέσως το ραδιόφωνο;
(9)	A: Ich verspreche dir, dich mal nach Kreta mitzunehmen.	
	B:1. Warum denn gerade nach Kreta?	Μα γιατί ειδικά στην Κρήτη;
	2. Warum denn erst später, ich will jetzt mitfahren.	Μα γιατί αργότερα, εγώ τώρα θέλω νά 'ρθω μαζί σου.

In allen diesen Fällen wird denn mit μα im Griechischen wiedergegeben. Μα bringt einen gewissen Gegensatz des Fragenden zu der vorangegangenen Handlung zum Ausdruck, etwa im Sinne von:

Deine Handlung passt mir nicht.

Lässt sich ein solcher Gegensatz auch im Deutschen finden? Ich meine, daß die Antwort positiv ist, und versuche dies mit folgendem zu stützen.

Die Frage (8)B3., beispielsweise, fragt nicht nur nach einem Grund für die befohlene Handlung, sondern bringt darüber hinaus zum Ausdruck, daß diese Handlung nicht den Interessen/Bedürfnisen des Fragenden entspricht. Dies ist ganz deutlich in (9)B2., wo der

Fragende den Gegensatz zwischen dem Zeitpunkt der versprochenen Handlung und den eigenen Bedürfnissen explizit artikuliert. *Denn* signalisiert also:

> Deine Handlung steht im Gegensatz zu meinen Bedürfnissen, Interessen.

Die adversative Haltung des Fragenden kann auch dadurch zustandekommen, daß der Fragende durch die Handlung des Partners eine gemeinsam getroffene Vereinbarung verletzt sieht, z.B.:

(10) Warum hältst du denn nicht an der Tankstelle? (Wir haben doch eben ausgemacht, wir würden sofort tanken.)

In diesem Fall signalisiert *denn*:

> Deine Handlung steht im Gegensatz zu unserem gemeinsamen Beschluß.

Parallel zu einer adversativen Haltung des Sprechers kann *μα* eine gewisse Überraschung ausdrücken[6]. Im Deutschen wird dies noch deutlicher durch den Zusatz eines Modaladverbs wie *gerade*:

(11) Warum denn gerade nach Kreta? (Ich denke, du kannst keine große Hitze vertragen.)

Denn signalisiert hier:

> Deine Handlung steht im Gegensatz zu meinen Annahmen/Wissen über dich.

4.

Wir können jetzt untersuchen, inwiefern die Funktionen, die der Partikel *denn* in Warum-Fragen, also in expliziten Begründungsfragen oben zugeschrieben wurden, ihr auch in anderen Arten von Fragen zukommen. Zu diesem Zweck gehe ich von einigen Fällen (und entsprechenden Beispielen) aus, die in KÖNIG (1977) für das Anknüpfen an den Handlungszusammenhang besprochen werden.

(12) A: Soll ich dir helfen?
B: Hast du denn Zeit?

KÖNIG sagt, daß die Frage von B auf die Voraussetzungen des Angebots von A abzielt (KÖNIG 1977: 119). Dies täte sie aber auch ohne die Partikel *denn*. Mir scheint, daß *denn* hier auf eine Annahme des Fragenden (B) verweist, die nicht im Einklang mit dem eben gemachten Angebot von A steht, etwa:

(12') Hast du *denn* Zeit? (Ich dachte, du stehst unter Zeitdruck.)

Mit *denn* signalisiert also der Fragende:

Deine Handlung steht im Gegensatz zu meinen Annahmen.

Schauen wir uns einen weiteren Fall an, den KÖNIG bespricht:

(13) A: Ich möchte jetzt gern etwas trinken.
B: Was möchtest du denn trinken?

Nach KÖNIG verlangt B mit seiner Frage nach einer Spezifizierung der Mitteilung von A (KÖNIG 1977: 119). Dies leistet die Frage auch ohne die Partikel _denn_. Die spezifische Leistung von _denn_ besteht meiner Ansicht nach im Ausdrücken einer gewissen Opposition und Ungeduld zu der Mitteilung von A, nämlich:

(13´) Was möchtest du denn trinken? (Wenn du mir schon sagst, daß du etwas trinken willst, dann sag mir auch w a s !)

Durch die Partikel _denn_ wird hier signalisiert:

Deine Handlung entspricht nicht einer geltenden Gesprächsmaxime (Quantitätsmaxime).

Bei rhetorischen Fragen, wie

(14) Bin ich denn Krösus, daß ich alle deine Schulden bezahlen soll? (KÖNIG 1977: 120)

verweist _denn_ auf das widersprüchliche Verhalten des Partners:

(14´) Bin ich denn Krösus? (Du weißt sehr wohl, daß ich kein Krösus bin. Es ist also Unsinn, mich aufzufordern, deine Schulden zu bezahlen.)

In diesem Zusammenhang signalisiert _denn_:

Deine Handlung steht im Gegensatz zu einer uns wohlbekannten Tatsache.

Einen letzten Fall möchte ich mit folgendem Beispiel darstellen:

(15) Wo willst du denn hin?

Der Fragende will mit (15) nicht nur den Zielort des Partners erfahren; er weist gleichzeitig auf eine gemeinsam (zwischen Sprecher und Hörer) ausgemachte Bedingung hin, die jetzt durch die Handlung des Partners bedroht wird, etwa:

(15´) Wo willst du denn hin? (Haben wir nicht eben gesagt, du bleibst hier?)

Denn signalisiert also hier:

Deine Handlung steht im Gegensatz zu unserer Vereinbarung.

Wir können also in allen diesen Fällen den Gebrauch der Partikel _denn_ in nicht-expliziten Begründungsfragen durch einen Gegensatz zwischen der Handlung des Partners, auf welche die Frage sich bezieht, und Annahmen des Fragenden, geltenden Maximen o.ä. erklären.

5.

Die oben besprochenen Fälle stellen freilich keine vollständige Beschreibung der Funktion der Partikel denn dar. Es wurde aber eine Möglichkeit für das Erfassen dieser Funktion aufgezeigt, die über die Beziehung des Anknüpfens an den Handlungszusammenhang hinausgeht bzw. sie spezifiziert[7]. Lassen wir uns kurz zusammenfassen:

> Fragen, in denen die Partikel denn verwendet wird, knüpfen an vorausgehende sprachliche oder nicht-sprachliche Handlungen des Partners an (soweit auch KÖNIG), indem sie diese Handlungen indirekt problematisieren. Diese Problematisierung wird durch die Partikel denn markiert. Der Fragende verwendet die Partikel denn, um auf einen Gegensatz zwischen der vorangegangenen Handlung oder Aspekte dieser Handlung einerseits und seinen Annahmen, Bedürfnissen, Interessen, allgemein geltenden Maximen, Vereinbarungen usw. andererseits hinzuweisen.

Aus diesem Gegensatz schöpft der Fragende die Berechtigung, seine Frage zu stellen. Dadurch wird eine Frage, die eigentlich nur eine Information oder Spezifizierung erwartet, zu einer Frage nach dem Grund der vorangegangenen Handlung (vgl. (15)) und kann sich sogar bis zu einem Vorwurf steigern. Diese Sicherheit des Fragenden, daß seine Frage guten Grund hat, macht Fragen mit denn eher fordernd als bittend[8]. Neben also der Intensivierung oder dem Nachdruck, den die Partikel denn einer Frage verleihen kann, wird diese Partikel verwendet, um dem Hörer zu signalisieren: Ich finde deine Handlung problematisch, weil sie meinen Annahmen, Bedürfnissen usw. nicht entspricht.

Anmerkungen

1 Ich bin hier von WEYDTs Begriffsbestimmung ausgegangen, ohne die Begriffe "Modalpartikel" bzw. "Abtönungspartikel" zu problematisieren. An dieser Stelle sei nur an WEYDTs Definition erinnert:

> Abtönungspartikeln a) sind unflektierbar, b) dienen dazu, die Stellung des Sprechers zum Gesagten zu kennzeichnen, c) können nicht die erste Stelle im Satz einnehmen, e) beziehen sich auf den ganzen Satz, f) sind unbetont ... g) sind im Satz integriert, h) dieselben Lautkörper haben, anders akzentuiert oder in anderer syntaktischer Stellung

mindestens noch eine andere Bedeutung und gehören dann anderen Funktionsklassen an. (WEYDT 1977a: 218)

2 KRIVONOSOV betrachtet dialogische (zwei- oder dreigliedrige) Einheiten, in denen eine Äußerung vom Handlungspartner A gefolgt wird von einer Äußerung vom Handlungspartner B. In der letzteren drückt B seine negative/positive Einstellung zur vorangegangenen Handlung aus. Bei den dreigliedrigen Einheiten begründet B durch eine weitere Äußerung die ausgedrückte Einstellung (KRIVONOSOV 1977: 203ff).

3 Für nähere Angaben zu dieser Untersuchung vgl. PAVLIDOU (1980).

4 Beim Aufbau des Tests bin ich von sechs illokutiven Typen ausgegangen: direktiv, interrogativ, repräsentativ, deklarativ, commissiv, expressiv.

5 Eine Überlegung bei diesem Test war, daß die Art der Begründung, d.h. die Antwort auf eine Warum-Frage mit denn Aufschluß über die Funktion von denn geben könnte. Auf dieser Ebene ließ sich jedoch kein Unterschied zwischen Antworten zu Warum-Fragen mit denn und Antworten zu Warum-Fragen, die denn nicht enthielten, feststellen. Zur Überprüfung dieser Hypothese bedarf es Aufnahmen von längeren Gesprächen, in denen Handlungen problematisiert werden.

6 Überwiegt das Element der Überraschung, so wäre dies im Griechischen mit der Interjektion μπα wiederzugeben. Ist das Mißfallen oder die Ungeduld maßgeblich, dann wäre die Interjektion ε! angemessener.

7 In bezug auf das Anknüpfen an einen Aspekt der Interaktionssituation lassen sich ähnliche Überlegungen entwickeln. In diesem Fall verweist denn oft auf eine Verletzung des Normalen. Die Frage "Was ist denn hier los?" beinhaltet nicht nur, daß hier etwas los sei, sondern darüber hinaus, daß es nicht normal bzw. üblich ist, was hier los ist. Die Frage "Was ist das denn für ein blöder Hut?" beinhaltet: "Es entspricht nicht der Art, wie du dich sonst anziehst", vielleicht sogar "Du solltest diesen Hut nicht mehr tragen". Bei Fragen wie "Wo ist denn hier der Bahnhof?" verweist denn meiner Ansicht nach u.a. auf die vergeblichen Bemühungen des Fragenden, den Bahnhof zu finden, und nicht nur auf seine Annahme, daß er sich in der Nähe des Bahnhofs befindet (vgl. KÖNIG 1977: 121).

8 Hier, glaube ich, wäre eine Erklärung für die Aggressivität zu suchen, die manche Fragen mit denn aufweisen.

Literatur

DUDEN (1973): Die Grammatik. 3.Aufl., Mannheim.

HELBIG, Gerhard (1977): "Partikeln als illokutive Indikatoren im

Dialog". Deutsch als Fremdsprache 1: 30-44.

KÖNIG, Ekkehard (1977): "Modalpartikeln in Fragesätzen". WEYDT (ed.): 115-130.

KRIVONOSOV, Aleksej T. (1977): "Deutsche Modalpartikeln im System der unflektierten Wortklassen". WEYDT (ed.): 176-216.

PAVLIDOU, Theodossia (1980): "'Warum?' : Nach Gründen für eine Sprechhandlung fragen". Osnabrücker Beiträge zur Linguistik 14.

TZAPTZANOΣ, Αχιλλέας (1953): Νεοελληνική Σύνταξις (της κοινής δημοτικής). Αθήνα: ΟΕΣΒ.

WEYDT, Harald (1977a): "Nachwort. Ungelöst und strittig". WEYDT (ed.): 217-225.

--- (ed.) (1977): Aspekte der Modalpartikeln. Studien zur deutschen Abtönung. Tübingen: Niemeyer.

'ICH WOLLTE SAGEN'

Angelika Redder

Im folgenden behandle ich eine Phrase, die in dieser Form als feste Wendung betrachtet werden kann, nämlich 'ich wollte sagen'. Diese Wendung ist an gesprochene Sprache, an Diskurse gebunden. Dort wird sie an charakteristischen Positionen eines Diskursbeitrags, eines turns, geäußert, und zwar turn-einleitend, turn-intern oder turn-abschließend. Ordnete man diese Wendung einer Klasse von Gliederungssignalen zu, würden lediglich diese äußeren Erscheinungen beschrieben. Diese Positionen sollten jedoch zum Anlaß genommen werden zu klären, inwiefern diese Wendung gliedert, was sie gliedert, ob sie an den verschiedenen Positionen die gleiche Funktion hat, oder ob sie damit systematisch variiert. Schließlich ist zu fragen, inwiefern die Konstituenten zur Bildung einer solchen Wendung taugen, was sie kommunikativ leisten.

Ich beschränke meine Darstellung auf turn-einleitendes 'ich wollte sagen'. Die Funktion in den anderen Positionen eines turns werde ich daraus ableiten. Neben der genannten einfachen Form der Wendung werde ich auch komplexe, besonders durch Partikeln erweiterte Formen betrachten.

Meine Funktions-Darstellung basiert auf der Durchsicht zahlreicher Transkripte, nämlich solchen des Freiburger Korpus, des Projekts "Kommunikation in der Schule" (Ehlich & Rehbein, Universität Düsseldorf) und des DFG-Projekts "Modalitäten", an dem ich Mitarbeiterin bin (Leitung: D.Wunderlich). Die schulspezifischen Verwendungen und Funktionen der Wendung 'ich wollte sagen' stelle ich detailliert an anderer Stelle (Redder, demn.) dar.

Anhand der Transkripte kann ich folgende Diskursvoraussetzung formulieren: turn-einleitendes 'ich wollte sagen' wird in solchen Diskursen verwendet, in denen interaktiv ein gemeinsames Thema bearbeitet wird. Solche Diskurse erfordern es, daß die Beteiligten ihre thematischen Beiträge koordinieren. Je mehr Teilnehmer in den Diskurs involviert sind, desto notwendiger wird es, inhaltliche Bezüge zu verdeutlichen. Und es wird gleichzeitig erforderlich, eine Organisation der sprachlichen Handlungen vorzunehmen, das heißt die turn-Verteilung zu regeln.

'ich wollte sagen' ist nun eine Wendung, mit der die Linearisierung der Sprechhandlungen durch die turn-Regelung aufgehoben wird und auf thematische Bezüge aufmerksam gemacht wird, die nicht linear verlaufen. Was veranlaßt nun einen Sprecher, seinen turn durch 'ich wollte sagen' einzuleiten? Welche situativen Voraussetzungen sind maßgeblich?

Die Bedingungsstruktur der Situation, in der 'ich wollte sagen' geäußert wird, ist folgende:

0) Zwei oder mehr Aktanten erarbeiten gemeinsam ein Thema
1) Ein Teilnehmer rezipiert ein thematisches Element, das ihn motiviert, eine Sprechhandlung mit daran anknüpfendem propositionalem Gehalt zu vollziehen
2) Wegen der geltenden turn-Regelung kann er seine Äußerung nicht unmittelbar anschließen, sondern muß den turn erst anfordern. Dies tut er verbal oder non-verbal
3) Bis er den turn erhält, muß er seine Aufmerksamkeit spalten:
   a) Er muß seinen Plan zur Verbalisierung in Erinnerung halten
   b) Er muß -wie dies auch die anderen Diskursteilnehmer tun- den Diskurs weiterverfolgen, also unter anderem neue thematische Elemente mental verarbeiten
4) Wenn er den turn erhält, muß er damit rechnen, daß folgende Sprecher- und Hörer-seitigen Voraussetzungen für die Ausführung der geplanten Sprechhandlung problematisch sind (wegen 2) und 3)):
   a) Sprecher-seitig: Die Erinnerung des Verbalisierungsplans kann unzureichend sein für eine direkte Äußerung
   b) Hörer-seitig: Wegen des thematischen Fortgangs im Diskurs werden die Diskursteilnehmer, die ja gemeinsam ein Thema bearbeiten (0), einen propositionalen Gehalt erwarten, der an das letztgenannte thematische Element, das sie mental

verarbeitet haben, anknüpft. Dazu muß nicht notwendig noch dasjenige Element gehören, das Anlaß war für den Verbalisierungsplan des Sprechers; zumindest muß es für die anderen Diskursteilnehmer nicht die gleiche Relevanz haben, so daß es im Vordergrund ihrer Aufmerksamkeit stünde.

5) Als Konsequenz aus 4) legt es sich für den Sprecher nahe, den turn in bestimmter Form zu übernehmen.

a) Um einerseits Zeit zu gewinnen, sich auf die eigene Äußerung zu konzentrieren und den Verbalisierungsplan zu erinnern (zu aktualisieren), evtl. noch zu komplettieren oder -angesichts der neueren thematischen Elemente- zu modifizieren, und um andererseits den turn nicht nur zu übernehmen, sondern auch zu halten, eignet sich eine Äußerung, die ihrerseits keine Aufmerksamkeit erfordert, sondern die in fester Form routinisiert realisiert werden kann, wobei sie die folgende Sprechhandlung in Aussicht stellt

b) Da der geplante Beitrag zum Thema nicht der Linearität der turn-Folge entspricht, ist es sinnvoll, daß der Diskursteilnehmer besonders auf sich -als den aktuellen turn-Inhaber- aufmerksam macht. Infolge dieser besonderen Aufmerksamkeitskonzentration auf den Sprecher wird auch der Fokus auf seinen Beitrag, speziell auf dessen propositionalen Gehalt, neu etabliert

c) Wenn der Sprecher des weiteren antizipiert, daß die Hörer wegen ihrer anderen Erwartungen nicht ohne weiteres bereit sein werden, propositionalen und illokutiven Akt der geplanten Sprechhandlung zu akzeptieren, kann er dem begegnen, indem er sich auf die Hörertätigkeit bezieht. Dies kann er beispielsweise dadurch, daß er seinen Anspruch, einen thematischen Beitrag zu leisten, auf das Akzeptieren durch die Hörer hin relativiert. Zudem ist es dann günstig, noch einmal auf die Gezieltheit und Rechtmäßigkeit der turn-Übernahme hinzuweisen, so daß die Sprechhandlung deutlich als Element des aktuellen Handlungsmusters bestimmt ist, auch wenn sie die Hörererwartungen enttäuscht

6) Entsprechend den problematischen Punkten (5) wird der Sprecher seinen turn einleiten, indem er sie explizit anspricht

Sonderbedingungen:

1') Das thematische Element bezieht sich wiederum zurück bzw. steht in einem Zusammenhang mit einem propositionalen Gehalt, den der Sprecher zuvor kommuniziert hat. Am Beitrag eines der Hörer dazu wird ihm deutlich, daß der Gehalt nicht so verstanden worden ist, wie er es bezweckt und erwartet hatte. Vielmehr wird eine Diskrepanz zwischen bezwecktem und faktischem gemeinsamen Wissen deutlich. Insofern wird der Sprecher zu einer Korrektur veranlaßt. Er macht dazu einen Verbalisierungsplan mit entsprechendem propositionalem Gehalt

oder

1") Der Teilnehmer ist selbst Inhaber des turns (2) entfällt). Jedoch hat er die Übersicht über den gesamten Verbalisierungsplan verloren (3'), was er an der Äußerung eines solchen thematischen Elements wahrnimmt, das nicht, wie er kontrollierend feststellt, mit seinem Plan übereinstimmt. Oder er wird durch ein Anzeichen des Hörers auf Erwartungsabweichungen aufmerksam gemacht. Insofern eignet sich eine turn-interne Neu-Fokussierung auf den propositionalen Gehalt, wenn der turn nicht gefährdet werden soll. Die Neu-Fokussierung leitet dann eine Reparatur ein (zu Korrektur und Reparatur vgl. SACKS/JEFFERSON/SCHEGLOFF: 1977).

Eine Wendung, die den unter 1) bis 6) angeführten situativen Erfordernissen entspricht, ist 'ich wollte sagen'. Inwiefern? Warum sind die Konstituenten überhaupt geeignet, standardisiert zu werden als eine Wendung, die den genannten situativen Erfordernissen genügt? Ich beachte zunächst nur die Normalbedingungen 1) bis 6).

'ich' ist ein deiktisches Element, mit dem der Sprecher explizit auf seine Position im Diskurs, nämlich turn-Inhaber zu sein, aufmerksam macht; explizit heißt, über die Identifikationsmöglichkeit hinaus, die allein das Lautwerden der Stimme bietet (vgl. BÜHLER [2]1965: 113f.) Damit wird die Aufmerksamkeit vom vorangegangenen Sprecher abgezogen und eine Neu-Orientierung eingeleitet (5b). Diese Orientierung wird dann explizit vorgenommen dadurch, daß die Sprechhandlung fokussiert wird. 'wollen' drückt aus, daß der Sprecher über ein Handlungsziel verfügt. 'sagen' bestimmt es (5c). Dabei ist beachtenswert, daß 'sagen' eine Sprechhandlung unspezifisch anspricht, Äußerungs-, illokutiver und propositionaler Akt also nicht differenziert und einzeln herausgehoben werden. Das Diskurswissen der Hörer garantiert allerdings, daß die fokussierte Sprechhandlung (wegen O) als ein thematischer Beitrag verstanden wird, falls nicht anders angesprochen. Generell wird bei so unspezifischer Fokusbestimmung ein illokutiver Akt erwartet, der der sequentiellen Position der Äußerung angemessen ist.

Nun ist die Form, in der 'wollen' in der betrachteten Wendung vorkommt, morphologisch ambig. Einerseits ist sie geeignet, eine Zielfokussierung auszudrücken, die vor dem Äußerungszeitpunkt (mental) vorgenommen wurde: präteritale Form. Andererseits ist die Form geeignet, eine Zielfokussierung zu relativieren, die Ziel-Verwirklichung an bestimmte Bedingungen zu knüpfen: konjunktivische Form. Erinnern wir uns an die situativen Probleme, so wird deutlich, daß die morphologische Ambivalenz nicht ihrerseits Probleme schafft. Vielmehr ist sie gerade kommunikativ funktional.

Mit der rückgerichteten Dimension, die die Form 'wollte' beinhaltet, wird folgenden Erfordernissen genüge getan. Einmal lenkt der Sprecher damit zurück auf den Zeitpunkt der Kommunikation seines Ziels, sprachlich zu handeln, also zurück auf die turn-Anforderung (2). So werden Zielgerichtetheit und Rechtmäßigkeit des turn-Erhalts (5c) deutlich. Weitergehend verweist 'wollte' in dieser Dimension zurück auf den Anlaß der turn-Anforderung, und damit zum Anlaß dazu, einen Verbalisierungsplan auszubilden (1). Da dieser Anlaß im Diskurs verankert unterstellt werden kann, ist es durch diesen weiteren Rückverweis möglich, einen diskursiven, genauer einen thematischen Rückschritt in Aussicht zu stellen. Gleichzeitig wird damit der "Aufhänger", das motivierende thematische Element, als Basis für den propositionalen Gehalt der geplanten Sprechhandlung in den Blick des Hörers gerückt (4b). Insgesamt wird vermöge der rückorientierenden Dimension von 'wollte' auf eine thematische Retardierung aufmerksam gemacht, die thematische Erwartung der Hörer so gleichzeitig aufgehoben.

Für den Sprecher ist die Rückorientierung gleichzeitig ein mnemotechnisches Mittel (5a). Er defokussiert das zuletzt verarbeitete thematische Element und aktualisiert seinen "zuvor aufgehängten" Verbalisierungsplan. (vgl. die Funktion der Kerbe im Boten-Stab: Erinnerung des Trägers an seine Funktion als Bote.) Ist die Verzögerung zwischen turn-Anforderung und turn-Erhalt sehr groß -gemessen an der Komplexität der inzwischen mental verarbeiteten thematischen Elemente-, so ist die Rückorientierung auch geeignet, die Veränderung der sequentiellen Position der Äußerung in den Blick zu nehmen und so eine etwaige Unangemessenheit des illokutiven Akts zum aktuellen Äußerungszeitpunkt zu begründen.

Insgesamt nimmt die rückwärts gerichtete Dimension von 'wollte' die durch 'sagen' angesprochene Sprechhandlung im Hinblick auf die Sprechertätigkeiten in den Bereich der Aufmerksamkeit. Demgegenüber werden die Hörertätigkeiten in den Blick genommen durch die Dimension, die die Verwirklichungs-Bedingungen der geplanten Sprechhandlung anspricht (5c).

Unterstellt ein Sprecher die Hörertätigkeit, die seiner Sprechhandlung angemessen ist, nicht als selbstverständlich, sondern bezieht sich in einer Form sprachlich darauf, so weist dies darauf hin, daß er sie nicht für unproblematisch hält, daß die Sprechhandlung also nicht voll auf der Basis der gemeinsamen Erwartungen ausgeführt wird. Der Zweck der Sprechhandlung, besonders die Akzeptierung der illokutiven Kraft und des propositionalen Gehalts, wird nicht ohne weiteres wirklich. (Dies gilt dann prinzipiell auch für den Äußerungsakt, was jedoch vorwiegend bei nicht gegebenen normalen Ein- und Ausgabe-Bedingungen relevant wird.) Demgemäß überläßt es der Sprecher dem Hörer, wie er sich zur angekündigten Sprechhandlung verhält, indem er ihren Zweck auf die Hörertätigkeit hin relativiert.

Der Sprecher stellt damit seinen Beitrag, besonders dessen propositionalen Gehalt, gewissermaßen zur Diskussion. Damit modifiziert er die assertive Kraft seines Beitrags. 'wollte' dient in der

konjunktivischen Dimension demnach zur illokutiven Qualifikation der angekündigten Sprechhandlung.
Soll lediglich die Relativierung der Sprechhandlungs-Verwirklichung auf die Hörertätigkeit expliziert werden, so eignet sich dazu eher eine Formulierung mit 'werden', nämlich die Wendung 'ich würde sagen'. Bei einer solchen illokutiven Qualifikation stehen die sequentiellen Bezüge mehr im Vordergrund als die thematischen. Zwar kann 'ich wollte sagen' diese Funktion auch leisten. Jedoch dominiert die relativierende Komponente nur dann, wenn die sequentielle Position der Äußerung eine sprecherspezifische Assertion erwartbar macht. 'wollen' ist dann aktantenbezogen abgeleitet verwendet (genauer dazu REDDER: demn.).
Was leisten nun die beiden in 'wollte' vereinten Dimensionen gemeinsam, was leistet also die gesamte Wendung?

Sowohl Rücklenkung wie Relativierung heben linear konstituierte Erwartungen der Diskursteilnehmer an einen thematischen Beitrag auf. Im Verein mit der sprecherbezogenen Heraushebung ('ich') und der durch die Bedeutung des Modalverbs 'wollen' geleisteten Fokussierung auf die (durch 'sagen' angesprochene) Sprechhandlung, wird mit der Wendung eine Neu-Fokussierung auf den Beitrag erreicht. Das heißt, der Sprecher verhindert damit "Aberrationen" (REHBEIN, 1979), die er aufgrund der bisherigen linearen Themenbearbeitung antizipiert. Insofern ist die Wendung 'ich wollte sagen' geeignet zur "Hörersteuerung" (ebd.). Anlaß zur Hörersteuerung ist eine Verzögerung zwischen Ausbildung (und Ankündigung) eines Sprechhandlungsplans und seiner Verwirklichung im Diskurs. Interaktive Konsequenz ist eine diskursive Retardierung. Diese Retardierung kann sich primär auf die thematische Seite des Diskurses beziehen, mithin auf die propositionalen Akte der Sprechhandlungen, oder auf die Handlungsseite, auf die illokutiven Akte und ihre sequentielle Position im diskursiv exekutierten Handlungsmuster.

Die Funktion der Hörersteuerung kommt besonders in komplexen Formen der Wendung 'ich wollte sagen' zum Tragen. Es ist deswegen sinnvoll, die einfache Form als Träger von Prozeduren der Hörersteuerung zu bestimmen.
Durch die sprachlichen Ausdrücke, die in der komplexen Form eingebunden sind, wird die Qualität der Hörersteuerung spezifisch

Vergegenwärtigen wir uns einige solcher Formen:

(1) 'ich wollte noch sagen'
(2) 'ich wollte (noch) kurz sagen'
(3) 'ich wollte eben sagen'
(4) 'ich wollte nur (noch) (eben) sagen'
(5) 'ich wollte auch sagen'
(6) 'ich wollte aber sagen'
(7) 'ich wollte doch sagen'
(8) 'ich wollte doch nur sagen'
(9) 'ich wollte schon sagen'
(1o) 'ich wollte jetzt mal sagen'
(11) 'ich wollte übrigens sagen'

Solche turn-einleitenden Wendungen steuern -kurz gesagt- in folgender Hinsicht.

(1) bis (4) beziehen sich auf die Dauer, die die Bearbeitung eines thematischen Elements in Anspruch nimmt. Abweichend von den Erwartungen der Hörer will der Sprecher mit seinem Beitrag noch ein Element expandieren, anstatt ein neues einzubringen oder das alte abzuschließen. Darin liegt das retardierende Moment. Mehr formal, nämlich in bezug auf due turn-Organisation, hat das zur Folge, daß die Redezeit gegen die Hörer-Erwartungen in Anspruch genommen wird. Wenn der Sprecher so auf die unerwartete Expansion Bezug nimmt, kann der Hörer davon ausgehen, daß die Expansion von ihm als notwendig erachtet wird. Deshalb wird durch eine solche Einleitung die Rezeptionsbereitschaft gefördert.

Die Modalpartikel 'auch' in (5) kennzeichnet das Zusammentreffen von Sachverhalten. Insofern kann der Sprecher durch (5) eine Sprechhandlung ankündigen, deren propositionaler Gehalt sich deckt oder identisch ist mit bereits kommunizierten. Wenn auf einen solchen Sprechhandlungsplan aufmerksam gemacht wird, gewinnt das übereinstimmende Element eine besondere Relevanz im gemeinsamen Diskurswissen, es wird in den Vordergrund gerückt und so verbindlich gemacht.

Unerwartete Übereinstimmung mit dem propositionalen Gehalt einer Äußerung der Vorredner mit dem geplanten propositionalen Akt des Sprechers ist Motiv für die Äußerung von (9). 'schon' kenn-

zeichnet einen Kontrast, eine Diskrepanz zwischen Erwartung und Wirklichkeit. Die Äußerung von (9) ist geeignet, den Umschlag von Divergenz in Konvergenz hervorzuheben. Entweder unterstreicht der Sprecher das Gemeinsame dadurch, daß er anschließend eine Form der Wiederholung oder eine Fundierung des gemeinsamen thematischen Elements liefert. Oder er unterstreicht es durch Kontrastierung, indem er den erwarteten divergierenden propositionalen Akt in seinen negativen Konsequenzen für die Diskursteilnehmer anspricht.
Durch 'aber' wird in (6) eine Divergenz zwischen den Einschätzungen der Diskursteilnehmer gekennzeichnet. Der Sprecher betont durch eine solche Einleitung seine Perspektive bezüglich des thematischen Elements, das er aus dem Diskurs aufgreift.
Die Divergenz verstärkt sich bei einer Äußerung von (7), die gewöhnlich eine Insistierung einleitet. Denn 'doch' fixiert ein problematisches oder reetabliert ein in Vergessenheit geratenes thematisches Element. Dabei kann die erstrebte Gemeinsamkeit in der Einschätzung oder Bewertung auf ein Minimum beschränkt werden, die Insistierung also auf einen Part zurückgenommen werden. Das leistet beispielsweise die turn-einleitende Wendung (8).
Insgesamt beziehen sich (5) bis (9) auf das gemeinsame Diskurswissen, sei es unter konvergierender, sei es unter divergierender Perspektive. Der geplanten Sprechhandlung vorangestellt wird demnach eine Qualifikation ihres propositionalen Gehalts.
'jetzt mal' in (1o) macht auf eine Schaltstelle, eventuell auf einen Umbruch im Gang der thematischen Bearbeitung aufmerksam, allgemein auf einen Übergang zu einer anderen sequentiellen Position der geplanten Sprechhandlung im exekutierten Handlungsmuster oder gar auf einen Übergang zu einem neuen Muster.
(11) signalisiert durch 'übrigens', daß die folgende Sprechhandlung in das aktuelle Handlungsmuster eingeschoben wird.
(1o) und (11) beziehen sich also auf die sequentielle Position der geplanten Sprechhandlung und leisten eine illokutive Qualifikation. Insofern nimmt die relativierende Dimension von 'wollte überhand. Dies gilt tendenziell auch für (7), auch für (6) und (9), wenn die Modalpartikel emphatisch geäußert wird.

Schließlich ist noch eine komplexe Form zu erwähnen, nämlich die explizite Negation der einfachen:

(12) 'ich wollte nicht sagen'

Damit wird eine Korrektur eingeleitet. In impliziter Form geschieht dies auch mithilfe der einfachen Wendung, wenn die genannte Sonderbedingung 1') gegeben ist. Statt einer Korrektur erfolgt eine Reparatur, wenn die Sonderbedingung 1") vorliegt. Es genügt dann die einfache Wendung, die dann turn-intern geäußert wird. Die Neu-Fokussierung geht einher mit der Änderung des Verbalisierungsplans durch den Sprecher.
In der turn-abschließenden Position ist eine syntaktische Veränderung der Wendung erforderlich, nämlich Inversion, und es muß ein "anadeiktisches Element" (EHLICH, 1979) eingefügt werden: 'das wollte ich sagen'. Durch diese Absetzung des gesamten Sprecherbeitrags vom Diskursfluß wird der Hörer dazu veranlaßt, sich dazu besonders zu verhalten.

Die notwendige empirische Detail-Studie, die Ergebnisse sprechhandlungsorientierter Arbeiten zu Partikeln systematisch einbezieht, verspricht einen interessanten Beitrag zur Untersuchung des Steuerungs-Apparats beim sprachlichen Handeln zu liefern.

Literatur

BÜHLER, Karl (²1965): Sprachtheorie. Stuttgart : Fischer

EHLICH, Konrad (1979): Verwendungen der Deixis beim sprachlichen Handeln. Linguistisch-philologische Untersuchung zum hebräischen deiktischen System. Frankfurt/M : Lang

REDDER, Angelika (demn.): Modalverb-Verwendungen in schulischer Kommunikation. Düsseldorf

REHBEIN, Jochen (1979): "Sprechhandlungsaugmente. Zur Organisation der Hörersteuerung".WEYDT, Harald (ed) (1979): Die Partikeln der deutschen Sprache. Berlin : de Gruyter

SACKS, Harvey / JEFFERSON, Gail / SCHEGLOFF, Emanuel (1977): "The Preference for Self-Correction in the Organisation of Repair in Conversation". Language 76.

BEMERKUNGEN ZUM WAHRHEITSASPEKT EXPLIZIT PERFORMATIVER ÄUSSERUNGEN

Eckard Rolf

Austin beschreibt die Eigenschaften explizit performativer Äußerungen auf dem Hintergrund von Eigenschaften konstativer Äußerungen. Letztere thematisieren das Bestehen oder Nichtbestehen von Sachverhalten und können deshalb wahr oder falsch sein. Gleiches gilt jedoch nicht für (explizit) performative Äußerungen. Über diese, also z.B. über die Äußerung von Sätzen wie

(1) "Ich vermache meine Uhr meinem Bruder"[1]

oder

(2) "Ich taufe dieses Schiff auf den Namen 'Queen Elizabeth'"

sagt Austin:

> In these examples it seems clear that to utter the sentence (in, of course, the appropriate circumstances) is not to d e s c r i b e my doing of what I should be said in so uttering to be doing or to state that I am doing it: it is to do it. None of the utterances cited is either true or false: I assert this as obvious and do not argue it. ... : it may be that the utterance 'serves to inform you' - but that is quite different.[2]

Daß explizit performative Äußerungen nicht wahrheitsfähig sind, ergibt sich für Austin also daraus, daß sie nicht deskriptiv, nicht konstatierend sind. Gegenüber konstativen Äußerungen besteht die Funktion explizit performativer Äußerungen nämlich darin, daß der Sprecher mit ihnen etwas tut.

Nun kann allerdings die Tatsache, daß jemand, der einen explizit performativen Satz äußert, etwas tut, zur Charakterisierung explizit performativer Äußerungen nicht hinreichend sein. Denn: Wer eine solche Äußerung macht, s a g t ja schließlich auch etwas - so trivial diese Hervorhebung auch sein mag. Eine Analyse dessen, was jemand sagt, der einen explizit performativen Satz äußert, wird deshalb von einer Beschreibung explizit performativer Äußerungen nicht ausgespart werden können. Darüber hinaus veranlaßt diese Sachlage zu der Annahme, daß über die Wahrheitsfähigkeit explizit performativer Äußerungen eine Entscheidung erst herbeigeführt werden kann, wenn ermittelt ist, was mit ihnen gesagt wird.

Eine solche Analyse scheint bisher nicht vorzuliegen. Es läßt sich allerdings eine Anzahl von Autoren[3] anführen, die gegen Austin die Wahrheitsfähigkeit explizit performativer Äußerungen behauptet haben; und diese Autoren nehmen dabei schon - wenn auch in unterschiedlicher Weise - Bezug auf das, was mit solchen Äußerungen gesagt wird. 'Gesagt' versteht man dort jedoch meistens im Sinne von 'behauptet' oder 'festgestellt', so daß ein Fürwahrheitsfähighalten explizit performativer Äußerungen in der Regel mit einer Interpretation derselben als Behauptungen etc. einhergeht.

Solche Koinzidenz mit der Interpretation als Behauptungen setzt die These von der Wahrheitsfähigkeit explizit performativer Äußerungen einer Widerlegung aus, und zwar dann, wenn sich erfolgreich darlegen läßt, daß explizit performative Äußerungen nicht als Behauptungen oder Feststellungen aufgefaßt werden können. Einen entsprechenden Nachweis hat GREWENDORF (1979b) geführt.

Grewendorf stellt eine Liste von Verhaltensregularitäten auf, die von jemandem, der eine Äußerung als Feststellung v e r s t e h t , zu erwarten sind. Dann zeigt er, daß solche Verhaltensregularitäten nicht zur Menge der "Reaktionen" auf explizit performative Äußerungen gehören, welcher Umstand die These nahelegt, daß explizit performative Äußerungen von den Mitgliedern einer Sprachgemeinschaft in der Regel nicht als Feststellungen aufgefaßt werden und daß sie deshalb auch nicht 'wahrheitsfähig' genannt werden können.

Grewendorf setzt sich darüber hinaus in einer zweiten Arbeit aber auch noch direkt mit der von Austins Gegnern bezogenen Position auseinander.[4] Diese Auseinandersetzung nimmt ihren Ausgang bei einer Annahme, die der Position von Austins Gegnern zugrundeliegt. Nach dieser Annahme wird mit explizit performativen Äußerungen "... g e s a g t , daß der von dem in der Standardform verwendeten performativen Verb bezeichnete illokutionäre Akt vollzogen wird."[5] Infolgedessen überprüft Grewendorf, in welchem Sinne dabei von 'gesagt' gesprochen werden könne, und er konzentriert sich dabei insbesondere auf den phatischen und den rhetischen (propositionalen) Sinn von 'gesagt', aber auch auf eine Interpretation im Sinne von 'festgestellt' oder 'behauptet'.

Grewendorfs Ergebnisse sind durchweg negativ. Sie lassen sich folgendermaßen zusammenfassen: Die Annahme, mit einer explizit performativen Äußerung werde im phatischen oder im rhetischen Sinne gesagt oder es werde mit ihr festgestellt/behauptet, daß ein entsprechender illokutionärer Akt vollzogen werde, ist entweder irrelevant oder insuffizient für eine Charakterisierung explizit performativer Äußerungen als Feststellungen und als wahrheitsfähig. Gleiches gilt z.B. auch für die These: "Mit einer explizit performativen Äußerung informiert man den Hörer über den Vollzug eines bestimmten illokutionären Aktes."[6]

Für eine Interpretation von 'gesagt' im Sinne von 'festgestellt' ergibt sich darüber hinaus noch die folgende Schwierigkeit: Die These, mit einer explizit performativen Äußerung stelle der Sprecher fest, daß er die vom performativen Verb bezeichnete Handlung (gerade, d.h. im Augenblick der Äußerung) vollziehe, impliziert, daß die betreffende Handlung gerade dadurch vollzogen wird, daß der Sprecher diese Feststellung macht. Da ein solcher Zusammenhang jedoch die Wahrheit der Feststellung voraussetzt, ergibt sich das folgende Problem:

> Um die wahre Feststellung, daß man den entsprechenden illokutionären Akt vollzieht, treffen zu können, muß man ihn vollziehen; doch dazu bedarf es ja offenbar gerade der wahren Feststellung.[7]

Aus den obigen Bemerkungen scheint zu folgen, daß die von Austins Gegnern vertretene These von der Wahrheitsfähigkeit explizit performativer Äußerungen nicht zu verteidigen ist.

Grewendorfs Analysen werfen nun allerdings selbst ein Problem auf: Sie machen die Widerlegung der von Austins Gegnern vertretenen These abhängig von der Ablehnung einer Interpretation explizit performativer Äußerungen als Feststellungen/Behauptungen. Wer jedoch die darin involvierte "... Gleichsetzung von Behauptungen mit Wahrheitswert tragenden Ausdrücken..."[8] ablehnt -

und das tut beispielsweise BARTSCH (1979) -, der kann Grewendorfs Thesen, explizit performative Äußerungen würden erstens nicht als Feststellungen aufgefaßt, eine solche Auffassung lasse sich zweitens auch nicht begründen, zustimmen. Diese Zustimmung hindert ihn aber nicht daran, die entsprechenden Äußerungen (im Gegensatz zu Grewendorf) für Träger von Wahrheitswerten zu halten; und auch das tut Bartsch konsequenterweise.[9]

Um nun auch einer solchen Position entgegentreten zu können, wäre der Nachweis zu erbringen, daß es keinen Sinn haben kann, explizit performative Äußerungen 'wahr' etc. zu nennen. Im Rahmen eines solchen Nachweises müßte über Grewendorfs Thesen hinausgehend dargelegt werden, daß explizit performative Äußerungen (in der Regel) gar nicht wahrheitsfähig sein können.

Ein entsprechender Nachweis soll hier versucht werden. Dabei wollen wir daran festhalten, daß mit explizit performativen Äußerungen sowohl "etwas" g e s a g t als auch, daß der Hörer mit ihnen i n f o r m i e r t wird. Es kommt dann allerdings auf eine genaue Bestimmung der Ausdrücke 'gesagt' und 'informiert' an, insbesondere wenn wir damit für Austins Position eine Begründung zu geben versuchen; eine Begründung, die Austin aufzustellen selbst nicht für erforderlich hielt, dadurch aber der mißverständlichen Interpretation explizit performativer Äußerungen als ((per se) wahre) Behauptungen Vorschub leistete.

Entwickeln läßt sich eine solche Begründung aus der Orientierung an den folgenden, wiederum von Austin gemachten, Ausführungen:

> ...'I promise' is quite different from 'he promises': if I say 'I promise', I don't say that I s a y I promise, I p r o m i s e , just as if he says he promises, he doesn't say he promises, he promises: whereas if I say 'he promises', I do (only) say he s a y s he promises - in the other 'sense' of 'promise', the 'sense' in which _I_ say _I_ promise, only h e can say he promises. I describe his promising, but I d o my own promising and he must do his own.[10]

Austin thematisiert hier den Unterschied zwischen einer deskriptiven und einer performativen Verwendung von _promise_ . Wird _promise_ oder _versprechen_ deskriptiv, also beispielsweise in dem Äußerungsbericht

(3) Er verspricht Petra, daß er kommen wird

verwendet, dann sagt der Sprecher, daß die Person, auf die er mit er Bezug nimmt, etwas sagt. Daß das der Fall ist, ergibt sich u.a. aus der lexikalischen Bedeutung von versprechen: Daß diejenige (handelnde) Person, die Gegenstand der Referenz ist, etwas sagt, gehört nämlich zu den Bedingungen, die erfüllt sein müssen, wenn der Gebrauch von verspricht erlaubt sein soll, also zum Wortinhalt[11] von versprechen.

Anders verhält es sich, wenn jemand Ich verspreche sagt, also z.B. den Satz (4) äußert:

(4) Ich verspreche dir, daß ich kommen werde.

In diesem Fall sagt der Sprecher nicht, daß er etwas sagt, und zwar aus dem folgenden Grunde nicht: Zwar kann man davon ausgehen, daß das Verb versprechen zur Bedeutung von (4) denselben Beitrag leistet wie zur Bedeutung von (3). Schließlich haben die Sätze (3) und (4) die gleiche Prädikatstruktur, d.h. die Bedeutung dieser Sätze setzt sich in der gleichen Weise zusammen aus der jeweiligen lexikalischen Bedeutung ihrer Komponenten. Davon muß eine auf die Erfassung des (semantischen) Informationsgehalts von Sätzen ausgerichtete Analyse[12] jedenfalls ausgehen. Solche Bestimmungen ergeben sich jedoch lediglich aus der Perspektive einer Analyse der Satzbedeutung, also vom semantischen Standpunkt.

Eine Charakterisierung der Äußerungsbedeutung, also eine Analyse derjenigen Bedeutung, die der Äußerung eines Satzes zukommt, eine pragmatische Analyse, gelangt demgegenüber zu anderen Ergebnissen. Sie ordnet Äußerungen der obigen Sätze "strukturell" unterschiedliche (Äußerungs-)Bedeutungen zu.

Danach gilt im Unterschied zu einer Äußerung von (3) für eine Äußerung von (4) folgendes: Zwar schreibt der Sprecher durch die Verwendung von verspreche derjenigen Person, auf die mit Ich Bezug genommen wird, also sich selbst, die von versprechen bezeichnete Eigenschaft zu, u.a. also: 'daß der Sprecher etwas sagt', insofern 'etwas sagen' ein semantisches Merkmal von versprechen darstellt. Die Tatsache, daß der Sprecher etwas sagt, ist für den Hörer allerdings auch direkt wahrnehmbar, d.h. ohne über ein Verständnis der Worte (des Wortes versprechen) vermittelt zu sein. Aus diesem Grunde kann der Hörer nicht annehmen, der Sprecher wolle ihm u.a. m i t t e i l e n , daß er etwas sage. Aber auch der Sprecher kann eine entsprechende (Mitteilungs-)Intention vernünftigerweise nicht haben. Hätte der Sprecher nämlich eine derartige Intention bzw. würde der Hörer ihm eine solche unterstellen, dann wäre das gleichbedeutend damit, daß der Sprecher seinen Redebeitrag informativer als erforderlich machte bzw. daß dies von ihm (auf seiten des Hörers) geglaubt würde. Ein solches Redeverhalten stellte aber einen Verstoß gegen eine (Gricesche) Konversationsmaxime[13] dar. Wenn das nicht der Fall sein bzw. wenn das nicht angenommen werden soll, dann kann eine Äußerung von (4) nicht so intendiert oder aufgefaßt werden, als sage der Sprecher, als teile er u.a. mit ihr mit, daß er etwas sage.

Bisher haben wir lediglich festgestellt, daß mit der Äußerung des explizit performativen Satzes (4) ein Bedeutungsmerkmal des performativ verwendeten Verbs versprechen, nämlich 'etwas sagen', als nicht mitgeteilt gelten muß. Wir wollen nun die Hypothese aufstellen, daß 'etwas sagen' das einzige deskriptive, verifikationsfähige Merkmal von versprechen darstellt. Sollte diese Hypothese zu bestätigen sein, dann bestünde die Besonderheit einer entsprechenden explizit performativen Äußerung in Folgendem: Das einzige (semantische) Merkmal, dessen Mitteilung die Äußerung der (Wahrheits-)Frage, ob es denn dem Gegenstand der Rede auch wirklich zukommt, zugänglich machen könnte, dieses einzige verifikationsfähige Merkmal des performativ verwendeten Verbs kann durch die explizit performative Äußerung aus pragmatischen Gründen gerade nicht mitgeteilt werden. - So teilt eine Äußerung von (4) nichts mit, was unter dem Gesichtspunkt der Wahrheit oder Falschheit beurteilbar wäre. Deshalb kann sie auch nicht wahr oder falsch sein, und die Wahrheitsfrage hat in bezug auf diese Äußerung keinen Sinn, keine Relevanz.

Wenn diese Überlegungen zutreffen und sich auf andere Sprechakttypen (als demjenigen, zu dem die hier behandelte kommissive Äußerung von (4) gehört) verallgemeinern lassen, dann ist über Grewendorfs Zurückweisung der These von der Wahrheitsfähigkeit explizit performativer Äußerungen hinaus eine Begründung der Position Austins gefunden.

Wodurch könnte diese Begründung gestützt werden? Wir wollen annehmen, daß eine Bestimmung der letztendlich nicht zu leugnenden informativen Eigenschaften explizit performativer Äußerungen solches leisten kann. Als Bestimmung sei angeboten: Die Äußerung von (4) ist informativ, insofern sie instruktiv[14] ist - informativ in dem Sinn, daß der Sprecher mit ihr das Bestehen eines Sachverhalts mitteilte, kann sie ja nicht sein.

Wer (4) äußert, informiert den Hörer insofern, als er ihm die Instruktion gibt, eine bestimmte Möglichkeit aus der Menge derjenigen Handlungen zu selektieren, die der Sprecher zukünftig realisieren könnte, und sich an dieser Möglichkeit zu orientieren. Der Hörer wird durch eine Äußerung von (4) also dahingehend informiert, daß er die Ausführung einer bestimmten Handlung durch den Sprecher erwarten soll. Damit gibt der Sprecher dem Hörer die Chance zur Herausbildung einer Erwartung, die mit der lexikalischen Bedeutung von versprechen (abzüglich des Merkmals 'etwas sagen') typisch verknüpfbar ist, denn: "... der Zweck der Institution des Versprechens besteht hauptsächlich darin, feste Erwartungen über das Verhalten von Menschen zu erzeugen."[15]

Die Funktion der Äußerung eines explizit performativen Satzes wie (4) ist demnach hauptsächlich in ihrer erwartungsorientierenden Leistung zu sehen.

Daß sich aber nicht nur im Hinblick auf die Äußerung eines versprechen enthaltenden explizit performativen Satzes von 'Erwartungsorientierung' sprechen läßt, könnte an den folgenden Sätzen eine Verdeutlichung finden:

(6) Ich behaupte, daß Farbfersehen anstrengender als "Schwarz-Weiß-Sehen" ist.

(7) Ich frage dich, ob du schon wieder in einer Gaststätte warst.

(8) Ich bitte dich, mir das Salz zu reichen.

Mit einer Äußerung von (6) erhält der Hörer u.a. die Instruktion zur Herausbildung der Erwartung, daß der Sprecher seine These gegebenenfalls begründen wird. Beim Hörer kann sich dann eine Verhaltens-erwartung einstellen. Demgegenüber ist es im Hinblick auf Äußerungen von (7) und (8) nicht eine Verhaltenserwartung, die erzeugt werden soll, sondern eine E r - w a r t u n g s -erwartung. Wer eine Äußerung von (7) hört, "weiß", daß der Sprecher eine Antwort erwartet; wer eine Äußerung von (8) hört, weiß, daß der Sprecher von ihm den Vollzug einer bestimmten Handlung (das Salz reichen) erwartet.

Sollte sich die oben vorgeschlagene Analyse der Äußerung des explizit performativen Satzes (4) tatsächlich auf andere Typen explizit performativer Äußerungen verallgemeinern lassen, dann wären in diesen hauptsächlich Mittel zur Erwartungsorientierung zu sehen; und explizit performative Äußerungen wären in diesem Sinn informativ, und nicht im Hinblick auf Wahrheit.

Anmerkungen

1 vgl. AUSTIN (1962: 5/1972: 26f.).

2 AUSTIN (1962: 6).

3 Z.B.: LEMMON (1962), HEDENIUS (1963), WIGGINS (1971), LEWIS (1972), SCHIFFER (1972), CRESSWELL (1973), HEAL (1974), BACH (1975).

4 vgl. GREWENDORF (1979a).

5 ebd.: 178. Selbst bei Searle findet sich eine solche Ansicht: "T h e i l l o c u t i o n a r y f o r c e i n d i - c a t o r s h o w s how the proposition is to be taken, or to put it another way, what illocutionary force the utterance is to have; that is, w h a t i l l o c u t i o n a r y a c t t h e s p e a k e r i s p e r f o r m i n g i n t h e u t t e r a n c e o f t h e s e n t e n c e ." SEARLE (1969: 30), (Hervorhebungen nicht im Original).

6 GREWENDORF (1979a: 181), (Hervorhebung nicht im Original).

7 ebd.: 188.

8 BARTSCH (1979: 223).

9 vgl. ebd.: 227.

10 AUSTIN (1946/ 1970: 99).

11 vgl. dazu LEISI (1975: 21ff.).

12 vgl. dazu etwa KATZ (1977). - Der propositionale Gehalt des Satzes (4) ist übrigens, wie auch BARTSCH (1979: 230f.) richtig bemerkt: 'daß ich verspreche, daß ich kommen werde' und nicht lediglich: 'daß ich kommen werde', wie SEARLE (1969: 22ff.) suggeriert.

13 vgl. GRICE (1975).

14 'Instruktiv' ist hier nicht im direktiven Sinn zu verstehen!

15 SEARLE (1969: 166). Zur Bedeutung einer 'Erwartungs-Analyse' von Versprechungen vgl. HUNDSNURSCHER (1976: 438).

Literatur

AUSTIN, John L. (1962): How to Do Things with Words. London etc.: Oxford University Press.- Übers.: Zur Theorie der Sprechakte Deutsche Bearbeitung von Eike v. SAVIGNY. Stuttgart: Reclam, 1972.

--- (1946): "Other Minds". Proceedings of the Aristotelian Society. Supplementary Volumes 20.- Wieder in: --- (1961): Philosophical Papers. Second Edition 1970: 76-116.

BACH, Kent (1975): "Performatives are Statements Too". Philosophical Studies 28: 229-36.

BARTSCH, Renate (1979): "Die Rolle der pragmatischen Korrektheitsbedingungen bei der Interpretation von Äußerungen." GREWENDORF (ed.): 217-43.

CRESSWELL, Max J. (1973): Logics and Languages. London: Methuen.

GREWENDORF, Günther (1979a): "Haben explizit performative Äußerungen einen Wahrheitswert?". --- (ed.): 175-96.

--- (1979b): "Explizit performative Äußerungen und Feststellungen". --- (ed.): 197-216.

--- (ed.) (1979): Sprechakttheorie und Semantik. Frankfurt: Suhrkamp.

GRICE, Herbert P. (1975): "Logic and Conversation". COLE, P./ MORGAN, J.L. (eds.) (1975): Syntax and Semantics. 3. New York: Academic Press: 41-58.

HEAL, Jane (1974): "Explicit Performative Utterances and Statements". Philosophical Quarterly 24: 106-21.

HEDENIUS, I. (1963): "Performatives". Theoria 29: 137-46.

HUNDSNURSCHER, Franz (1976): "Versprechungen". RÜCKER, Helmut/ SEIDEL, Kurt O. (eds.) (1976): "Sagen mit Sinne". Festschrift für Marie-Luise Dittrich zum 65. Geburtstag. Göppingen: Kümmerle: 435-55.

KATZ, Jerrold J. (1977): Propositional Structure and Illocutionary Force: A Study of the Contribution of Sentence Meaning to Speech Acts. Hassocks, Sussex: The Harvester Press.

LEISI, Ernst (1975): Der Wortinhalt. Seine Struktur im Deutschen und Englischen. 5. Auflage. Heidelberg: Quelle & Meyer.

LEMMON, E.J. (1962): "On sentences verifiable by their use". Analysis 22: 86-89.

LEWIS, David (1972): "General Semantics". DAVIDSON, Donald / HARMAN, Gilbert (eds.) (1972): Semantics of Natural Language. Second Edition. Dordrecht: Reidel: 169-218.

SCHIFFER, Stephen R. (1972): Meaning. Oxford: The Clarendon Press.

SEARLE, John R. (1969): Speech Acts. An Essay in the Philosophy of Language. Cambridge: Cambridge University Press.

--- (1979): "Intentionalität und der Gebrauch der Sprache". GREWENDORF (ed.): 149-71.

WIGGINS, David (1971): "On sentence-sense, word-sense and the difference of word-sense. Toward a philosophical theory of dictionairies". STEINBERG, Danny D. / JAKOBOVITS, Leon A. (eds.) (1971): Semantics. An Interdisciplinary Reader In Philosophy, Linguistics And Psychology. Cambridge: Cambridge University Press: 14-34.

SPRECHAKT ODER KONTAKT?
Drei Thesen gegen den Allgemeingültigkeitsanspruch der Sprechakttheorie

Sven Frederik Sager

Der Sprechakt ist entsprechend dem Searleschen Diktum die "Grundeinheit der sprachlichen Kommunikation" (SEARLE 1969: 30). Oder anders formuliert: J e d e Äußerung, die kommunikative Relevanz besitzt, ist ein Sprechakt. Will man diesen Allgemeingültigkeitsanspruch der Sprechakttheorie prüfen, muß man sich zunächst die von Searle vorgeschlagene und bis heute weitgehend unwidersprochen gebliebene, prinzipielle Struktur der Sprechakte vergegenwärtigen.

Nach Searle ist ein Sprechakt bekanntlich eine kommunikativ relevante Handlung, die im gleichzeitigen Vollzug von vier Teilakten besteht: dem lokutiven, propositionalen, illokutiven und perlokutiven Akt (SEARLE 1969: 40ff). Wichtig ist dabei, daß die verschiedenen Akte aufeinander aufbauen. So setzt etwa ein illokutiver Akt einen propositionalen Akt voraus etc. Für die Sprechakttheorie waren nun vor allem die illokutiven Akte von Interesse. Sie bildeten auch die Grundlage für die verschiedenen Sprechaktklassifikationen. Dabei wurde der illokutive Akt mit dem Sprechakt praktisch gleichgesetzt.

Nun zeigen jedoch einige wenige Überlegungen, daß die illokutiven Akte eigentlich noch sehr wenig mit den kommunikativen Funktionen zu tun haben, die als Beschreibung der verschiedenen Sprechakte bzw. Sprechakttypen herangezogen wurden - also einer Bestimmung als 'Direktiv', 'Commissiv' etc. Ein Beispiel mag dies verdeutlichen: Während der Rückgabe von Klassenarbeiten äußert der Lehrer einem Schüler gegenüber folgenden Satz <u>Du hast schon wieder die schlechteste Arbeit.</u> Dieser Satz kann nun zunächst als eine FESTSTELLUNG bestimmt werden. Er kann paraphrasiert werden durch die beiden folgenden explizit performativen Formeln <u>Ich stelle fest, daß du schon wieder die schlechteste</u>

Arbeit hast oder Hiermit stelle ich fest, daß du schon wieder die schlechteste Arbeit hast.

Legt man nun die Searlesche Sprechaktklassifikation zugrunde, kann man diese FESTSTELLUNG des Lehrers als jeweils unterschiedliche Sprechakte bestimmen:
(1) Die FESTSTELLUNG ist ein Repräsentativ, wenn der Lehrer lediglich Information über einen bestimmten Sachverhalt übermitteln wollte;
(2) es liegt ein Direktiv vor, wenn der Lehrer den Schüler durch die von ihm getroffene FESTSTELLUNG zu bestimmten Handlungen veranlassen will (nämlich mehr zu arbeiten);
(3) die FESTSTELLUNG kann als Commissiv bestimmt werden, wenn der Lehrer mit ihr dem Schüler gegenüber zum Ausdruck bringen wollte, daß er (der Lehrer) bestimmte Handlungen vollziehen wird (etwa dem Schüler eine Fünf im Zeugnis zu geben);
(4) die FESTSTELLUNG ist ein Expressiv, wenn der Lehrer lediglich sein Bedauern oder seine Verzweiflung oder dgl. über die Leistungen des Schülers zum Ausdruck bringen wollte;
(5) die FESTSTELLUNG ist schließlich als Direktiv zu bestimmen, wenn der Lehrer mit ihr den Schüler zum Klassenschlechtesten oder dgl. "erklärt".

Wie man sieht, hat die Tatsache eine FESTSTELLUNG, eine BEHAUPTUNG, eine AUFFORDERUNG oder dgl. zu sein, noch nichts damit zu tun, in welche der fünf Searleschen Sprechaktklassen sie fällt, d. h. welcher Sprechakt damit vollzogen worden ist. Das hängt m. E. damit zusammen, daß diese Funktionen, die auch durch die explizit performativen Verben bezeichnet werden, noch auf einem tieferen Analyseniveau anzusiedeln sind als jene Funktionen, durch die die jeweilige Äußerung als ein bestimmter Sprechakt bestimmt werden kann.

Mit Sprechakten (vom Typ 'Repräsentativ', 'Direktiv' etc.) wird nämlich die kommunikative Funktion erfaßt, die sich auf die situationsbezogene Relevanz von Äußerungen bezieht. Funktionen aber wie AUFFORDERUNG, BEHAUPTUNG etc. sind Funktionen, die Äusserungen aufgrund ihrer spezifischen syntaktisch-semantischen

Struktur zukommen und die weitgehend situationsunabhängig bestimmbar sind. Die Frage also, ob eine Äußerung etwa als Direktiv zu bestimmen ist, ob also mit dieser Äußerung bestimmte Handlungsverpflichtungen delegiert werden sollen, hat zunächst nichts damit zu tun, in welcher syntaktisch-semantischen Struktur diese spezifische Handlungsfunktion realisiert wird, ob als FESTSTELLUNG, BEHAUPTUNG, FRAGE oder dgl. Diese Frage nach dem Sprechakttyp ist eine Frage, die erst vor dem Hintergrund des speziellen situationsspezifischen Handlungszusammenhangs entschieden werden kann.

Ich schlage aufgrund dieser Überlegungen vor, die vier Searleschen Teilakte um eine Stufe zu erweitern. Der Sprechakt gliedert sich dann in die folgenden Teilakte:
(1) den lokutiven Akt;
(2) den propositionalen Akt;
(3) den interlokutiven Akt;
(4) den illokutiven Akt;
(5) den perlokutiven Akt.

Unter interlokutiven Akten werden dabei Funktionen wie FESTSTELLUNG, BEHAUPTUNG etc. verstanden im Gegensatz zu illokutiven Akten wie Direktiv, Commissiv etc.

Untersucht man nun, welche situationsrelevanten Funktionen von Handlungen als die verschiedenen Sprechakttypen bestimmt werden, so kann man feststellen, daß dies Handlungen sind, die im weitesten Sinne einer koordinativen, kooperativen und zweckrationalen Weltbewältigung dienen - die also in solchen Handlungszusammenhängen eine Rolle spielen, die der Gestaltung und Veränderung der jeweils gegebenen natürlichen und/oder sozialen Umwelt dienen. Als Paradigma solcher Handlungszusammenhänge kann man einen gemeinsam durchgeführten Arbeitsprozeß ansehen. Bei einem solchen Prozeß müssen dann ja etwa Handlungsverpflichtungen übernommen werden (Commissive) oder delegiert werden (Direktive), es müssen Informationen abgerufen werden (Erotive) oder gegeben werden (Repräsentative), Funktion und Rolle der verschiedenen Interaktionsteilnehmer müssen festgelegt und bestätigt werden

(Deklarative), und es müssen Stellungnahmen zu den verschiedenen sachorientierten Problemen und Sachverhalten abgegeben werden (Expressive). Die Funktionen also, die in den Sprechaktklassen erfaßt werden, sind keine Funktionen, die vom jeweiligen syntaktisch-semantischen Sprachsystem her beschrieben werden können. Es sind vielmehr Funktionen, die von der unterschiedlichen sozialpsychologischen Relevanz der Äußerungen her, relativ zu dem jeweils aktuellen Handlungszusammenhang aufzuschlüsseln sind. Ich möchte diese grundsätzliche Funktion, die die Sprache in derartigen Arbeitszusammenhängen spielt, die Gebrauchsfunktion der Sprache nennen.

Nun gibt es eine ebenso grundsätzliche, jedoch andere Funktion, die nicht oder nur sehr ungenügend durch die verschiedenen Sprechaktklassen erfaßt wird: Nimmt man etwa eine Äußerung wie Komm, laß mich das mal machen., so kann dieser interlokutive Akt einer AUFFORDERUNG einerseits relativ zu einem bestimmten Arbeitszusammenhang als Direktiv oder auch als Commissiv bestimmt werden. Unabhängig davon kann aber mit dieser AUFFORDERUNG auch eine völlig andere Funktion realisiert werden. Durch sie kann sich beispielsweise der Sprecher als besonders fähig, geschickt und dem Hörer überlegen darstellen; oder er kann den Hörer als besonders unfähig, ungeschickt etc. abwerten. Andererseits könnte der Sprecher aber auch seine Solidarität mit dem Hörer oder seine Hilfsbereitschaft demonstrieren. In all diesen Fällen liegt die funktionale Betonung nicht auf der Effektivität des jeweils durchzuführenden Handlungszusammenhangs, sondern auf der Bewertung der Person des Sprechers oder Hörers. Es geht nicht um die Sache, sondern die Person des oder der Partner. Dies ist eine Funktion von Äußerungen, die alltagssprachlich auch als "etwas persönlich nehmen" bezeichnet wird. In diesem Sinne kann dann eine Äußerung wie Komm, laß mich das mal machen. entweder als eine Bemerkung verstanden werden, die dem Arbeitsprozeß dient, indem sie ihn effektiver zu gestalten ermöglicht, oder schlicht als Unverschämtheit. Ich möchte diese Funktion die Beziehungsfunktion der Sprache nennen und sie der oben genannten Gebrauchsfunktion der Sprache gegenüberstellen.

Diese Beziehungsfunktion, in der Sprecher und Hörer sich selbst oder den anderen darstellen und bewerten oder sich mit ihm vergleichen; in der sie das gemeinsame Beziehungssystem stabilisieren oder ihre Dominanzansprüche regeln etc., wird von der Sprechakttheorie nicht oder nur sehr unzulänglich erfaßt. Aufgrund dieser Überlegungen möchte ich als erste These formulieren:

These 1

Die Sprechakttheorie ist nicht in der Lage, die Gesamtheit der Phänomene kommunikativen Handelns adäquat zu erfassen. Sie ist in diesem Sinne lediglich als eine Spezialtheorie anzusehen, die nur einen Ausschnitt kommunikativer Funktionen, nämlich den der Gebrauchsfunktionen der Sprache, abzudecken in der Lage ist.

Diese Beschränkung der Sprechakttheorie auf die Gebrauchsfunktion der Sprache entspricht nun durchaus einer Position, wie sie auch von den Sprechakttheoretikern selbst vertreten wird. In einer Reihe von neueren Arbeiten, so etwa bei Wunderlich, Maas, Kummer, Ehlich, Rehbein wird der Handlungscharakter der Sprache von eben jener Gebrauchsfunktion her abgeleitet und legitimiert. Die Gebrauchsfunktion wird dabei als die Leistung der Sprache betrachtet, die die anthropologisch primäre Bedingung aller sozialen Kommunikation und Interaktion darstellt.

Dies ist eine Position, die sich bis auf Wittgenstein zurückverfolgen läßt, der ja als einer der Vorläufer der Sprechakttheorie angesehen werden kann. In dem inzwischen berühmt gewordenen primitiven Sprachspiel am Anfang der "Philosophischen Untersuchungen" wird in den §§2,6,8 der besondere Handlungscharakter der Sprache an einem Arbeitsprozeß demonstriert, in dem zwei Arbeiter mit verschiedenen Bausteinen hantieren; oder es wird, wie im § 11, der Gebrauch der Wörter mit Werkzeugen in einem Werkzeugkasten verglichen.

Sicher auch unter diesem Einfluß Wittgensteins betonen die oben genannten Sprechakttheoretiker immer wieder die besondere Bedeutung des Zusammenhangs von Arbeitsprozessen und dem Handlungscharakter der Sprache. So ist etwa für Maas die Sprache hauptsächlich als "Leistung der gesellschaftlichen Arbeit" (MAAS/WUNDERLICH 1972: 192) zu betrachten. Kummer präzisiert diesen Begriff der Arbeit, wobei er ebenfalls die besondere Bedeutung für die Sprache hervorhebt. 'Arbeit' ist für Kummer dann eine Tätigkeitsform, die in einer kollektiven Einwirkung auf die Umwelt zu sehen ist, woraus sich dann die Notwendigkeit zur sprachlichen Kommunikation ableiten läßt.

Ebenso sind auch für Ehlich, Rehbein oder Braunroth et al. die sprachlichen Tätigkeiten des Menschen - wie es Ehlich formuliert- aus der "Auseinandersetzung mit der Natur zur individuellen und gattungsmäßigen Reproduktion ihrer selbst" (EHLICH 1972: 124) abzuleiten. Auch für Wunderlich leitet sich der Handlungscharakter der Sprache ab aus den Notwendigkeiten der materiellen Reproduktion des Menschen. Immer wieder werden in dem Zusammenhang, so etwa von Wunderlich oder von Kummer oder Rehbein, als Beispiele Arbeitszusammenhänge wie etwa die Jagd oder der Fischfang herangezogen. Kummer und Rehbein berufen sich dabei auf die materialistische Psychologie Leontjews, Wunderlich auf den Anthropologen Malinowski.

Sprachliche Kommunikation wird also stets gesehen im Zusammenhang mit Nützlichkeitserwägungen entsprechenden, kooperativen, koordinativen Arbeitsprozessen, bei denen es um die kollektive Einwirkung auf eine naturhafte oder künstliche Umwelt geht. Sprache dient in dem Zusammenhang dem Zweck der Manipulation, der Produktion oder Konsumption dieser Umwelt, wodurch die Gesellschaftsmitglieder die Basisbedürfnisse des Lebens befriedigen. Sprachliche Kommunikation und die darin realisierten, unterschiedlichen Funktionen der Sprache, die dann in der Sprechakttheorie erfaßt und beschrieben werden sollen, werden primär aus den Bedürfnissen und Notwendigkeiten einer zweckrationalen Weltbewältigung legitimiert.

Im Gegensatz zu diesem primären Status der Gebrauchsfunktion wird die Beziehungsfunktion im Rahmen der Legitimationsversuche der Sprechakttheorie - so etwa von Wunderlich - als abgeleitete, als "sekundäre" Funktion betrachtet (WUNDERLICH 1976: 43). Ebenso dienen etwa für Rehbein Formen der Beziehungskommunikation dazu, den Arbeitsprozeß effektiver und erträglicher zu gestalten. Beziehungskommunikation erzeugt für Rehbein lediglich "Kommandostrukturen" (REHBEIN 1977: 111), wird also auch nur wieder im weiteren Kontext der Gebrauchsfunktion gesehen. Dies entspricht einer Position, wie sie in der Sozialpsychologie von Homans vertreten wird, der auch, wie Argyle berichtet, zwischen einem "Primärsystem" der Aufgabenaktivität und einem "Sekundärsystem" der Interaktion zu rein sozialen Zwecken unterscheidet (ARGYLE 1969: 216).

All diese theoretischen Überlegungen führen zu einer einseitigen Betrachtung von Kommunikation, die die äußerst bedeutende Rolle von Beziehungskommunikation nicht adäquat erfassen und beschreiben kann - wie es das Beispiel der Sprechakttheorie zeigt. Welche wichtige und nicht zu vernachlässigende Funktion diese Beziehungskommunikation aber im sozialen Leben spielt, mögen einige Forschungsergebnisse aus den Sozialwissenschaften bzw. der allgemeinen Ethologie belegen.

So darf als gesichert gelten, daß neben der Notwendigkeit zu jenen oben genannten Arbeitsprozessen, die der zweckrationalen Weltbewältigung, der Reproduktion des materiellen Lebens dienen, ebenso das Bedürfnis und die Möglichkeit zu ausschließlich sozialem Kontakt ohne weiteren gesellschaftlich relevanten Effekt als ein Grundbedürfnis, eine primäre Bedingung der Möglichkeit zu menschlichem Leben angesehen werden kann. Wie Mitscherlich hinsichtlich der Disziplin der psychosomatischen Medizin feststellt, führen Störungen zwischenmenschlicher Beziehungen ebenso zu psychischem Leiden wie rein körperliche Erkrankungen. Beziehungsverluste sind eine soziale Ursache psychosomatischer Erkrankungen, die besonders deutlich und folgenschwer bei dem Phänomen des von René Spitz untersuchten und beschriebenen Hospitalismus zu beobachten sind. Wie Spitz an Untersuchungen im Waisenhaus gezeigt hat, führt der Entzug von Zuwendung und Fürsorge durch die Eltern im Extremfall zum Tod der Kinder (MITSCHERLICH 1966: 108; SPITZ 1965: 289ff). Dies entspricht den an verschiedenen

Stellen (MARX 1967: 550f; WATZLAWICK 1975: 114f) berichteten Ergebnissen von Isolationsversuchen mit Kindern in der Antike und im Mittelalter, bei denen ebenfalls die völlig isoliert aufgezogenen Kinder aufgrund der Beziehungsverluste starben.

Wie Tembrock berichtet, führten die in der Ethologie durchgeführten Deprivationsversuche an Affen zu Depressionen, gestörtem Spiel-, Sexual- und Kampfverhalten (TEMBROCK 1962: 157). Ploog verweist auf Experimente von Harlow, Manson, Hinde und anderen, die ebenfalls mit Affen durchgeführt wurden, bei denen soziale Deprivation zu pathologisch stereotypem Verhalten führte, das mit den Ergebnissen der von Spitz zum Hospitalismus durchgeführten Untersuchungen übereinstimmte (PLOOG 1972: 126).

All diese Tatsachen zeigen, daß das Bedürfnis des Menschen nach zwischenmenschlichen Beziehungen ebenso wichtige Grundbedingung und Voraussetzung der Lebenserhaltung und Lebensgestaltung ist, wie die oben erwähnten Arbeitszusammenhänge, die der Reproduktion des materiellen Lebens dienen. Gerade in diesem zwischenmenschlichen Bereich der Beziehung spielt die Sprache eine besondere Bedeutung. Diese besondere Bedeutung und die daraus ableitbaren kommunikativen Funktionen aber werden in der Sprechakttheorie nicht oder nur sehr ungenügend theoretisch erfaßt. Ich möchte daher als zweite These behaupten:

These 2

Die von der Sprechakttheorie in den illokutiven Typen erfaßten nnd beschriebenen Handlungsfunktionen der Sprache sind - sprachanthropologisch gesehen - nicht alleine von dem primären Status, wie es im Rahmen der Sprechakttheorie behauptet wird.

Aufgrund der bisher angestellten Überlegungen erscheint es mir deshalb als notwendig, eine grundsätzliche Modifikation der Sprechakttheorie vorzunehmen. Ich möchte in diesem Sinne vorschlagen, von einer allgemeinen Sprechhandlungstheorie auszugehen. Die Sprechakttheorie kann dann als Teiltheorie dieser allgemeinen Sprechhandlungstheorie angesehen werden.

Grundeinheit der sprachlichen Kommunikation ist dann die Sprechhandlung. In diesem Sinne kann man das Searlesche Postulat modifizierend jetzt sagen, eine Sprache zu sprechen bedeutet, Sprechhandlungen zu vollziehen. Die Sprechhandlung ist die kommunikativ universelle Grundeinheit. Eine Sprechhandlung kann nun hinsichtlich der beiden soeben diskutierten sozialpsychologischen Grundfunktionen der Sprache betrachtet werden. Wird in diesem Sinne die Sprechhandlung hinsichtlich ihrer Gebrauchsfunktion gesehen, liegt ein Sprechakt vor. Wird dagegen die Sprechhandlung hinsichtlich ihrer Beziehungsfunktion gesehen, liegt ein Kontakt vor. Im Gegensatz zu den sachorientierten, die Gebrauchsfunktion der Sprache realisierenden Sprechakten, stellen die Kontakte also partnerorientierte, die Beziehungsfunktion realisierende Sprechhandlungen dar.

Die prinzipielle Struktur des Sprechhandlungskonzepts kann nun entsprechend der eingangs entwickelten modifizierten Struktur der Sprechakte aufgefaßt werden. Die beiden grundsätzlich unterschiedlichen Sprechhandlungskategorien des Sprechakts und des Kontakts gleichen sich zunächst hinsichtlich der ersten drei Teilakte des lokutiven, propositionalen und interlokutiven Aktes. Erst auf den beiden nächsten Stufen liegt ein theoretisch bedeutsamer Unterschied vor. Dabei wird jetzt auch der Vorteil des zusätzlich eingeführten interlokutiven Teilaktes deutlich. Nach dem interlokutiven Akt spaltet sich die Stufenfolge der Teilakte des Sprechhandlungskonzepts. Während einerseits auf der Seite des Sprechakts in den illokutiven und perlokutiven Teilakten die spezifische Gebrauchsfunktion interlokutiver Akte erfaßt und beschrieben werden kann, kann man andererseits analog dazu auf der Seite der Kontakte ebenfalls zwei weitere Teilakte unterscheiden, in denen jetzt die spezifische Beziehungsfunktion von interlokutiven Akten erfaßt und beschrieben wird. Diese speziellen, sozialpsychologisch relevanten Funktionen auf der Seite des Kontakts sollen als collokutive und connexive Akte bezeichnet werden.

Die gesamte theoretisch faßbare Struktur von Sprechhandlungen sieht dann entsprechend dem folgenden Schema aus:

(1) Lokutiver Akt;
(2) Propositionaler Akt;
(3) Interlokutiver Akt;

(4) Illokutiver Akt;	(4') Collokutiver Akt;
(5) Perlokutiver Akt;	(5') Connexiver Akt
SPRECHAKT	KONTAKT

SPRECHHANDLUNG

In den collokutiven Akten werden dabei solche sozialpsychologisch relevanten Funktionen wie das Darstellen, Bewerten und Vergleichen der Darstellungen und Bewertungen der Partner realisiert. In den connexiven Akten werden Funktionen realisiert, die der Stabilisierung und Modifikation des gesamten Beziehungssystems der Partner dienen, dem Regeln von Dominanzansprüchen, der Spezifizierung des speziellen Beziehungsbereichs (freundschaftliche, geschäftliche, sexuelle Beziehungen oder dgl.) und schließlich der Festlegung dessen, was man die soziale Distanz nennen kann. Nach meinen Überlegungen lassen sich insgesamt achtundzwanzig verschiedene collokutive und connexive Akte unterscheiden (SAGER 1979). All diese sozial äußerst wichtigen Funktionen werden nicht adäquat im Konzept des Sprechakts erfaßt. Gleichwohl wird man sagen können, daß sie mittels sprachlicher Handlungen in der Kommunikation realisiert werden. In diesem Sinne ist die von mir vorgeschlagene Sprechhandlungstheorie umfassender als die Sprechakttheorie.

Zusammenfassend läßt sich also sagen: Die Sprechakttheorie wird auch und gerade im Selbstverständnis ihrer Vertreter als ein Modell begriffen, das es erlaubt, Sprechhandlungen adäquat hinsichtlich der Gebrauchsfunktion als Mittel sachorientierter, rationaler, koordinativer Weltbewältigung zu erfassen und zu beschreiben. Sprache dient jedoch in ebenso primärer Weise einer partnerorientierten, auf den zwischenmenschlichen Kontakt selbst abzielenden Kommunikation, hat also ebenso eine Beziehungsfunktion. Diese Beziehungsfunktion wird jedoch nicht genügend im Rahmen der Sprechakttheorie, wie sie bisher vorliegt, berücksichtigt. Die Sprechakttheorie ist in diesem Sinne eine Spezialtheorie, die nur einen Teilbereich kommunikativ relevanter Funktionen von Sprechhandlungen abzudecken in der Lage ist. Ich möchte deshalb als dritte und letzte These behaupten:

These 3

Soll das gesamte Spektrum möglicher Funktionen sprachlichen Handelns erfaßt werden, muß eine allgemeine und übergeordnete Sprechhandlungstheorie der Analyse zugrunde gelegt werden. Diese allgemeine Sprechhandlungstheorie kann dann in zwei korrespondierende Teiltheorien spezifischer unterschiedlicher Sprechhandlungstypen unterteilt werden: die Sprechakttheorie und die Kontakttheorie.

Literatur

ARGYLE, Michael (1969): Social interaction. London: Methuen. - Übers.: Soziale Interaktion. Köln: Kiepenheuer&Witsch 1972.

BRAUNROTH, Manfred / SEYFERT, Gernot / SIEGEL, Karsten / VAHLE, Fritz (1975): Ansätze und Aufgaben der linguistischen Pragmatik. Frankfurt am Main: Athenäum Fischer.

EHLICH, Konrad (1972): "Thesen zur Sprechakttheorie". WUNDERLICH, Dieter (ed.) (1972): Linguistische Pragmatik. Frankfurt am Main: Athenäum: 122-126.

KUMMER, Werner (1975): Grundlagen der Texttheorie. Zur handlungstheoretischen Begründung einer materialistischen Sprachwissenschaft. Reinbek bei Hamburg: Rowohlt.

MAAS, Utz / WUNDERLICH, Dieter (1972): Pragmatik und sprachliches Handeln. Mit einer Kritik am Funkkolleg "Sprache". Frankfurt am Main: Athenäum.

MARX, Otto (1967): "The history of the biological basis of language". LENNEBERG, Eric H. (1967): Biological foundations of language. Appendix B. New York, London, Sydney: Wiley & Sons: 443-369 - Übers.: "Die Geschichte der Ansichten über die biologischen Grundlagen der Sprache". LENNEBERG, Eric H. (1972): Biologische Grundlagen der Sprache. Anhang B. Frankfurt am Main: Suhrkamp: 541-574.

MITSCHERLICH, Alexander (1966): Krankheit als Konflikt. Studien zur psychosomatischen Medizin I. Frankfurt am Main: Suhrkamp, 6.A. 1971.

PLOOG, D. (1972): "Kommunikation in Affengesellschaften und deren Bedeutung für die Verständigungsweisen des Menschen". GADAMER, Hans-Georg / VOGLER, Paul (eds.) (1972): Neue Anthropologie. II: Biologische Anthropologie. Zweiter Teil. Stuttgart: Thieme und dtv.: 98-178.

REHBEIN, Jochen (1977): Komplexes Handeln. Elemente zur Handlungstheorie der Sprache. Stuttgart: Metzler.

SAGER, Sven F. (1979): Sprache und Beziehung. Linguistische Untersuchungen zum Zusammenhang von sprachlicher Kommunikation und zwischenmenschlicher Beziehung. (masch. Diss. Hamburg).

SEARLE, John R. (1969): Speech acts. Cambridge: Cambridge University Press. - Übers.: Sprechakte. Ein sprachphilosophischer Essay. Frankfurt am Main: Suhrkamp 1973.

SPITZ, René A. (1965): The first year of life. A psychoanalytic study of normal and deviant development of object relations. New York: International Universities Press. - Übers.: Vom Säugling zum Kleinkind. Naturgeschichte der Mutter-Kind-Beziehungen im ersten Lebensjahr. Stuttgart: Klett 3.A. 1972.

TEMBROCK, Günter (1962): Grundlagen der Tierpsychologie. Berlin-DDR: Akademie-Verlag. Reinbek bei Hamburg: Rowohlt 1974.

WATZLAWICK, Paul (1976): Wie wirklich ist die Wirklichkeit. Wahn, Täuschung, Verstehen. München: Piper.

WITTGENSTEIN, Ludwig (1958): Philosophical investigations. Oxford: Blackwell. - Übers.: Philosophische Untersuchungen. Frankfurt am Main: Suhrkamp 1967.

WUNDERLICH, Dieter (1976): Studien zur Sprechakttheorie. Frankfurt am Main: Suhrkamp.

VORBEREITENDE BEMERKUNGEN ZU EINER LINGUISTISCHEN STILTHEORIE

Gerhard Tschauder

Dem Verfasser eines auf einen relativ kleinen Raum beschränkten Vortrags bleiben bei der Auseinandersetzung mit Problemen stiltheoretischer Art nur zwei sinnvolle Wege. Er kann sich entweder mit einer überschaubaren Detailfrage beschäftigen, oder aber - dies ist die Intention meiner Analyse - einige grundlegende Thesen zur Diskussion stellen. Hierbei stehen zwei Aspekte im Vordergrund: erstens soll die Hypothese untersucht werden, daß linguistisch orientierte Stiltheorien eine bestimmte Grammatikkonzeption als Basis voraussetzen, und zweitens wird die Formulierung einer Synthese zwischen denjenigen Stildefinitionen versucht, die eine normenbezogene Stilistik implizieren, und solchen, die einer Abweichungsstilistik zugrunde liegen.

1

Wenden wir uns zunächst der Relation 'Grammatik - Stilistik' zu. Ganz gleich, ob eine Untersuchung zum Sprachstil einen produzentenbezogenen oder einen produktbezogenen Stilbegriff als Prämisse hat - Beispiel für ersteren sei etwa der Novellenstil Heinrich von Kleists, Beispiel für letzteren der Stil des Stechlin, aber auch der Nominalstil -, in jedem Falle ist das Analysandum ein Text. Diese umfassende sprachliche Einheit aber markiert, wie zu zeigen sein wird, nicht nur den Rahmen für stilistische Analysen allgemein, sie setzt vielmehr ebenfalls den Fokus fest, auf den die Grammatik ausgerichtet sein muß, welche einer linguistisch fundierten Stiltheorie als Grundlage dienen soll. Damit wird nicht involviert, daß ausschließlich textgrammatische Regeln im engeren Sinne, also Regeln der Satzverknüpfung, aus sprachwissenschaftlicher Sicht stilistische Relevanz haben, wohl aber, daß Erkenntnisse der Stilforschung nicht zu Gesetzmäßigkeiten der Textgrammatik in Widerspruch geraten dürfen.

Wie sich ein solcher Widerspruch manifestiert, soll an zwei Paradigmen aus neueren Arbeiten zur Stilistik demonstriert werden, wobei jeweils die von den Autoren vorausgesetzte Stilauffassung der Ausgangspunkt ist. Willy Sanders, und hiermit komme ich zum ersten Beispiel, geht davon aus, "daß ... dasselbe auf vielfach verschiedene Art ausgedrückt werden ... kann";[1] demnach ist es also Aufgabe der Stilwissenschaft, Synonymien zu analysieren. An dieser Stelle soll nicht diskutiert werden, daß der Verfasser, wie seine Beispiele für Synonyma, nämlich Pferd, Rappe, Schimmel, Hengst, Stute, Pony etc. zeigen, einen kaum akzeptablen Synonymiebegriff vertritt,[2] wir wollen vielmehr nach der Berechtigung der These fragen, daß in dem Satz Das Pferd wiehert - ein Beispiel Sanders' - der Ausdruck Pferd (unter Angleichung des Artikels) "durch jedes der angeführten Synonyme substituierbar" sei, wenn der "Sachverhalt und Redezusammenhang" eine Spezifizierung zulasse.[3] Eine solche Prämisse ist deshalb vom Sachverhalt abhängig, weil etwa das Wiehern eines männlichen Pferdes nicht durch Die Stute wiehert beschrieben werden kann, und eine Abhängigkeit vom Redezusammenhang besteht wohl insofern, als daß eine Spezifikation bezüglich Geschlecht, Farbe, Größe u.s.w. in bestimmten Kontexten unnötig oder sogar, dann etwa, wenn ich über das Pferd als Kategorie sprechen will, inkorrekt ist; so kann die Allaussage Das Pferd wiehert nicht ersetzt werden durch Die Stute wiehert, impliziert letztere doch einen Kontrast etwa zu vermeintlich nicht-wiehernden Hengsten. Durch diese beiden vom Autor genannten Restriktionen aber ist das Feld der stilistischen Selektion keineswegs angemessen abgegrenzt; die transphrastische Sichtweise zeigt nämlich, daß die grundsätzliche Substituierbarkeit von Pferd, substituierbar durch die oben genannten Ausdrücke, jedenfalls unter syntagmatischem Aspekt nicht gilt, sondern eher das Gegenteil. Betrachten wir die Satzfolge

(I) Der Meier hat sich ein komisches Pferd gekauft. Das Pferd wiehert den ganzen Tag.

Vorausgesetzt, es handelt sich um ein weißes Pferd, ist es sicherlich ebenfalls korrekt, zu sagen:

(I') Der Meier hat sich einen komischen Schimmel gekauft. Der Schimmel wiehert den ganzen Tag. (... Das Pferd wiehert den ganzen Tag.),

wobei dann der subordinierte Ausdruck (Schimmel) durch ein Archilexem (Pferd) im Text ersetzt wird. Die Umkehrung dieser

Substitution aber ist ungrammatisch: Der Satz

(I'') Der Meier hat sich ein komisches Pferd gekauft.

läßt den textologischen Anschluß

Der Schimmel wiehert den ganzen Tag.

nicht zu. Die - im letzten Beispiel inakzeptable - Substitution des Oberbegriffs darf also, das soll die Analyse von Sanders' eigenem Beispiel zeigen, nicht einer stilistischen Selektion überlassen werden, sondern ist an textgrammatische Regeln gebunden, Regeln, die u.a. die direkte textologische Wiederaufnahme eines Archilexems durch einen subordinierten Ausdruck verbieten.

Einen anderen Typus der 'Synonymiestilistik' finden wir in Barbara Sandigs sprachpragmatisch orientierter Stilbeschreibung, eine Untersuchung, die, wie die zuvor genannte, davon ausgeht, daß sich Stilistik mit sprachlichen Varianten zu beschäftigen habe; ihrer handlungstheoretischen Prämisse gemäß lautet bei Sandig die 'Bedingung der Möglichkeit', Stil zu beschreiben, folgendermaßen: "Man kann dieselbe Handlung vollziehen, indem man verschiedene sprachliche Äußerungen hervorbringt."[4] Welche Schwierigkeiten sich aus dieser These ergeben, zeigt auch hier die Analyse der von der Autorin zitierten Beispiele. Relativ einfach ist der Nachweis dieser Problematik bei Sprechakten wie

(II) Ich muß arbeiten, Seh ich aus wie ein Athlet? Such dir jemand anderen

als Antwort jeweils auf die Frage

Spielst du mit mir Tennis?

Natürlich sind, wie Sandig in Anlehnung an Ziff feststellt, alle drei Erwiderungen Ablehnungen,[5] aber gleichzeitig mit dem Ablehnen werden weitere Sprachhandlungen ausgeführt, so im ersten Fall eine Begründung, im zweiten eine Pseudobegründung und im dritten ein - unhöflicher - Vorschlag. Welches Kriterium festsetzt, daß diese illokutionären (Zusatz-)Akte einem stilistischen Selektionsprozeß zu überlassen sind, bleibt unklar.

Auch die Kritik der beiden folgenden Beispiele betrifft den illokutionären Akt. Es handelt sich um die Äußerungen

(III) Du múßt das Buch lesen.

- der Akzent wird von der Autorin vorgegeben - und

Du hättest das Buch lesen sollen.

Keineswegs ist in beiden Sätzen, wie Barbara Sandig meint, die

Illokutionskraft dieselbe,[6] vielmehr ist letzterer ein Vorwurf, ersterer aber ein Befehl oder eine Aufforderung.

Die in den beiden letzten Abschnitten aufgezeigten Widersprüche sind, so könnte man einwenden, nicht-prinzipieller Art, sondern auf unglückliche Beispielauswahl zurückzuführen. Wenden wir uns deshalb einem ebenfalls von der Autorin berücksichtigten Beispielpaar zu, einem Beispielpaar, welches aus der Perspektive der Satzgrammatik wohl am ehesten als Repräsentant für stilistische Varianz akzeptiert werden kann. Tatsächlich scheint die Verwendung der Äußerungen

(IV,1) Möglicherweise gibt es dort keine Bananen.
(IV,2) Bananen gibts dort vielleicht keine.

der stilistischen Wahl des Sprechers überlassen zu sein, stimmen doch nach Sandig jeweils sowohl die illokutionäre Kraft,nämlich Behaupten, als auch der propositionale Akt überein.[7] Die Problematik dieser Argumentation tritt jedoch zutage, wenn die beiden Sprechhandlungen in einen sprachlichen Kontext integriert werden. Gehen wir von einer Dialogstruktur aus, so könnte der Dialogpartner A etwa fragen:

Warum leben in dem Gebiet da hinter den Bergen eigentlich keine Affen?

B hat jetzt keine Alternative zwischen den vermeintlich gleichen Sprechhandlungen (IV,1) und (IV,2), vielmehr ist lediglich (IV,1) grammatisch korrekt. Die stilistische Wahl weicht also auch hier der textgrammatischen Notwendigkeit.

2

Wenn jedoch der Textgrammatik eine - freilich aus satzgrammatischer Sicht nicht wahrgenommene - dominierende Bedeutung zukommt, so liegt es nahe, die Stilistik völlig in die Textgrammatik zu integrieren. Eine solche Integration nimmt Roland Harweg vor. Er schreibt: "Ein stilistisch guter Text ist ... ein textgrammatisch richtiger Text".[8] Harweg exemplifiziert seine Auffassung von Stil,indem er in einem Essay von Thomas Mann textgrammatische und somit auch stilistische Mängel nachweist.

Wir wollen die Methode dieser textologisch orientierten Stiltheorie am Beispiel des Anfangssatzes von Nietzsches 'Also sprach Zarathustra' kurz skizzieren. Nietzsches Text beginnt mit den Worten

(V) "Als Zarathustra dreißig Jahre alt war, verließ er seine Heimat und den See seiner Heimat und ging in das Gebirge."9

Die Präsupposition der Bekanntheit des Eigennamens Zarathustra ist wohl noch akzeptabel, nicht aber die durch den bestimmten Artikel präsupponierte Bekanntheit des Gebirges, welches Zarathustra aufsucht. Entweder fehlt hier also eine Vorinformation, so daß der Satz kein linguistisch korrekter Textanfangssatz ist, oder aber - und diese Interpretation liegt wesentlich näher - der Autor will lediglich feststellen, daß sich Zarathustra, auch im metaphorischen Sinne, 'nach oben' begibt; in diesem Falle ist es jedoch notwendig, den stets auf ein bestimmtes Referenzobjekt zu beziehenden Ausdruck <u>in das Gebirge</u> durch die Nominalphrase <u>ins Gebirge</u> zu substituieren, eine NP, welche die Bekanntheit des Referenzobjekts eben nicht impliziert. Weiterhin ist die Koordination von <u>seine Heimat</u> und <u>den See seiner Heimat</u> ungrammatisch, und zwar deshalb, weil das erste Koordinationselement das zweite umfaßt, was eine Pseudokoordination nach dem Muster <u>seine Kinder und seine Söhne</u> ergibt. Die am wenigsten eingreifende Korrektur besteht in der Interpolation von <u>somit auch</u> vor dem zweiten Koordinationsglied, wird doch hierdurch aus der reinen Koordination eine - grammatisch korrekte - Explikation. Auf der Basis dieser stilistisch-grammatischen Modifikationsvorschläge lautet der Anfangssatz des Zarathustra-Texts:

(V') Als Zarathustra dreißig Jahre alt war, verließ er seine Heimat und somit auch den See seiner Heimat und ging ins Gebirge.

Zweifellos kann eine Textanalyse wie die hier ansatzweise vorgenommene auch subtile stilistische Verstöße erfassen, vorausgesetzt allerdings - und dies ist, bis jetzt jedenfalls, ein Desiderat -, die textgrammatischen Regeln sind möglichst umfassend bekannt. Aber selbst wenn wir mit Hilfe dieser Regeln im Idealfall einen Text erstellt haben, der die Sprachkompetenz völlig befriedigt, so muß die Frage, ob damit gleichzeitig die Aufgabe der linguistischen Stilistik abgeschlossen ist, verneint werden. Wir wollen dies zunächst am Beispiel eines aus der traditionellen Stilistik hinreichend bekannten Phänomens begründen, und zwar am Beispiel des sogenannten 'Stilbruchs'. Ein solcher Stilbruch liegt etwa in folgender Äußerungssequenz vor:

(VI) A: Soll ich dir noch ein Bier holen? (B: Ja bitte.)
A: Darf ich Ihnen außerdem als Dessert die Spezialität unseres Hauses, eine Charlotte Russe, empfehlen?

Sicherlich reichen die Möglichkeiten der Textgrammatik aus, festzustellen, daß diese Satzfolge inakzeptabel ist, auch wenn jeder Satz für sich genommen keiner Korrektur bedarf. Als auffälligstes Merkmal der mangelnden Korrektheit wird der Textgrammatiker auf die in dieser Form ungrammatische Aufeinanderfolge des Personaldeiktikons der zweiten Person Singular und des Personaldeiktikons der Höflichkeitsform - bei Identität des Referenzobjekts - hinweisen. Außerdem kann u.a. die mangelnde Kompatibilität zwischen den Verbkomplexen <u>holen sollen</u> und <u>empfehlen dürfen</u> mit einem textgrammatischen Regelsystem, also text<u>immanent</u>, beschrieben werden. Es besteht somit durchaus die Möglichkeit, den Stilbruch mittels dieser Analyse zu erkennen, die Frage ist nur, ob ein solches Erkennen mit einer umfassenden Beschreibung des Phänomens gleichgesetzt werden darf. Wenn wir an dieser Stelle die Grenzen der textgrammatischen Stilistik, aber nicht der linguistischen Stilistik sehen, so deshalb, weil erstere zwar die Diagnose, nicht jedoch die Therapie, d.h. die Korrektur des Stilfehlers ermöglicht. Eine solche Korrektur muß nämlich zunächst das für den Fehler verantwortliche Element eruieren, und dies ist im vorliegenden Beispiel textimmanent nicht möglich, kann doch der Stilverstoß sowohl durch die erste als auch durch die zweite Frage verursacht worden sein. Eine Entscheidung hierüber läßt sich nur fällen, wenn man die Äußerungssituation mit einbezieht, also texttranszendent-pragmatisch argumentiert. So gehört der erste Teil unseres Beispiels etwa in den Rahmen 'Beisammensein unter Freunden', der zweite in den Rahmen 'gutes Speiselokal'; je nachdem, welcher von den beiden pragmatischen Kontexten zugrunde gelegt wird, ist entweder die Eingangsfrage oder die nachfolgende Empfehlung stilistisch zu modifizieren.

Bei der Korrektur der bisher zitierten Beispiele hatte die textgrammatische Analyse entweder zentrale Bedeutung, oder sie war, wie im vorausgegangenen Abschnitt, zumindest mitbeteiligt. Aber selbst wenn die Textgrammatik Wohlgeformtheit konstatiert, ist die Aufgabe der Stilistik noch keineswegs erfüllt. Neben dem bereits genannten Typus des Stilbruchs, einem Typus, den ich, weil seine Markierung direkt auf der Textebene gelingt, als 'textimmanenten Stilbruch' bezeichnen will, gibt es noch eine weitere Form, nämlich den 'texttranszendenten Stilbruch'. Auch hier soll wieder auf ein Beispiel rekurriert werden; das Beispiel lautet:

> (VII) Kommen Sie bitte einmal zu mir, sonst muß ich so laut schreien. Würden Sie vielleicht so freundlich sein, und auf Herrn Müller etwas mehr Obacht geben?

Die Äußerungssequenz ist einerseits textgrammatisch akzeptabel, andererseits läßt sich sehr wohl ein situativer Kontext konstruieren, welcher auch die pragmatische Akzeptabilität gewährleistet. Aber einmal angenommen, ein Torwart der Fußballbundesliga wendet sich mit diesen Worten an einen Spieler seiner Hintermannschaft, so besteht offensichtlich ein Mißverhältnis in der Relation zwischen Text und Sprechsituation, ein Mißverhältnis, welches, ebenso wie eine textgrammatische Abweichung, als stilistischer Verstoß interpretiert werden muß.

An dieser Stelle sei eine kurze Zwischenbilanz gestattet. Genau so, wie eine rein textimmanente Stilanalyse nur einen Teilaspekt des Stils erfassen kann, gewährleisten ausschließlich sozio- bzw. psycholinguistisch orientierte Untersuchungen keine umfassende Stilbeschreibung. Letztere ist nur möglich unter Berücksichtigung beider Aspekte, wobei allerdings deren Gewichtung bei der Rezeption einzelner Texte durchaus unterschiedlich sein kann. Standen mit der Korrektur des Beispiels (V) stilistisch-grammatische Unzulänglichkeiten, also textimmanente Probleme im Vordergrund, und waren textimmanente und texttranszendente Kriterien bei der Analyse des Paradigmas (VI) gleichermaßen relevant, so hatte die stilistische Mangelhaftigkeit des letzten Beispiels (VII) ausschließlich texttranszendente Gründe. Vor dem Hintergrund des bisher Gesagten lautet eine - vorläufige - Definition des Sprachstils, welche auch die evaluative Komponente der Stilistik mit einbezieht: Guter Stil manifestiert sich in pragmatisch adäquater und textgrammatisch korrekter Textkonstitution.

3

Die Einschränkung der Vorläufigkeit, welche dieser Definition als Attribut zukommt, darf nicht so verstanden werden, als würde jede weitergehende Definition den Rahmen grundsätzlicher Erwägungen über das Stilproblem sprengen, sie ist vielmehr darauf zurückzuführen, daß bei der bisherigen Argumentation ein wichtiger, in den Stiltheorien vielfach diskutierter Aspekt bewußt ausgeklammert wurde. Um diesen Aspekt jetzt erörtern zu können, sollen zwei sich scheinbar kontradiktorisch ausschließende Grundpositionen der Stiltheorie gegenübergestellt werden.

Bereits zu Beginn meiner Ausführungen habe ich die Selektionsstilistik kritisiert, weil sie, wie Bernd Spillner zusammenfaßt, davon ausgeht, daß "Stil entsteht, ... durch die Wahl zwischen fakultativen sprachlichen Möglichkeiten, die untereinander in Paraphrasenrelation stehen"[10] Eine solche Stilauffassung, welche unter Stilkonstitution eine letzte Selektion zwischen sprachlichen Varianten versteht, die undifferenziert übrig bleiben, nachdem der Rezipient eine referenzbezogene und eine grammatische Wahl bereits vollzogen hat, kann aus den schon genannten Gründen nicht akzeptiert werden, stehen doch alle drei Wahlmöglichkeiten, die referenzbezogene, die grammatische und die stilistische in einem Relationsgefüge, dessen Relata sich gegenseitig bedingen. Die Selektionsstilistik läßt sich jedoch mit dem bisher hier Gesagten vereinbaren, solange sie Selektion lediglich als Auswahl innerhalb einer Norm versteht, so daß Stil, wie etwa McIntosh schreibt, "a matter of the selection of particular grammatical patterns and ... of particular items of vocabulary ... and of course ... the avoidance of others"[11] ist. Stiltheorien auf der Basis von Explikationen wie dieser gehen also von einem Maßstab aus, innerhalb dessen sich Stil manifestiert. Jede sprachliche Äußerung, die den Rahmen der linguistischen Norm, mit anderen Worten, der Langue, nicht transzendiert, ist demnach das Ergebnis einer stilistischen Wahl, eine diese Norm verletzende Sprechhandlung aber stilistisch anstößig.

Die normenstilistische Theorie darf jedoch nicht als das Fundament aller Stilforschung verstanden werden, vielmehr hat auch, insbesondere bei der auf politische Texte ausgerichteten Stilforschung, die Gegenposition eine weite Verbreitung. Nach dieser kommt nicht der Auswahl innerhalb der Norm stilbildende Funktion zu, sondern gerade der Abweichung von derselben. So ist für Bruneau Stilistik "la science des 'écarts.'",[12] und Mounin faßt dasjenige, was er unter Abweichung versteht, mit den Worten: "écarts par rapport à la norme linguistique"[13] zusammen. Die Probleme, welcher einer solchen Deviationsstilitstik anhaften, sind bereits mehrfach diskutiert worden. Drei Argumente aus dieser Diskussion sollen jetzt kurz auf ihre Berechtigung geprüft werden.

Erstens wird der Abweichungsstilistik vorgeworfen, die Norm, auf die Deviationen bezogen sind, sei nicht klar definierbar. Diese These richtet sich natürlich nicht nur gegen eine Abweichungsstilistik, sondern auch gegen eine normenbezogene Stilistik, wie sie im vorigen Abschnitt skizziert wurde. Die Diskussion der vorausgegangenen Beispiele - hierbei handelt es sich jeweils um Normenverletzungen - aber hat, wie ich glaube, gezeigt, daß die Annahme einer Norm, nämlich der textgrammatisch-pragmatischen Kompetenz eines jeden native speaker, nicht unsinnig ist, wobei die Frage, ob damit zugleich in jedem Falle Korrekturen zu akzeptieren sind, noch offen gelassen werden soll. Dem zweiten hier zu nennenden Gegenargument, die Deviationsstilistik klammere sehr viele, ja die Mehrzahl der Texte (nämlich alle nicht abweichenden) aus ihrer Untersuchung als stillos aus, läßt sich allerdings kaum widersprechen, und wenn drittens nach einem Kriterium gefragt wird, welches Abweichungen von der Norm, wie sie etwa grammatische Fehler im Schulaufsatz darstellen, von 'echten' Stilmerkmalen trennt, so scheint mit dieser Kritik die Deviationstheorie als Ausgangsposition der Stilistik widerlegt.[14]

Unbeschadet des Gewichts, welches die Gegenargumente zweifellos besitzen, werde ich im folgenden versuchen, eine modifizierte Form der Konzeption von Stil als Abweichung zu verteidigen, und zwar zunächst mit Hilfe zweier Beispiele. Das erste Beispiel ist ein eindeutig ungrammatischer Satz aus einem fiktionalen Text, aus der 'Blechtrommel' von Günter Grass:

(VIII) "Es war mir aber unmöglich, Mama ... zu bitten, Oskar ... über solch ein Becken zu heben."[15]

Die mangelnde Grammatikalität findet ihre Begründung darin, daß der Äußerungsträger, im zitierten Roman Oskar selber, nicht einmal in der ersten Person, ein anderes Mal in der dritten Person auf sich referieren darf. Nach dem zur Normenstilistik Gesagten müßte jetzt, um den Stil zu verbessern, eine grammatische Korrektur folgen. Eine solche 'Verbesserung' aber wirft, was dieses Beispiel betrifft, ein anderes Problem auf; so würde doch der durch einen grammatischen Fehler vermittelte Hinweis des Autors auf den, wie K.G.Just schreibt, "tiefen Riß durch die Welt"[16] des Oskar Matzeraths mit der Korrektur eliminiert.

Ebenso anstößig, wenngleich in pragmatischer Hinsicht, ist folgende Frage, welche ich einer Zeitschrift entnommen habe, die sich an deutsche Leser wendet.[17] Die Frage lautet:

(IX) Sind Sie ein Eskimo?,

eine Frage, die grundsätzlich durch den soeben genannten Kontext, genauer: durch die angesprochene Rezipientenschaft ausgeschlossen ist. Als Überschrift der Werbung für eine Standheizung, welche zwar kein Eskimo, wohl aber jeder Autofahrer brauche, ist sie dennoch akzeptabel, weil sie nämlich die Aufmerksamkeit des Rezipienten evoziert. Die Aufgabe einer linguistischen Stilistik ist also nicht in jedem Falle die Korrektur des analysierten Textes, vielmehr muß jede grammatische oder pragmatische Abweichung zunächst dahingehend geprüft werden, ob sie, wie bei den beiden letzten Beispielen (VIII u. IX), funktional ist, oder aber, wie bei der Einleitung des 'Zarathustra', keine Funktion hat. Natürlich läßt sich, um auf das Blechtrommel-Beispiel zurückzukommen, der von Just betonte "Riß durch die Welt" auch in einem flüssigen, d.h. dem sprachlichen Erwartungshorizont des Lesers entsprechenden Stil beschreiben, aber gerade literarische Texte im engeren Sinne sind hierzu nicht verpflichtet, ja, wenn man die Verfremdungstheorie des russischen Formalismus zugrunde legt, sogar zum Gegenteil: "das Verfahren der Kunst ist das Verfahren der 'Verfremdung'" lautet eine Kernthese Victor Šklovskijs, Verfremdung, um den "Automatismus der Wahrnehmung"[18] zu durchbrechen. Der Sinn einer linguistischen Stilbeschreibung besteht in der Aufdeckung von Deviationen linguistischer Art, und in der Korrektur derselben, wenn sie funktionslos sind; die Interpretation funktionaler Abweichungen, der Verfremdungen also, bleibt in der Regel literaturwissenschaftlicher Analyse vorbehalten.

Wir fassen zusammen:

Stil konstituiert sich vor dem Hintergrund grammatischer, insbesondere textgrammatischer Regeln - wobei die Möglichkeit der Abweichung offen gelassen wird - im Hinblick auf die jeweilige Kommunikationssituation.

Nur scheinbar fehlt bei dieser Explikation der Aspekt funktionaler Deviation, er geht vielmehr in den zweiten Teil der Definition ein. Die Berücksichtigung des pragmatischen Kontexts ist nämlich einmal notwendig, um sprechhandlungsbezogene Fehler zu vermeiden, wie sie die Beispiele (VI) und (VII) zeigen, zum anderen aber auch, um die Möglichkeit und Zulässigkeit von funktionalen Abweichungen zu überprüfen; denn die Integration des Beispiels aus der 'Blechtrommel' in andere Textsorten, etwa in einen wissenschaftlichen Text, und d.h. in einen anderen kommunikativen Kontext, ist sicherlich nicht möglich. Damit wird nicht behauptet, daß Verfremdungen ausschließlich auf fiktionale Texte beschränkt werden müssen, wohl aber, daß stilistische Normabweichungen nicht beliebig auf Texte verschiedener Textsorten übertragbar sind, eine Restriktion, die, neben anderen Kriterien, zur Differenzierung von Funktionsstilen - etwa im Sinne Elise Riesels[19] - und damit auch von Textsorten beitragen kann.

Anmerkungen

1 SANDERS 1977: 11.

2 Vgl. hierzu meine Rezension von SANDERS 1977 (TSCHAUDER 1978).

3 SANDERS 1973: 74. Die in meinem Referat aufgezeigten Probleme lassen sich sowohl aus SANDERS 1973 als auch aus SANDERS 1977 ableiten.

4 SANDIG 1978: 6.

5 Vgl. SANDIG 1978: 8.

6 Vgl. ebd.

7 Vgl. SANDIG 1978: 6.

8 HARWEG 1972: 75.

9 Friedrich NIETZSCHE. Also sprach Zarathustra. Werke II.Darmstadt 1966: 275-561: 277.

10 SPILLNER 1974: 46.

11 MCINTOSH 1972: 248.

12 BRUNEAU 1951/52: 6.

13 MOUNIN 1967/68: 55.

14 Die Argumente gegen die Abweichungsstilistik sind einer Zusammenstellung von SPILLNER 1974: 39 f. entnommen.

15 Günter GRASS. Die Blechtrommel. 11.Aufl. Neuwied und Berlin 1964: 87.

16 JUST 1973: 654.

17 Vgl. ADAC motorwelt. 9, 1979: 49.

18 ŠKLOVSKIJ 1971: 15.

19 Vgl. RIESEL 1963.

Literatur

BRUNEAU, Charles (1951/52): "La Stylistique". Romance Philology V: 1-14.

HARWEG, Roland (1972): "Stilistik und Textgrammatik". Zeitschrift für Literaturwissenschaft und Linguistik 5: 71-81.

JUST, Klaus G. (1973): Von der Gründerzeit bis zur Gegenwart. Bern: Francke.

MCINTOSH, A. (1972): "Language and Style". Pride/Holmes (eds.). Sociolinguistics. Selected Readings. Middlesex: 241-251.

MOUNIN, Georges (1967/68): "Les Stilistiques Actuelles". Cahiers internationaux de symbolisme 15/16: 53-60.

RIESEL, Elise (1963): Stilistik der deutschen Sprache. 2.Aufl. Moskau.

SANDERS, Willy (1973): Linguistische Stiltheorie. Göttingen: Vandenhoeck & Ruprecht.

--- (1977): Linguistische Stilistik. Göttingen: Vandenhoeck & Ruprecht.

ŠKLOVSKIJ, Viktor (1971): "Die Kunst als Verfahren". J.Striedter (ed.). Russischer Formalismus. München: Fink: 3-35.

SPILLNER, Bernd (1974): Linguistik und Literaturwissenschaft. Stilforschung, Rhetorik, Textlinguistik. Stuttgart etc.: Kohlhammer.

TSCHAUDER, Gerhard (1978): Rezension zu SANDERS 1977. Kratylos 23.

ZUR WAHRHEIT DES REISEKATALOGS
oder: siehste, ich hab's ja gleich gesagt!

Paul-Ludwig Völzing

> Wahrheitsexperten gibt es mehr als Weinkenner - denn das muß man lernen
>
> Gabriel Laub

Dem Motto und dem alten Spruch folgend, daß im Wein (die?) Wahrheit liegt, könnte man auf die Idee kommen, durch den Genuß von Wein zum Wahrheitsexperten zu werden.

Nachdem nun aber im Wein (oder jedenfalls in den meisten Weinen) schon lange nicht mehr die Wahrheit, sondern Süßreserve und Schwefel ist, hilft das Weintrinken nicht mehr beim Finden der Wahrheit: man hat es heute besonders schwer, Wahrheitsexperte zu werden und besonders nötig.

Ein Gebiet, für das das in besonderem Maße gilt, ist das des Hotelprospekts oder allgemeiner: das des Reisekatalogs und noch allgemeiner: das der Werbung. Konzentrieren wir uns aber lediglich auf Hotelprospekte bzw. die Annoncierung von Hotels in Reisekatalogen.

So trivial, ja banal einer Wissenschaft, deren Ziel die Erforschung von Wahrheit, Wahrhaftigkeit und Richtigkeit und der Rolle der Sprache dabei zumindest zum Teil ist, dieser Gegenstand des Hotelprospekts erscheinen mag, so notwendig dürfte die Beschäftigung mit ihm (und damit die Frage nach der Wahrheit des dort Behaupteten) all denen sein, die vor ihrem Urlaub aufgrund der vorliegenden mehr oder weniger bunten Beschreibungen eines Feriendomizils das richtige herauszufinden versuchen.

Selbstverständlich kann es hier nicht nur um die Übersetzung von Wörtern, Redewendungen oder Sätzen aus Hotelprospekten in eine Sprache gehen, die jeder versteht. Ein wissenschaftlicher Zugriff muß versuchen, Strategien und Strukturen hinter Oberflächenphänomenen offenzulegen, doch soll dabei eine Aufzählung oder Typologie solcher speziellen manipulativen Redewendungen bzw. Zeichenverwendung nicht vernachlässigt werden.

Was ist nun manipulative Sprach- oder Zeichenverwendung? Im allgemeinen begnügt man sich mit der Definition, daß man nicht das sage, was man meine, wenn man Sprache manipulativ verwendet. Das ist sicherlich richtig. Man sagt aber manchmal auch nicht das, was man meint, wenn man "Guten Tag" sagt.

Manipulieren ist mehr als das Behaupten von etwas, was man nicht so meint: es muß den Anderen als Person einbeziehen. Wird man um einen Rat gefragt, meint aber, daß dem Anderen die Wahrheit peinlich oder daß sie sogar schockierend oder schädlich für ihn wäre, kann man durchaus etwas sagen, was man nicht meint, ohne daß von Manipulation gesprochen werden könnte.

Erst wenn man den Anderen zu einer Überzeugung bringen will, von der man weiß (oder zumindest ahnt), daß sie nicht zu dessen Nutzen ist (dafür aber oft zum eigenen Nutzen), kann man von Manipulation sprechen.

Diese Definition, die in bestimmten Situationen gewiß nicht ausreichend ist, mag hier als Arbeitshypothese genügen.

Zu klären wäre aber noch, was "Überzeugung" heißt. Eine Überzeugung ist nach Peirce eine Verhaltensgewohnheit, eine Handlungsregel, die "die Erregung des Zweifels, die der Antrieb zum Denken ist, zur Ruhe bringt" (PEIRCE 1967a, 334), sie ist "Denken in Ruhe". (ebd., 335) Überzeugungen leiten Wünsche und formen Handlungen. Sobald man überzeugt ist, ganz gleich, ob die Überzeugung wahr oder falsch ist (man selbst hält sie per definitionem immer für wahr), sobald also der Zweifel beendet ist, ist man bereit, im Sinne der Überzeugung zu handeln. (Vgl. PEIRCE, 1967b, 300ff.) Ist man von etwas überzeugt, vertraut man auf die Richtigkeit seiner sich an die Überzeugung anschließenden Handlung; man erwartet, daß zukünftige Handlungen die Überzeugung verifizieren. (Vgl. PEIRCE 1970a, 288)

Auch diese Definition von "Überzeugung" ist keineswegs hinreichend und auf alle Fälle anwendbar (1), aber doch ein erster Schritt zur besseren Auslotung des vorliegenden Themas.

Der Pferdefuß oder die Relevanz für unser Thema liegt beim Begriff "Überzeugung" genau da, wo ihn/sie schon Nietzsche gesehen hat, wenn er sagt:"Überzeugungen sind oft die gefährlichsten Feinde der Wahrheit".

Dadurch, daß man seine Überzeugungen für wahr hält, daß durch eine Überzeugung Zweifel besänftigt werden, daß Denken zur Ruhe kommt, ist die Gefahr des Nicht-Mehr-Nachdenkens oder Nicht-Mehr-Zweifelns gegeben, und genau an diesen Punkt versucht manipulative Sprachverwendung zu gelangen.

"Jede Überzeugung ist die Überzeugung/von der Wahrheit/eines Satzes. Nun hat jeder Satz sein Prädikat, das ausdrückt, was die Überzeugung ist, und seine Subjektive, die ausdrücken, von was man diese Überzeugung hat", sagt jetzt Peirce. (PEIRCE 1970a, 288f.) Mit einem Urteil, einer Aussage, "kommt" ein Begriff "in den Verstand", wird er "zum Gegenstand meiner Verantwortlichkeit". (PEIRCE 1970b,296 und 298) In Propositionen werden solche Subjekte und Prädikate im Peirceschen Sinne transportiert, jedenfalls solange man sich auf sprachliche Zeichenverwendung beschränkt. Welche Illokution man nun diesem Vorgang zuordnen kann, ist mir nicht klar, vielleicht auch irrelevant für dieses Thema.

Ganz naiv gesehen nennt man Sprechakte wie "Der Schiefe Turm von Pisa ist 55,863 Meter hoch" Aussagen oder Behauptungen. Vielleicht gibt es tatsächlich den Sprechakt des Behauptens (und des Entgegnens), etwa in einer größeren Einheit, die man "Argumentieren" oder "Diskutieren" nennen könnte; ob es ihn aber separat gibt, als eigenständiger Sprechakt, ohne Eingebundensein in weitere Zusammenhänge, darf bezweifelt werden. (Vgl. dazu auch HUTH 1975) Überzeugungen geschehen also durch Sprechakte, in denen von einem Begriff etwas ausgesagt wird, was den Anspruch erhebt, wahr zu sein. Oder auf die Person desjenigen gewendet, der überzeugen will, der seine Wahrhaftigkeit unter Beweis stellen muß: einen Satz äußern heißt, "die Verantwortung für ihn übernehmen". Dieses Zitat ist nun nicht Austin oder Searle entnommen, sondern wieder Peirce. (PEIRCE 1970b, 292f.)

Soviel theoretisch zu dem, <u>was</u> man tut. Jetzt zu dem, <u>wie</u> man versucht, Wahrheit zu erreichen, <u>wie</u> man wahrhaftig ist. Als Mittel zur Erklärung bieten sich die Griceschen Konversationsmaximen an oder zumindest einige von ihnen, so etwa die der Art und Weise ("Sei klar und deutlich", "Vermeide Dunkelheit im Ausdruck", "Sei methodisch"), die Maximen der Quantität ("Mache deinen Beitrag so informativ wie erforderlich", "Mache deinen Beitrag nicht informativer als erforderlich") und die Maxime der Relation ("Mache deinen Beitrag relevant").

Ich will mich bei der Diskussion dieser Maximen nicht länger aufhalten, vor allem über die zweite Maxime der Quantität läßt sich streiten (vgl. dazu VÖLZING 1979b), sondern will auf die Sprache der Manipulation überleiten. Hierfür könnte man die Maximen als Erklärungshintergrund benutzen, wenn man "Tu so, als ob" davorsetzt. "Tu so, als ob dein Beitrag so informativ wie erforderlich ist" oder "Tu so, als ob du Mehrdeutigkeiten vermeidest" wären Handlungsregeln, die man einem strategisch Handelnden (2) oder Manipulierenden in die Hand geben könnte. Nun ist aber eine manipulative Handlung keine Lüge. Den Unterschied zwischen diesen beiden Arten sprachlichen Handelns (3) allgemeingültig zu formulieren, ist sicher nicht ganz leicht. Angewendet auf den vorliegenden Gegenstand wäre etwa eine Lüge, wenn von einem Hotel etwas Unwahres behauptet würde, z.B. daß es ein eigenes Schwimmbecken (=swimming-pool) habe und das nicht der Fall ist. Solche Lügen haben in Hotelprospekten und Reisekatalogen keinen Platz, denn im Falle einer Beanstandung des Touristen ist die Rechtslage eindeutig. Würden sich Reiseveranstalter nur der Wahrheit oder der Lüge bedienen können, wäre zwar der Tourist nicht vor unangenehmen Überraschungen geschützt, denn die meisten Lügen wären erst am Ort des Geschehens, wenn es für den Touristen zu spät ist, aufdeckbar, immerhin aber gäbe es keinen Zweifel und keinen Streit bei Regreßansprüchen des Hinters-Licht-Geführten.

Wäre Matthaeus 5, Vers 37 (4) das Motto von Reiseveranstaltern und Prospektgestaltern, man könnte beruhigter in den Urlaub fahren. So aber haben sich die Produzenten von Werbematerial für den Reisenden geradezu darauf spezialisiert, eine Melange aus Wahrheiten von sich zu geben. Genauer: alles, was gesagt wird, ist wahr, das meiste ist zweifellos verifizierbar und deckt sich mit den Konnotationen des Rezipienten, einiges aber tut letzteres gerade nicht: beim Lesen des Prospekts stellt sich der Rezipient etwas anderes unter dem Gesagten oder Gezeigten vor und ist enttäuscht, wenn er die Wirklichkeit mit ihrem Bild vergleicht.

Das Phänomen des Erweckens bestimmter (falscher) Vorstellungen von einem Objekt in der Welt ist hiermit aufgezeigt worden. Wie nun muß der Produzent vorgehen, um im Scheine der Wahrheit zu bleiben und trotzdem oder gerade deshalb im Rezipienten Konnotationen oder Vorstellungen zu erzeugen, die diesen von der Güte und Einzigartigkeit (in Relation zum angegebenen Preis) des vorgestellten Produkts überzeugen?

Klar ist, daß der Reiseveranstalter/Hotelier den Rezipienten glauben machen muß, das alles seinen (des Rezipienten) Vorstellungen gemäß ist. Wenn in einem Reisekatalog also steht, daß alle Doppelzimmer mit Dusche oder Bad und WC ausgestattet sind, muß das Zimmer (funktionierende?) sanitäre Einrichtungen dieser Art haben. Und wenn der Reiseprospekt aussagt, daß der Transfer vom Flughafen zum Hotel nur zehn Minuten dauert, hat der Tourist Anspruch darauf, daß dieser Hinweis stimmt.

Bei der letzten Aussage allerdings wird deutlich, daß manche Wahrheiten einen Haken haben, thematisiert doch diese Behauptung nicht nur die zeitliche, sondern auch die räumliche Entfernung des Hotels vom Flughafen: und letzteres heißt, daß man sich nicht wundern darf, wenn fortwährend der Lärm von startenden und landenden Jets stört. Doch zu diesem Problem später. Zuerst soll noch einmal viel grundsätzlicher das Wahrheitsproblem angegangen werden.

Wir haben uns daran gewöhnt,bestimmte Aussagen als wahr zu bezeichnen. Daß der Rhein 132o km lang ist und der Nanga Parbat 8126 m hoch, halten wir für (erwiesene) Tatsachen.
Schwieriger wird etwa die Höhenangabe bei Vulkanen, aber immerhin kann man sagen, daß der Ätna z.Z. 3263 m hoch ist. M.a.W.: Wahrheit ist in einigen Fällen (oder überhaupt) zeitlich bedingt, d.h.: etwas muß nicht für alle Zeiten wahr sein. Aber mehr noch: es scheint bei den angegebenen Beispielen so zu sein, als lägen hier objektiv meßbare Fakten vor, als hätte man eine Maßeinheit an einen Gegenstand der Realität zu legen, um dann eine wahre Aussage über die Beschaffenheit (Höhe, Länge) dieses Gegenstandes machen zu können. Abgesehen davon, daß man die Höhe von Bergen von der Höhe des Meeresspiegels aus mißt, die Höhe von Tür-

men dagegen nicht, daß also solch objektive Zahlen schon bestimmte Definitionen enthalten, ist auch das Messen selbst von bestimmten Definitionen oder sogar Konventionen abhängig.
Meine These ist, daß es keine Wahrheit gibt, die nur durch Beobachtung bzw. über einen messenden Vorgang zugänglich ist, sondern daß es einer bestimmten Interpretation a priori bedarf. Vielleicht kann man das am obengenannten Beispiel vom Schiefen Turm verdeutlichen, denn es ist nicht ganz einfach, allgemeingültig die Höhe dieses Turms anzugeben, weil man sich zuerst über die Meßmethode einigen muß. Zumindest zwei sind vorstellbar: man mißt vom Bodenniveau aus bis zum höchsten Punkt (dann ist der Schiefe Turm von Pisa 56,7o5 m hoch), oder man stellt in einem Gedankenexperiment den Schiefen Turm gerade und mißt dann die Höhe des Mantels am gedachten Zylinder "Schiefer Turm von Pisa" (dann kommt man zu einer Höhe von 55,863 m).

Warum das alles, könnte man fragen?
Die Antwort lautet: wenn schon bei naturwissenschaftlich zu bewältigenden Streitfragen die Wahrheit nicht objektiv bzw. zweifelsfrei feststellbar ist, wie schwer muß es dann bei Problemen sein, die nur alltagssprachlich oder sozial- bzw. sprachwissenschaftlich klärbar sind?

Auf unsere Hotelprospekte gewendet: was heißt "Neubau nahe am Meer"? Und was heißt "verhältnismäßig ruhig gelegenes, familiäres Haus"?

Darüber, was alt und neu, nahe am Meer, verhältnismäßig ruhig und familiär ist, läßt sich streiten. Um so gewisser allerdings ruft es beim Leser bestimmte Assoziationen hervor, die diesem das Bild eines Hotels in seinem Sinn vermitteln. Wie diese Konnotationen erweckt werden, wie positive Appraisoren (vgl.KLAUS) im Sinne des Reiseveranstalters bzw. Hoteliers und gegen die Interessen des Touristen eingesetzt werden, soll nun anhand einiger Beispiele demonstriert werden.

Ameropa z.B. führt den Leser in die Tücken südlichen Urlaublebens mit folgenden Worten ein:
"Die geschilderte Vielfalt an Unterhaltungsmöglichkeiten, verbunden mit der Vorliebe, diese geräuschvoll zu untermalen, die Umkehrung der Lebensgewohnheiten - die Nacht wird zum Tag - be-

wirkt, daß der Begriff Ruhe nur relativ sein kann." (Ameropa, S. 200 und 202)

Zwei bzw. vier Seiten weiter wird ein Hotel mit folgenden Worten empfohlen: "Hotel President, Neubau, ca.2oo m zum Strand in relativ ruhiger Lage..."
Wird in diesem Hotel die Nacht zum Tage, oder sollte man den Hinweis ernst nehmen, daß es von diesem Hotel 2oo m bis zum Strand sind? Wie dem auch sei, man kann an diesem Beispiel schon sehen, wie weit die Bedeutung einzelner Wörter sein kann. Dabei ist dem Erfindungsreichtum der Werbetexter keine Grenze gesetzt. Neben den genannten Begriffen wie "nahe am Meer", "familiär", "ruhig" und "Neubau" sind es vor allem Wörter bzw. Redewendungen wie "gutbürgerliche Küche", "Kellerbar", "swimming-pool", "unter deutscher/schweizer Leitung" und "zentral gelegen", die mit großer Interpretationsfähigkeit gelesen werden müssen.

Reisekataloge und Hotelprospekte lügen nicht, man muß sie nur richtig lesen. Diesem oft in Reiseteilen von Zeitungen anzutreffenden Slogan kann man insofern zustimmen, als daß tatsächlich keine Unwahrheiten (intentional; im Sinne von "Lügen") behauptet werden. Sie sagen aber auch nicht die Wahrheit, und vor allem läßt sich auch beim besten Willen nicht immer die Wahrheit aus dem Gesagten herauslesen. Wer nicht gern in Italien auch noch jeden Tag Kartoffeln ißt, sollte nicht in ein Hotel mit gutbürgerlicher Küche gehen, wer wirklich ein Hotel nahe am Meer wünscht, sollte sich nicht mit einer Floskel wie "nahe am Meer" begnügen, sondern sich am besten über das örtliche Fremdenverkehrsamt Stadtplan und Hotelverzeichnis besorgen (selbst Angaben in Metern sind oft unzuverlässig), wer gern nachts spät heimkommt, sollte ein familiäres Hotel meiden, da er sonst jeden Abend den Kampf um den einzigen Hausschlüssel siegreich beenden muß, und wer ein zentral gelegenes Hotel wählt, darf sich nicht wundern, wenn er sich sowohl weit vom Strand als auch mitten im Autolärm befindet, etwa an einer Piazza (einem Platz), wo es nicht vor ein Uhr nachts still ist. Ganz besonderer Unfug wird z.Z. mit den Wörtern "Kellerbar" bzw. "Taverne" betrieben, wie etwa in Beispiel 1 (vgl. Anhang I): Unter einer Taverne - und ähnlich ist es wohl auch mit "Kellerbar" - stellt man sich einen ruhigen Ort vor, an dem man Wein trinkt und auch mal singt, jedenfalls aber keine Diskothek ohne Begrenzung der Phonzahl. Die "Taverne" des Hotels Coppe (aus dem Neckermann-Prospekt 1979, Auto-, Bahn- und Busreisen, S.59) ist eine solche Disco. Überhaupt ist diese Hotelbeschreibung ein Prototyp strategischen Handelns. Mit einigem guten Willen sind es zum eigenen Strandbad 3o m, nicht aber zum eigenen Strand. Bis dahin muß man mindestens 1oo m weiter laufen. Nun ist Laufen in einem Badeurlaub keine Beschäftigung, gegen die etwas einzuwenden wäre. Nur muß man leider, wenn man vom Hotel Coppe zum Strand gelangen will, die "lebhafte Bummel- und Einkaufsstraße 'Via Altinate'" überqueren, und das ist nicht ganz einfach, denn auch hier wurde einiges beschönigt. Lido di Jesolo -mit seinen fünfzehn Kilometern feinsandigem Strand (so fast alle Reisekataloge)- besteht aus vier bis sechs Häuserzeilen, ist ein Stranddorf (eine Analogbildung zu Straßendorf, die ich mir erlaube), und dieses Stranddorf durchzieht eine Durchgangsstraße. In der Gegend des Hotels Coppe heißt diese Straße "Via Altinate". Sie ist genauso befahren wie in London die Oxford Street und in Berlin der Kurfürstendamm. An den beiden letztgenannten Straßen gibt es Ampeln, die das Überqueren der Straße erleichtern. Um die Via Altinate zu überqueren, muß man sich auf sich selbst verlassen. Fazit: nur sportliche, mutige und selbstverständlich akustisch belastbare Jesolo-Fans (Musiker etwa oder Straßenbauarbeiter) sollten sich für dieses Hotel entscheiden.

Versucht man nun, mit der sprachwissenschaftlichen Unterscheidung der Semantik von der Pragmatik die genannten Überzeugungs- oder Manipulationsstrategien zu kategorisieren, bekommt man Schwierigkeiten bei der Abgrenzung. Am ehesten liegt wohl noch in der Semantik des Wortes "familiär" verborgen, daß man nicht jederzeit frei schalten und walten kann, vielleicht gehört es auch zur Bedeutung des Begriffes "gutbürgerliche Küche", daß man sich dabei nicht eine südländische, z.B. eine italienische Küche mit viel Olivenöl und Knoblauch und ohne Schnitzel und Würstchen vorstellt, und möglicherweise heißt "zentral gelegen" tatsächlich "zentral (in einer bestimmten Stadt) gelegen", also nicht am Rande (und der Strand ist immer am Rande!).

Tatsächlich aber spielt der Rezipient, also der pragmatische

Aspekt, auch bei diesen Begriffen eine Rolle, vielleicht sogar die dominierende. Mit den genannten Begriffen soll nämlich das Urteilsvermögen des Rezipienten getäuscht werden, wenn mit konnotativ positiv besetzten Wörtern ein Gefühl erweckt werden soll, das der Wahl eines bestimmten Hotels (oder jedes anderen beliebigen Artikels, für den man in dieser Art und Weise wirbt) zumindest nicht im Wege steht oder sie sogar im Sinne des Produzenten steuert. Ein Hotel 3o m vom Strand entfernt (das jedenfalls soll man glauben) an einer (lebhaften) Bummel- und Einkaufsstraße, wer wünschte sich das nicht?

Ohne Zweifel kann man auf den Bürgersteigen der Via Altinate im Sommer bummeln, aber nur zwischen ein Uhr und drei Uhr nachmittags. Abends wird man geschoben, alles drängelt sich vorwärts. In der Semantik des Begriffs "Bummel- und Einkaufsstraße" ist so etwas nicht abzulesen, genauso wenig wie man ohne eine bestimmte Weltkenntnis darauf kommen könnte, daß mit "Taverne" "Diskothek" gemeint ist. Auch wer sein Leben lang Urlaub in Deutschland oder Finnland gemacht hat, kann nicht ahnen, daß er seinen Tennisschläger getrost zu Hause lassen kann, wenn er nach Taormina fährt und dort ein Hotel bucht, das nicht (vielleicht doch) einen eigenen Tennisplatz hat.

Das Reiseunternehmen Hetzel (Flugreisen, Sommer 1979, S.128) wirbt mit den öffentlichen Tennisplätzen Taorminas (vgl.Anhang II); aber nun einmal ganz abgesehen davon, daß man im Juli und August dort generell nicht Tennis spielen kann, dürfte es bei der Kenntnis der Wendigkeit der Italiener keine Prophetie sein, wenn man behauptet, daß man als Ausländer schon sehr früh aufstehen muß (im doppelten Sinne), um vielleicht einmal in der Woche spielen zu können. Ansonsten wechseln sich wohl die jeweiligen Familienmitglieder ortskundiger Italiener beim Tennisspielen ab. Während man also mit einigermaßen Phantasie die Bemerkung: "in der Nähe/des Hotels Modenese/ist ein Freiluftkino" (Ameropa, 2o2) dahingehend interpretieren kann, daß es in einigen Zimmern dieses Hotels nicht ganz leise sein dürfte, was man noch als semantische Analyse bezeichnen könnte, erlaubt letzten Endes nur eine bestimmte Weltkenntnis, nämlich daß in Italien eine Kinovorstellung in der Regel erst um 21h oder 21.3oh anfängt, daß es oft Nachtvorstellungen gibt und daß die Lautstärke italienischer medialer Ereignisse nie Zimmerlautstärke ist, eine vollkommene Würdigung des im Prospekt dargestellten Tatbestands.

Was Ameropa seinen Kunden als Bonbon in Pesaro verkauft, nämlich daß"die Kosten für die Benutzung des Strandes und der Wechselkabinen" "im Reisepreis enthalten" (S.2o4) sind, wird nur der als unredlich entlarven können, der die Praxis in Pesaro kennt: ohne einen Liegestuhl und/oder einen Sonnenschirm beim für den jeweiligen Strandabschnitt zuständigen Kleinunternehmer zu mieten, ist es nicht ganz einfach, mit Kind und dessen Spielzeug einen Platz im Sand beanspruchen zu können. Mietet man aber einen Liegestuhl und/oder einen Sonnenschirm, weist einem der zuständige Vermieter sehr freundlich darauf hin, daß man auch gerne die Wechselkabinen benutzen könne: sie sind im Mietpreis inbegriffen. Daß man Liegestuhl und Sonnenschirm mieten muß, wird auch bei der weiteren Lektüre des Ameropa-Prospekts deutlich, immer vorausgesetzt, man hat jetzt schon einen geschärften Sinn für Reisekataloge und interpretiert "sind zu bezahlen" mit "muß man bezahlen bzw. leihen": "Liegestuhl und Sonnenschirm sind direkt beim Bademeister zu bezahlen". (S.2o4)

Ähnliches wie mit der Sprache geschieht mit den Bildern. Im Rezipienten soll der Eindruck erweckt werden, daß das Beschriebene "tatsächlich wahr" ist, so wie man umgekehrt die Funktion der sprachlichen Erklärung darin sehen könnte, das auf dem Bild Gesehene zu verstärken. Nun wirken zumindest in einigen Bereichen bildliche Informationen nachhaltiger auf den Leser. "Neubau" mag für den einen mit einem positiven Wert besetzt sein, so wie für den anderen "Jugendstilvilla", auf jeden Fall aber verstärkt die Bildinformation das Gelesene oder ist sogar <u>das</u> Moment bei der Erzeugung positiver Resonanz. Die Strände der Badeorte sind deshalb fast immer von oben aufgenommen, wohl auch in der Vor- oder Nachsaison, denn ganz sicher würden Bilder aus der Hochsaison das Strandleben als wesentlich eingeengter kennzeichnen, zumal dann, wenn der Fotograf sich auf der Ebene seiner Objekte befände. Wenn schon die 15 km feinsandigen Strandes von Lido di Jesolo nicht die Qualität von Stränden der Karibik haben (die ich allerdings nur von Fotos kenne!), so sollen doch die Bilder zeigen, daß der Tourist an diesem Ort seine Individualität voll oder zumindest kaum eingeschränkt entfalten kann. Das gleiche gilt für Hotels: gerade in bezug auf die Etiketten "Neubau" und "ruhig" zeigen die Bilder größte Aussagekraft, dem Leser/Seher werden geradezu Oasen der Ruhe (man sieht Bäume, Federwölkchen und Markisen) vorgeführt. Und wenn schon einmal eine Straße zu erblicken ist (meistens ist die Perspektive so gewählt, daß man keine Straße sieht), dann ist sie menschen-, vor allem aber autoleer. Sieht man doch einmal ein Auto auf einem Bild, können einem allerdings Zweifel daran kommen, ob es sich bei dem abgebildeten Hotel tatsächlich um einen Neubau handelt, denn in erhöhtem Maße scheinen Autos älterer Bauart vor Hotels zu parken.

Wenn man das alles sich zu Herzen nimmt, ist man dann gefeit vor dem manipulativen Zugriff von Reiseveranstaltern, Hoteliers oder der Werbung generell? Bestimmt nicht, denn selbst wenn man erkannt hat, wie etwa ein Hotel an den Kunden gebracht wird, nutzt das nur sehr bedingt. Denn erstens bleiben Veranstalter und Hoteliers erfinderisch (nach "Taverne" folgt vielleicht "Osteria" oder "Saloon"), und zweitens benötigt man zum Erkennen bestimmter Tricks eine detaillierte Kenntnis des Ortes bzw. sogar Hotels. Eine solche Kenntnis kann man aber bei keinem Urlauber voraussetzen, sonst müßte er sich auch nicht zur Suche nach Information mit Reisekatalogen oder Hotelprospekten abgeben. Für den Reiseveranstalter oder Hotelier erfüllen so gesehen Hotelprospekte bzw. -beschreibungen zwei Funktionen: auf der einen Seite soll, wie gesagt, der Leser/Seher dazu animiert werden, seine Reise am beschriebenen Ort zu verbringen, auf der anderen Seite muß der Veranstalter/Hotelier eine Unterlage in der Hand haben, an der er im Streitfall beweisen kann, daß er nicht gelogen hat.

Das Aha-Erlebnis nach zwei Tagen im Hotel, verbunden mit einer Klage, kann nur dann für den Veranstalter/Hotelier keine Folgen haben, wenn er nachweisen kann, daß sein Text so interpretierbar ist, daß zu keiner Enttäuschung Anlaß besteht. Wie weit nun dem Urlauber zugebilligt bzw. zugemutet wird, die Sprache der Reiseprofis zu verstehen, ist möglicherweise Ansichtssache. Fair wäre es, ihm in dieser Beziehung so wenig Kompetenz einzuräumen wie möglich und damit die Veranstalter zu zwingen, die Wahrheit nicht nur indirekt zu behaupten. Nun ist die Wahrheit nicht die Wahrheit, sie ist zeitlich bedingt, wie oben ausgeführt wurde, und sie ist an Personen gebunden. In bezug auf Reisekataloge heißt das, daß bei der Beschreibung von Hotels bestimmte Details genannt werden müssen, andere nicht, je nachdem, wie man sich den "mittleren Abnehmer" von Reisekatalogen, Hotelprospekten und letztlich Urlaubsreisen vorstellt. Für den einen verbreitet eben eine Fischbraterei einen himmlischen Duft, der andere liebt Autowerkstätten und die damit verbundenen Geräusche und Gerüche. Ist nun ein Reiseveranstalter gehalten, seinem potentiellen Kunden mitzuteilen, daß neben dem Hotel eine Fischbraterei bzw. Autowerkstatt ist? Muß er ihn darauf aufmerksam machen, daß man in einem Hotel "mit internationaler Atmosphäre", in einem "gut geführten" Hotel oder in einem Hotel "in gehobenem Rahmen" (Hetzel) mit Fliege oder Krawatte zum Mittag- und Abendessen geht? Ist es notwendig, darauf hinzuweisen, daß von jeglichem Ort an der Adria aus ein Eintagesausflug nach Florenz eine anstrengende Sache ist und daß man die 38,-- DM (von Lido di Jesolo aus) lieber in Venedig anlegen sollte? Wenn man in dieser Beziehung nicht kleinlich ist, wenn man also meint, daß der Veranstalter nicht alles schreiben müsse, warum finden sich dann öfter Floskeln wie "Dieses Hotel wird vorzugsweise von Stammgästen aufgesucht"? In einem Weinlokal - um abschließend wieder zum Wein zu kommen - soll man den Wein nicht trinken, von dem der Kellner behauptet, daß er bzw. der Wirt diesen Wein trinke (es sei denn, man kennt den Wirt und den Kellner gut, aber dann erübrigt sich fast die Frage). Ein süßer oder saurer - dazu noch teurer - Wein mag zwar für einen Augenblick die Freude am Weintrinken trüben, verglichen mit einem verkorksten Urlaub jedoch ist ein Reinfall bei der Wahl eines Weines geradezu eine Bagatelle. Reiseveranstaltern, die mit den schönsten und wichtigsten Wochen des Jahres werben, die man ihnen anvertrauen soll (5), und die ansonsten genau wissen, was der Urlauber will, sollte man den laxen Umgang mit der Wahrheit und der Freizeit anderer schon allein deswegen nicht gestatten, weil sie unter der Vortäuschung von Seriosität, etwa belegt durch Scharnows "Wir haben den Urlaub vor-getestet", "Unsere Katalogtexte sind keine Urlaubsgedichte, sondern Testberichte" oder durch das Schlagwort vom "ehrlichen Katalog"(6), sich das Vertrauen ihrer Kunden sichern.

Sich als seriös auszugeben ist aber ohne Zweifel eine Grundbedingung manipulativen Handelns, weil man so am besten dem Rezipienten den Schluß von der Person auf die Sache suggerieren kann. Wahrhaftigkeit aber - also das, was einer Person zukommt, die nach bestem Gewissen das sagt, was sie für wahr hält -, die diesen Schluß rechtfertigt, scheint Reiseprospekten nicht in allen Fällen zuzukommen,wie hier gezeigt wurde.

Anmerkungen

1 So zeigt z.B. die Diskussion der verschiedenen Konsonanz- und Dissonanztheorien (etwa Heiders und Festingers), daß nicht jedes Handeln nach dieser Definition bzw. diesen Prinzipien erklärbar ist. (Vgl. auch VÖLZING 1979a)

2 Wobei 'strategisches Handeln' anders definiert ist als 'manipulieren', nämlich dadurch, daß es nicht zum Schaden des Anderen sein muß, während hier 'manipulieren' so gemeint ist.

3 Selbstverständlich ist damit nicht gemeint, daß 'Lügen' und 'Manipulieren' Handlungen sind, die ausschließlich sprachlich vollzogen werden.

4 Vgl. das paper von Strecker zu diesem Kongreß: "Ewer rede aber sey Ja, ja, Nein, nein, Was drüber ist, das ist vom vbel."

5 Weitere Slogans waren 1979: "Mit uns fahren Sie immer gut" (Neckermann), "Alles für Ihre Urlaubsträume"(Hetzel) und "Der preiswerte Urlaub mit dem fröhlichen Service"(Transeuropa).

6 Vgl. FISCHER 1976, S. 205

Literatur

FISCHER, L. (1976): "Dienstbarkeit und Subversion". FISCHER, L. et al. (Hgg.): "Gebrauchsliteratur". Stuttgart: Metzler, 202-244

HUTH, L. (1975): "Behauptungen als Sprechhandlungen?" EHRICH, V./ P. FINKE (Hgg.): "Beiträge zur Grammatik und Pragmatik". Kronberg: Scriptor, 201-217

KLAUS, G. (1964): "Die Macht des Wortes". Berlin [6]1972

PEIRCE, Ch. S. (1967a): "Wie unsere Ideen zu klären sind". PEIRCE, Schriften I.Frankfurt: Suhrkamp, 326-358

. . . (1967b): "Die Festlegung einer Überzeugung". PEIRCE, Schriften I, 293-325

. . . (1970a): "Praktische und theoretische Überzeugungen". PEIRCE, Schriften II.Frankfurt: Suhrkamp, 281-295

. . . (1970b): "Aus:Urteil und Aussage". PEIRCE, Schriften II, 296-298

VÖLZING, P.-L. (1979a): "Begründen, Erklären, Argumentieren". Heidelberg: Quelle&Meyer

. . . (1979b): "Grice, die Greise und die Medien". Mimeo.

Anhang I, Beispiel 1:

Anhang II, Beispiel 2:

TENNIS-GUTSCHEINE

In Taormina gibt es nur öffentliche Tennisplätze, und zwar im Giardino Pubblico. Mit den Tennisgutscheinen, die Sie in den Häusern mit dem Vermerk „Kostenlose Tennisgutscheine" erhalten, können Sie dort spielen, ohne dafür bezahlen zu müssen. (Mit Ausnahme von Juli und August, da zu dieser Zeit Turniere ausgetragen werden.)

Anhang III, Beispiele für Abbildungen von Hotels und Stränden:

Pesaro

RIMINI

KOMMUNIKATION MIT KOMPUTERN

Reinhard Wonneberger

1. Zur Themenstellung

Mit diesem Beitrag möchte ich einen neuen Forschungsgegenstand in die linguistische Pragmatik einführen und damit wenigstens ein Stück weit einen Vorwurf einlösen, den ich im März 1978 auf einer Tagung der "Gesellschaft für Verantwortung in der Wissenschaft" gegen die Linguistik und analog gegen die Psychologie erhoben habe. Mein Thema waren damals "Die ethischen Probleme der elektronischen Datenverarbeitung"[1]. Als ich diesen Vortrag hielt, hatte das Thema gerade durch die Diskussion um das Bundesdatenschutzgesetz (BDSG) und den Streik im Druckereigewerbe einige Aktualität bekommen. Es reicht jedoch nicht, nur nach den politisch-sozialen Konsequenzen zu fragen, denn mit der EDV hat etwas gegenüber anderen Innovationen grundsätzlich anderes und Neues in unsere Welt Einzug gehalten, dessen Andersartigkeit in der Informatik durch das Stichwort "autonomes System" gekennzeichnet wird.[2]

Soll diese Seite der EDV recht verstanden werden, dann bedarf es dazu eines philosophisch strengen Denkansatzes, der sehr bald vom Maschinencharakter solcher Systeme weg und hin zu ihrem Sprachcharakter führen wird. Natürlich gibt es eine mathematisch ausgeklügelte Linguistik der Komputersprachen; was aber fehlt, ist eine linguistische Beschreibung des Komputers als Kommunikationspartner des Menschen, einer Kommunikation also, wie sie inzwischen allenthalben zum Alltag in Wirtschaft und Wissenschaft gehört.

Dies erscheint zunächst paradox. Denn wer in den Akten früherer Linguistischer Kolloquien blättert, der wird regelmäßig Beiträge zur linguistischen Datenverarbeitung finden.[3] Eingeführt in die Linguistik ist der Komputer also sehr wohl, aber eben nur als Werkzeug, und überdies meist noch als sehr primitives. Besonders deutlich wird dies auf dem Gebiet der klassischen Sprachen, wo sich seit den 50er Jahren eine Art Ghetto der Komputeranwendung herausgebildet hat. Ungetrübt von linguistischer Erkenntnis untersucht das Gros der Projekte die Textoberfläche;[4] so entsteht eine Silben- und Wortstatistik nach der anderen,[5] und allenfalls die

Konkordanzen können ihrer Fachwissenschaft noch von Nutzen sein.[6] Analog beherrscht in der Psychologie das Bild vom Komputer als Rechenknecht für Statistik die Szene. Auch hier bietet sich dem Betrachter also nur die harmlose Seite des Werkzeuges.

Wenn aber die These der Informatik vom autonomen System zutrifft, dann müssen diese Scheuklappen schleunigst zerstört werden. Es muß dann versucht werden, die besonderen Fähigkeiten eines solchen Systems in seinem Sprachverhalten dingfest zu machen. Solche linguistisch-pragmatische Vorklärung ist zugleich eine unabdingbare Voraussetzung dafür, daß die ethische Seite des Problems methodisch streng betrachtet werden kann. Es handelt sich also nicht nur um ein linguistisches Fachthema, sondern um einen Beitrag zur "universitas litterarum" und zur Weltverantwortung der Wissenschaft. Freilich stehen einer wissenschaftlichen Behandlung dieses Themas erhebliche Schwierigkeiten entgegen. Denn während der EDV-Laie dem Komputer ziemlich hilflos gegenübersteht und daraus meist mythologische Vorstellungen ableitet,[7] hat der Fachmann in jahrelangem Gewöhnungsprozeß gelernt, die Verhaltensweisen des Komputers als "Sachzwänge" zu akzeptieren, und womöglich sein eigenes Denken dem der Maschine angepaßt.[8] Der linguistischen Theorie kommt also zunächst elenchtische Funktion zu: sie muß erst einmal aufdecken, wo die Probleme liegen.[9]

2. Institutioneller Rahmen

Normalerweise findet der Dialog mit dem Komputer in einer Institution "Rechenzentrum" statt. Damit sind gewisse Rahmenbedingungen gesetzt, die daraufhin befragt werden müssen, wie sie die Kommunikation beeeinflussen.

So macht es z.B. sicher einen großen Unterschied, ob man ein Dialoggerät ständig am Arbeitsplatz zur Verfügung hat oder in einem überfüllten Benutzerraum dafür Schlange stehen muß. Auch die beiden Grundtypen von Anwendungssystemen, das Teilnehmer- und das Teilhabersystem, sind hier zu nennen. Beim Teilnehmer-System verhalten sich die Benutzer wie die Mitglieder einer BGB-Gemeinschaft, denn sie werden durch das System genau gegeneinander abgegrenzt und arbeiten unabhängig voneinander mit verschiedenen Programmen und Daten. Die Benutzer eines Teilhabersystems hingegen entsprechen der Gesellschaft, denn sie benutzen dieselben Programme und Daten und sind meist auch durch den Zweck ihrer Arbeit geeint.

Daß für die Kommunikation ein Bildschirm mit Tastatur benutzt werden muß, ist lediglich als Restriktion des Kanals zu bewerten; ähnliche Restriktionen gibt es auch in menschlicher Kommunikation, z.B. bei taubstummen Partnern. Natürlich werden durch diese Restriktion bestimmte Möglichkeiten der Kommunikation ausgeblendet; welche, wäre im einzelnen zu untersuchen.

Zu den Rahmenbedingungen eines Gespräches gehört auch, welcher der beiden Partner das Gespräch leitet, d.h. den Gesprächsverlauf, die Themen etc. bestimmt. Bei der Mensch-Maschine-Kommunikation gibt es hierbei zwei Grundtypen. Der eine wird als "Guided Dialogue" bezeichnet. Das besagt, daß ausschließlich die Maschine das Gespräch führt. Sie tut dies meist, indem sie dem Benutzer ein sogenanntes "Menue" vorsetzt, eine Speisekarte also, aus der der Benutzer dann eine passende Aktion auswählen kann. Im umgekehrten Falle wartet der Komputer darauf, daß der Benutzer ihm seine Wünsche von sich aus mitteilt. Dazu muß dieser jedoch wissen, welche Befehle der Komputer versteht und akzeptiert.

Zwar kommt keines der beiden Systeme ohne einiges Grundwissen des Benutzers aus, der Guided Dialogue erspart ihm aber, sich bestimmte Schlüsselwörter und formale Eigenschaften zu merken, die umgekehrt bei der Befehlssprache zugleich eine häufige Fehlerquelle bilden. Dagegen muß beim Guided Dialogue die Fülle der möglichen Aktionen über eine Hierarchie von Menues erschlossen werden; diese auch dann immer wieder durchlaufen zu müssen, wenn man schon genau weiß, was man will, kann allerdings sehr lästig werden. Fortgeschrittene Systeme versuchen denn auch, beides zu kombinieren.

Auch die Möglichkeit zur Unterbrechung gehört in diesen Zusammenhang. Kann der Benutzer den Komputer unterbrechen, z.B. wenn ihm die Antwort zu lange dauert oder er einen Fehler erkannt hat? Kann umgekehrt der Komputer den Benutzer unterbrechen, z.B. mit einer Meldung, kann er es nur bei *turn*-Wechsel oder auch mittendrin, oder sogar so, daß Anweisungen des Benutzers verloren gehen? Kann der Komputer den Benutzer aus der Sitzung hinauswerfen, und dies gar ohne Vorwarnung, z.B. weil ein Limit von Rechenzeit überschritten wurde? Und kann er ihn zwingen, auch solche Daten erneut einzugeben, die ihm schon bekannt sind?[11]

Auch die Unduldsamkeit des Komputers gegen formale Fehler gehört zu den Rahmenbedingungen, gegen die sich der Benutzer nicht wehren kann. Schon die geringste Fehlschreibung, und sei es auch nur ein falsches Satzzeichen, kann katastrophale Folgen haben. Besonders unangenehm ist diese Intransigenz für den Anfänger, der vielleicht die richtige Kommandoform nicht kennt und der Maschine daher nichts entlocken kann. Die Herstellerfirmen haben natürlich längst erkannt, daß hier ein wichtiges Hindernis für die Ausbreitung solcher Systeme liegt. Gerade hier zeigt sich nämlich, daß das Schlagwort vom "Kollegen Komputer" nicht stimmt; denn auch ein weniger intelligenter menschlicher Partner wird Anforderungen nach dem Sinn und nicht nach dem Buchstaben aufgreifen.

In der Komputerwerbung wird der Eindruck erweckt, als sei der Komputer ein Hilfsmittel zur Bewältigung von Sachproblemen. Dabei wird unterschlagen, daß ein Großteil der Aktivitäten nicht der Lösung von Problemen dient, sondern der Stabilisierung der Kommunikation.

Dazu gehören im harmlosesten Falle die Erkundigungen, die bei der Maschine über ihre eigenen Regeln mittels einer *help*-Funktion eingeholt werden. Weniger harmlos sind schon die Maßnahmen zur Sicherung der Dateien, da hier immer das Risiko eines Verlustes im Hintergrund steht. Hat die Installation etwa gar ein Migrier-System, das wenig benutzte Dateien automatisch auslagert, dann erhöht sich der Verwaltungsaufwand - und damit auch die möglichen Fehlerquellen - erheblich.

Selbst bei Teilnehmersystemen ist der Benutzer aber mit seinem Problem nicht allein. Neben ihm arbeiten andere Benutzer, mit denen er unmittelbar oder über die Anlage kommunizieren kann, oder es laufen Aufgaben im Hintergrund des Rechners ab, die ihm oder denen er den Zugriff auf die Dateien streitig machen kann. Auch der Operateur kann in die Kommunikation eingreifen. Hat sich z.B. ein Systemfehler eingestellt, oder sollen Wartungsarbeiten am System vorgenommen werden, dann kann der Operateur die

Benutzer auffordern, ihre Sitzung zu beenden. Wer dieser Aufforderung nicht nachkommen will oder kann, weil er z.B. auf die Beendigung einer Aufgabe durch die Maschine wartet, der kann mit Gewalt aus der Sitzung entfernt werden. Das hat häufig zur Folge, daß ein Teil der geleisteten Arbeit verlorengeht.

Für den geübten Benutzer mögen diese Betrachtungen merkwürdig sein, weil er sich an den Status-quo gewöhnt hat und die dahinter stehenden "Sachzwänge" kennt. Betrachtet man aber die Kommunikation unvoreingenommen ohne solches Vorwissen, dann fällt auf, daß ähnliche Verhältnisse in menschlicher Kommunikation kaum irgendwo hingenommen würden. Daß der Benutzer seine Arbeit in einer Systemumgebung tut, auf die er sich nie ganz verlassen kann, bei der er immer mit Störungen und Ausfällen rechnen muß, bringt ihn in eine Situation ständiger Unsicherheit und erhöhten Stresses. Hinzu kommt, daß er alle negativen Folgen eines maschinellen Versagens selbst tragen muß. Er kommt immer mehr in die Position eines unterwürfigen Sklaven, der beizeiten lernt, daß Aufmucken keinen Sinn hat, sondern allenfalls noch den guten Willen der Rechenzentrumsmitarbeiter zunichte macht.

3. Konversationsmaximen

Sind wir bisher von den Eigenschaften des Komputers ausgegangen, so wollen wir jetzt den Spieß umdrehen und eine linguistische Theorie zugrunde legen. Wir wollen dazu das Konzept der "Konversationsmaximen" benutzen. Dieses Konzept geht davon aus, daß für eine sinnvolle Kommunikation vier Verhaltensmaßregeln, die sogenannten "Konversationsmaximen" gelten sollen.[12]

I. *Mache deinen Beitrag so informativ wie erforderlich,*
mache deinen Beitrag nicht informativer als erforderlich.

Wer die Stöße von Papier sieht, die ein Komputer üblicherweise erzeugt, dem wird unmittelbar einleuchten, daß der Komputer mehr Information gibt als erforderlich. Damit wird dem Benutzer zugemutet, die relevante Information selber aus langen Zahlenkolonnen und dicken Papierstößen herauszufischen. Freilich kann man hier vieles noch auf ungeschickte Programmierung schieben. Anders im umgekehrten Fall: so gibt es eine Reihe globaler Informationen, z.B. das Datum, die Uhrzeit, die Benutzeridentifikation oder den Dateinamen, die zwar auf der Systemebene bekannt sind, dem Benutzer aber für sein Problem nur in den seltensten Fällen zur Verfügung stehen. Druckt er z.B. eine Datei ab, so wird der Ausdruck normalerweise keinen Hinweis darauf enthalten, um welche Datei es sich handelt; vordergründig betrachtet ist das nur logisch, denn der Name der Datei gehört ja nicht zu ihrem Inhalt. Für die Zuordnung und Verwaltung der Listen ist dies aber ein schweres Handikap. Ein weiteres Beispiel für solches Informationsdefizit: das Programm, das eine bestimmte Ausgabe erstellt hat, ist meist anhand dieser Ausgabe nicht zu identifizieren. Damit wird es unmöglich, Fehler zurückzuverfolgen oder gar jemanden haftbar zu machen.[13]

II. *Versuche nichts zu sagen, von dem du nicht glaubst, daß es wahr ist. Versuche nichts zu sagen, von dem du glaubst, daß es falsch ist. Versuche nichts zu sagen, wofür du keine angemessene Evidenz hast.*

Diese Maximen können nicht so ohne weiteres auf Komputer angewendet werden, weil sie auf den ersten Blick die Vorstellung vom moralischen Verhalten zu implizieren scheinen. Und nach landläufiger Auffassung haben Komputer keine Moral. Ich muß dieser Auffassung hier deutlich widersprechen; ich halte sie für ein gefährliches Vorurteil. Daß uns diese Vorstellung so absurd erscheint, beruht wohl darauf, daß wir uns noch nie ernsthaft gefragt haben, worin die Moral eines Komputers bestehen könnte.

Wenn wir diese Frage hier stellen, dann möchten wir zunächst nur von Minimalanforderungen ausgehen. Ein solches Minimalkriterium für moralisches Verhalten eines Komputers könnte z.B. die Forderung nach Widerspruchsfreiheit sein; die Forderung nach Widerspruchsfreiheit ist eine Grundanforderung an mathematische Algorithmen, und sie ist insbesondere von der generativen Metatheorie her bekannt.

Um die Forderung nach Widerspruchsfreiheit zu konkretisieren, müssen wir uns auf die Ebene der Dateiorganisation begeben. Einige Betriebssysteme kennen den Typ der sogenannten *partitionned organization* (PO). Dabei werden in der Regel mehrere Teilbereiche (*members*) eingerichtet, auf die über ein alphabetisches Inhaltsverzeichnis zugegriffen wird. Jedes neue, aber auch ein nur verändertes Member wird hinten angehängt, denn es könnte ja länger geworden sein und nicht mehr in die alte Lücke passen. Das Inhaltsverzeichnis zeigt aber nur auf die jeweils neueste Version eines Members.

Wir haben es also mit zwei Ebenen von Wirklichkeit zu tun. Was ein Member ist, wird einmal durch den Text bestimmt, der in der Datei steht, zum anderen durch den Eintrag im Inhaltsverzeichnis, der sagt, wo dieser Text stehen sollte. Der Zusammenhang zwischen diesen beiden Ebenen der Wirklichkeit wird durch Programme hergestellt. Man kann aber nie sicher sein, daß ein Programm fehlerfrei ist, oder gar, daß es in einer bestimmten Maschinenumgebung fehlerfrei arbeitet. Trotzdem gehen die meisten Systeme, die sich dieser Programmteile bedienen, ohne weiteres davon aus, daß die Konsistenz der beiden Ebenen gewahrt bleibt. Statistisch betrachtet mag diese Annahme auch in 99% oder sogar in noch höherem Maße zutreffen, gerade deswegen werden aber die Folgen eines Fehlers verheerend sein; denn weil die Sache als sicher galt, sind bestimmt keine Vorsichtsmaßnahmen getroffen worden.

Kommen wir jetzt wieder zu unseren Konversationsmaximen. Die Maxime "sage nichts, wofür du keine ausreichende Evidenz hast" würde hier also bedeuten, daß ein Dateisystem nicht einfach so tun darf, als werde das Inhaltsverzeichnis schon auf die richtige Stelle zeigen, sondern sich von diesem Sachverhalt überzeugen muß. Wir können also sagen, daß sich ein Komputer-System moralischer verhält, wenn es sich zunächst die Evidenz selber beschafft, als wenn es sie unbefragt voraussetzt.

Wir haben damit dem Begriff der Moralität eine Bedeutung beigelegt, die auf informatischen Kategorien, in unserem Beispiel auf dem der Widerspruchsfreiheit von Programmsystemen beruht. Dies zu betonen ist umso wichtiger, als in der Öffentlichkeit häufig den Komputern in naiv mythologischer Weise menschliche Fähigkeiten zugeschrieben werden.

Auch Programme können in diesem Sinne erst als moralisch gelten, wenn sie nicht nur für die erwarteten, sondern auch für alle möglichen sonstigen Daten und Ereignisse Bearbeitungspfade haben. In der Praxis wird häufig darauf verzichtet weil man von der

Fiktion ausgeht, als würden Daten, die von Programmen erzeugt werden, schon korrekt sein.

Die Zuschreibung von Moral bringt freilich auch den Rattenschwanz ethischer Probleme mit sich, den moralisches Verhalten auch beim Menschen aufwirft. Denn man braucht kein Komputerfachmann zu sein, um zu sehen, daß diese Art von Moralität ungleich aufwendiger ist als der Verzicht darauf. Auf eine Faustformel gebracht könnte man also auch sagen, daß ein skrupelloses System zunächst erfolgreicher sein dürfte als ein sorgfältiges.

Dies gilt aber nur, wenn man die Leistung eines Systems mißt, ohne die Effekte auf den Benutzer zu berücksichtigen. Unser Ansatz, die Interaktion zwischen Mensch und Komputer als Kommunikation zu verstehen, kann auch der Leistungsmessung neue Wege weisen. Denn es kann dann nicht mehr darum gehen, die Antwortzeiten des Systems isoliert zu optimieren, sondern Ziel der Optimierung wird der Erfolg der Gesamtkommunikation sein müssen. Die Bewertungsgröße dafür ist dann aber die Gesamtzeit, die der Benutzer zur Lösung eines Sachproblems benötigt.

III. *Sei relevant!*

Ob ein Beitrag für den Partner relevant ist, läßt sich nach zweierlei Wertmaßstäben beurteilen: Was man selber für relevant hält oder wovon man glaubt, daß es für den Partner relevant ist. Das erste Kriterium setzt voraus, daß der Komputer überhaupt Relevanzunterschiede machen kann. Fragt man z.B. das Betriebssystem nach der Warteschlange der zu bearbeitenden Aufgaben, dann wird es in der Regel die gesamte Warteschlange liefern; darin sind aber auch solche Aufgaben enthalten, die sich im Wartestand befinden, und aus denen sich folglich für den Fortgang der Bearbeitung nichts entnehmen läßt.

Bei einigen Programmiersprachen, z.B. bei PL/1 wird versucht, dem Relevanzkriterium zumindest rudimentär Rechnung zu tragen, indem die Fehlermeldungen nach dem Schweregrad in verschiedene Klassen eingeteilt werden: 1 Übersetzer -, 2 Abbruch -, 3 schwere, 4 normale Fehler, 5 Warnungen, 6 informative Meldungen. Durch einen Parameter kann man dann auswählen, bis zu welchem Schweregrad man die Fehlermeldungen zu erhalten wünscht. Diese Klassifizierung nach der Schwere kann als Relevanzkriterium interpretiert werden. So ist z.B. der Großteil der Warnungen für den erfahrenen Programmierer ohne Bedeutung.

Bedeutend schwerer zu erfüllen ist eine Relevanzforderung, die auf den Partner bezogen ist; sie setzt nämlich voraus, daß ein Modell von den Wünschen und Anforderungen des Partners existiert. Man könnte sich durchaus vorstellen, daß eine Datenbank aus den Anforderungen und Anfragen des Benutzers "lernt", wofür er sich interessiert. Der Entwicklung solcher Benutzermodelle steht aber nicht nur der große Aufwand entgegen, der dafür erforderlich ist. Vor allem Bedenken des Datenschutzes müssen erhoben werden, weil solche Modelle allzuleicht für sachfremde Zwecke mißbraucht werden können, z.B. Gesinnungsschnüffelei. Daß dieser Verdacht keineswegs weit hergeholt ist, zeigen die inzwischen bekanntgewordenen Versuche von Geheimdiensten, die Ausleihdateien wissenschaftlicher Bibliotheken für ihre Zwecke auswerten.

VI. *Vermeide Dunkelheit des Ausdrucks!*
Vermeide Mehrdeutigkeit!
Sei kurz!
Sei folgerichtig!

Eine Fehlermeldung sollte, nimmt man den Namen beim Wort, einen Fehler melden; nicht so bei den gängigen FORTRAN-Übersetzern. Bei ihnen wird aus vielen "Fehlermeldungen" lediglich deutlich, *daß* ein Fehler vorgefallen ist, und es braucht erheblichen Scharfsinn und viel Erfahrung, um auf die Ursache zurückzuschließen. Dieses Verhalten zieht gleich zwei Vorwürfe auf sich: den der dunklen, unverständlichen und den der mehrdeutigen Ausdrucksweise. Umgekehrt ist der Komputer mit seinem Partner sehr pingelig; schon die geringste Fehlschreibung wird nicht akzeptiert, geschweige denn, daß der Komputer verstehen würde, was der Benutzer meint. Es genügt nämlich nicht, daß der Benutzer weiß, was er machen will; er muß sich vielmehr genau an die Sprachregelung des jeweils aktiven Systems halten, und die verschiedenen Systeme bezeichnen mit Vorliebe dieselben Sachverhalte durch verschiedene Wörter. Nicht geringe Verwirrung kann auch dadurch entstehen, daß dieselben Wörter auf verschiedenen Systemebenen unterschiedliche Handlungen bedeuten.

4. Sprechakt-Theorie

Schon der Gelehrte Ibn Esra (Abraham ben Meïr, 1092-1167) entwickelt in seinem Kommentar zu Exodus 20,1 einen Grundgedanken der modernen Sprechakttheorie; indem er über die Doppelung der Dekalogüberlieferung schreibt:

> *"It was the custom of speakers of Hebrew sometimes to speak at lenght, sometimes to say what they had to tersely, but so as to enable the hearer to grasp their meaning. Understand that words are like bodies and meanings like souls, and the body is to the soul like a vessel; hence it is the custom of all wise men in speaking any language to preserve the meanings while not being concerned over changing the words, so long as their meaning is the same."*

Das Bild von Leib und Seele nimmt vorweg, was in der Sprechakttheorie systematisch ausgearbeitet worden ist: daß nämlich zwischen der sprachlichen Form der Äußerung, dem lokutiven Aspekt also, und der Handlung unterschieden werden muß, die durch die Äußerung vollzogen wird (illokutiver Aspekt). Während die Architekten der Komputersprachen von jeher darauf bedacht sind, zwischen beiden Ebenen eine umkehrbar eindeutige Verknüpfung herzustellen, bestehen in der natürlichen Sprache in beiden Richtungen Mehrdeutigkeiten, denn durch ein und dieselbe Äußerung können je nach den Umständen sehr verschiedene Handlungen vollzogen werden, und umgekehrt kann ein und dieselbe Handlung sprachlich sehr verschieden ausgedrückt werden.

Während nun im wissenschaftlichen Bereich dem Benutzer ohne weiteres zugemutet werden kann, eine bestimmte Sprachregelung zu erlernen, läßt sich auf dem Gebiet der Prozeßsteuerung eine sinnvolle Kommunikation nur dann realisieren, wenn der zwar erfahrene, aber sprachlich und logisch wenig geschulte Arbeiter vor Ort auf seine Weise mit der Maschine kommunizieren kann. Dazu darf sich die Maschine nicht sklavisch an das halten, was er *sagt*, sondern muß erheben, was er *meint*. Dies bedeutet nichts anderes, als daß die Maschine die Äußerungen des Arbeiters bestimmten Illokutionen zuordnen muß.[15]

An mehreren Stellen in unserer bisherigen Betrachtung hat sich schon angedeutet, daß es nicht nur um die Unzulänglichkeiten des Komputers als Kommunikationspartner gehen kann. Vielmehr treten auch spezifische Gefährdungen auf, die sich nicht durch den moralischen Zeigefinger erledigen lassen, sondern die zunächst einmal vor dem Hintergrund einer linguistischen Theorie genau verstanden werden müssen.

Stellt man einem menschlichen Partner eine Frage, dann wird er nicht nur darauf antworten, sondern sich zugleich auch merken, wer ihn gefragt hat, wann und worüber, und er wird sich vielleicht Gedanken machen, warum ihm diese Frage gestellt wurde. In dieser Hinsicht ist der Komputer eine Dirne, die jedem gehört, der sich Zugang verschafft. Fragen bedeutet hier nämlich, aus einer Datei zu lesen; es wird aber nirgends festgehalten, von wem und wann eine Datei gelesen wird.

Natürlich gibt es den sogenannten "Password"-Schutz, bei dem die Berechtigung eines Benutzers geprüft wird, auf die Datei zuzugreifen. In unserem Falle geht es jedoch nicht nur um den Datenschutz; vielmehr handelt es sich um ein grundsätzliches Problem der EDV. Man könnte es als das Problem der Umkehrbarkeit oder linguistisch gesprochen, der Relokution bezeichnen: wer einen illokutiven Akt vollzieht, vollzieht darin zugleich einen relokutiven; er vollzieht nicht nur eine bestimmte Handlung, sondern macht sich darin erkennbar:

> *Der relokutive Aspekt bezeichnet die bei einem Sprechakt mitgesetzte Möglichkeit für den Hörer, implizit oder explizit Annahmen über die Art der Kommuniaktion, die Partner, ihre Rollen oder den Sitz im Leben herzuleiten, also auf die Regeln und Umstände zurückzuschließen, die den Sprechakt geprägt und veranlaßt haben.*[16]

Der relokutive Aspekt läßt sich dort am besten beobachten, wo er im Vordergrund steht: also bei Prüfungen oder im psychotherapeutischen Gespräch.

Bei der Kommunikation mit Komputern kann dieses Konzept vor allem klären helfen, warum und wie die Kommunikation mißbraucht werden kann. Die Weiterentwicklung dieses Konzeptes wäre daher ein wichtiger Beitrag zum Datenschutz.[17]

Umgekehrt liegen die Verhältnisse in der EDV. Programme vollziehen Handlungen an Dateien, ohne sich identifizierbar zu machen. Sie hinterlassen keine Fingerabdrücke.

Um ein sehr alltägliches Beispiel zu geben: im normalen Geschäftsverkehr gelten Briefe oder Mitteilungen nur dann, wenn sie unterschrieben sind. Bei Komputerbriefen findet sich dagegen meist der Satz: "Dieser Brief wird von uns nicht unterschrieben". Natürlich wäre es anachronistisch, Komputerbriefe von Mitarbeitern unterschreiben zu lassen. Es ist aber keineswegs einzusehen, warum nicht das verantwortliche Programm unterschreiben sollte. Eine solche Unterschrift könnte bestehen aus a. dem Programmnamen b. der Programmversion c. dem Datum d. der Uhrzeit. Anhand dieser Angaben ließe sich im Maschinenprotokoll sehr leicht feststellen, in welcher Systemumgebung das Programm gelaufen ist.

5. Konsequenzen

Ob die Relevanz-Maxime auch für die vorgetragenen Beispiele und Lösungsansätze gilt, kann getrost der weiteren Diskussion überlassen bleiben: deren Hauptzweck ist es ja, eine solche in Gang zu bringen. Wie nötig sie ist, ergibt sich vielleicht daraus, daß gerade das BDSG offenläßt, was Daten eigentlich sind und welche rechtliche Stellung sie haben.[18]

Anmerkungen

1 WONNEBERGER (1980); vgl. auch WONNEBERGER (1978b); GABEL (1978); BRUSCHEWSKI (1978); WONNEBERGER (1978c) und (1979a).

2 WEIZENBAUM (1977).

3 Vgl. auch die Literatur bei WONNEBERGER (1979 : 67 A.3; 293f).

4 Gegenvorschlag bei WONNEBERGER (1979b).

5 PIEPER (1979) versucht eine linguistische Nutzanwendung.

6 Vgl. WONNEBERGER (1979: 288-290).

7 Sehr zu wünschen wäre eine Studie darüber, welche Vorstellungen die Allgemeinheit mit dem Komputer verbindet, und wie sie zustandekommen.

8 Hier hätte die Psychologie anzusetzen; vgl. WONNEBERGER (1980: Kap. 2.12; 2.3-2.5); WEIZENBAUM (1977).

9 Die öffentliche Diskussion dieser Probleme ist vorwiegend gesellschaftspolitisch und juristisch orientiert. Auf dieser Ebene läßt sich aber m.E. ein vertieftes Verständnis der Probleme nicht erreichen.

10 Grundkenntnisse der EDV, wie sie in jedem einschlägigen Lexikon oder Handbuch zu finden sind, werden hier vorausgesetzt.

11 Dies hängt mit der transitiven Strukturierung *Betriebssystem* --> *Monitor* --> *Anwenderprogramme* --> *Daten* zusammen, die einen Zugriff immer nur in der angegebenen Richtung zuläßt. Wünschenswert wäre aber auch die Gegenrichtung, zB. Variable in einer Datei, die bei jeder Benutzung sich selbständig aktualisieren (Datum, Zeit, Programmname u.ä.).

12 GRICE Kap. II,7. Es handelt sich um einen Teil der *William James Lectures*, die Grice 1967 in Harvard gehalten hat. Fast ein Jahrzehnt war dieses Papier eine Art linguistisches Geheimdossier, dessen Nimbus nun leider durch den Vorabdruck(!) zerstört ist. Die *Lectures* insgesamt sollen bei Harvard University Press erscheinen. Vgl. weiter GRICE (1978). Eine leicht zugängliche Darstellung findet sich bei BRAUNROTH et all. (1975: 177-186); von dort stammt auch die Übersetzung der Maximen (S. 180).

13 Weiteres bei WONNEBERGER (1980: Kap. 3.2; 5.33).

14 Zitiert bei GREENBERG (1978: 145 A.8).

15 Dieses Problem behandelt BALLMER (1976). Der dort skizzierte Kalkül kann zugleich eine Vorstellung davon geben, welcher Aufwand erforderlich ist.

16 Wir geben hier nur die Definition aus WONNEBERGER (1978a: 289) und verweisen im übrigen auf die bei WONNEBERGER (1979b: 391) zusammengestellte Literatur.

17 Vgl. auch das Beispiel bei WONNEBERGER (1980: Kap. 2.13).

18 WONNEBERGER (1980: Kap. 5.332).

Literatur

BALLMER Thomas T. (1976): "Sprachliche Kommunikation zwischen Mensch und technischen Prozessen". SCHMIDT, S.J. (ed.): Pragmatik / Pragmatics II. Zur Grundlegung einer expliziten Pragmatik. München: Fink: 206-229.

BRAUNROTH M. / SEYFERT G. / SIEGEL K. / VAHLE F. (1975): Ansätze und Aufgaben der linguistischen Pragmatik. Frankfurt: Athenäum Fischer Tb, 2.A 1978.

BRUSCHEWSKI Dieter (1978): "Wer verantwortet die Folgen? Datenverarbeitung zwischen Theologie und Fortschrittsglauben". Der Report 13 (30.10.1978): 10.

GABEL J. (1978): "Informationstechnik. Tagungsbericht". Nachrichtentechnische Zeitschrift 31: 512f.

GREENBERG M. (1978): "Ancient Versions for Interpreting the Hebrew Text. A Sampling from Ezechiel 2,1-3,11". (International Organization for the Study of the Old Testament (ed.)): Congress Volume. Göttingen 1977. Supplements to Vetus Testamentum 29: 131-148.

GRICE H. Paul (1967): "Logic and Conversation". COLE, Peter / MORGAN Jerry L. (eds.): Speech Acts. (Syntax and Semantics 3). New York / San Franzisco / London: 1975: 41-58.

--- (1978): "Further Notes on Logic and Conversation". COLE P. (ed.): Pragmatics. (Syntax and Semantics 9). New York / San Franzisco / London.

PIEPER Ursula (1979): Über die Aussagekraft statistischer Methoden für die linguistische Stilanalyse. (Ars linguistica 5). Tübingen: Narr.

WEIZENBAUM Joseph (1977): Die Macht der Computer und die Ohnmacht der Vernunft. Frankfurt: Suhrkamp. Orig.: Computer Power and Human Reason. 1976.

WONNEBERGER Reinhard (1978a): "Relokution und Partikel am Beispiel 1.Korinther 6,7" CONTE M.E. / GIACALONE RAMAT A. / RAMAT P. (eds.): Sprache im Kontext. Akten des 12.Linguistischen Kolloquiums, Pavia 1977, Bd.2. Tübingen: Niemeyer: 177-185.

--- (1978b): "Wie Herr K. vor Kafkas Schloß - Gefährden Datensysteme die Grundrechte des Bürgers?". Lutherische Monatshefte 17: 609-613.

--- (1978c): "Ethische Probleme der Datenverarbeitung". Uni HH 9,6: 24f.

--- (1979): Syntax und Exegese. Eine generative Theorie der griechischen Syntax und ihr Beitrag zur Auslegung des Neuen Testamentes, dargestellt an 2.Korinther 5,2f und Römer 3,21-26. Frankfurt / Bern / Las Vegas: Peter Lang.

--- (1979a): "Kurzfassung eines Berichtes zum Thema 'Die ethischen Probleme der elektronischen Datenverarbeitung'". Evangelischer Pressedienst, Dokumentation 17-18/79: 114-118.

--- (1979b): "Generative Stylistics. An Algorithmic Approach to Stylistic and Source Data Retrieval Problems Based on Generative Syntax". VANDEWEGHE W. / VAN DE VELDE M. (eds.): Bedeutung, Sprechakte und Texte. Akten des 13.Linguistischen Kolloquiums, Gent 1978, Bd.2. Tübingen: Niemeyer: 389-399.

--- (1980): "Ethische Probleme der elektronischen Datenverarbeitung". SACHSSE H. (ed.): Akten der Tagung 'Informationstechnik. Neue Möglichkeiten, gesellschaftliche Konsequenzen, ethische Probleme' (Arbeitstitel). Erscheint demnächst bei der Rabanus-Maurus-Akademie, Frankfurt.

TEXTAKTE

Werner Zillig

1. Der Ausgangspunkt

Betrachtet man die Diskussion innerhalb der Sprechakttheorie, so zeigt sich, daß der von Austin und Searle am Beispiel von mündlichen Äußerungen entwickelte Sprechaktbegriff weiter nur anhand von Äußerungen, die als gesprochen, nicht als geschrieben verstanden werden, entwickelt und expliziert wird.[1] Wenn schriftliche Äußerungen Berücksichtigung finden, so geht man meist davon aus, daß sie in gleicher Weise wie die mündlichen analysiert werden können. Im folgenden geht es um die Frage, ob diese Auffassung zutreffend ist.

2. Sprechakte und Textakte

2.1. Der Begriff 'Text'

In den bisherigen Arbeiten zur Textlinguistik werden vor allem quantitative und qualitativ-funktionale Aspekte zur Bestimmung des Text-Begriffs herangezogen. Qantitativ gesehen sind Texte satzübergreifende sprachliche Einheiten, wobei "im Grenzfall ... der Text gleich Satz" ist (KALLMEYER/MEYER-HERMANN 1973: 221). Diesem 'transphrastischen' Textverständnis steht das funktionale gegenüber: Unter einem Text versteht man dann "den sprachlich manifesten Teil der Äußerung in einem Kommunikationsakt" (GROSSE 1976: 13) oder, kompliziert-wissenschaftlich ausgedrückt, "funktionale Organisationsstrukturen für Konstituenten mit sozio-kommunikativer Relevanz" (SCHMIDT 1976: 153). In Abweichung von diesen beiden Text-Begriffen wird 'Text' hier mit Def. 1 eingeführt:

Def. 1: Ein Text T ist eine schriftliche Verlautbarung, die aus mindestens zwei, eine textuelle Einheit bildenden Sätzen S_1, S_2(, ..., S_n) besteht.

Diese Definition wirft vor allem die Frage auf, wie festgestellt werden kann, ob Sätze eine textuelle Einheit bilden. Nachdem in der Vergangenheit immer wieder der Versuch unternommen worden ist, die Kohärenz von Sätzen als ein Phänomen der expliziten und der impliziten Referenz zu interpretieren, muß darauf hingewiesen werden, daß 'textuelle Einheit' n i c h t gleich 'Kohärenz' verstanden werden soll.[2] Die Kohärenz von Sätzen läßt sich auf der syntaktischen Ebene, etwa durch Beschreibung regelhaft auftretender Pro-Formen bestimmen; ob Sätze eine textuelle Einheit bilden, kann hingegen nur dann, wenn Kenntnisse über die Situation mit in die Analyse einbezogen werden, entschieden werden.[3]

2.2. Gemeinsamkeiten und Unterschiede zwischen einer Theorie der Sprechakte und einer Theorie der Textakte

Bei der Analyse der Gemeinsamkeiten und Unterschiede zwischen einer Theorie des mündlichen und einer Theorie des schriftlichen Vollzugs sprachlicher Handlungen können wir von einer schematischen Darstellung ausgehen, in der beide Theorien einander gegenübergestellt werden.

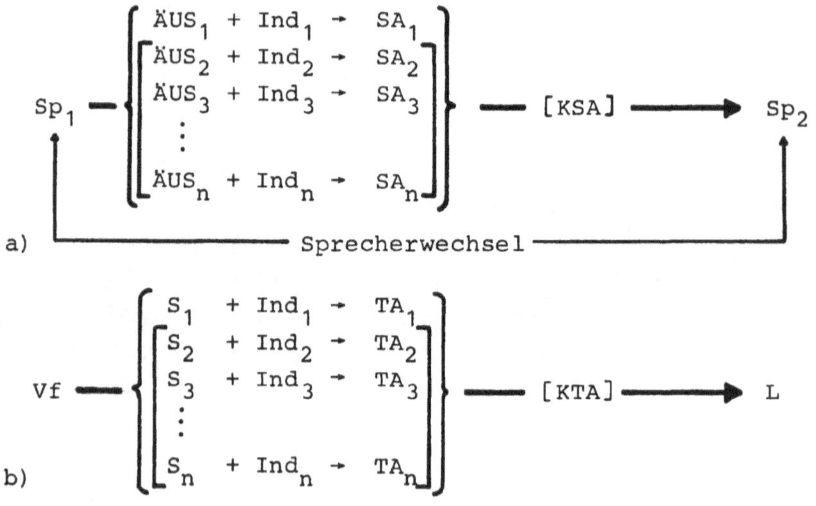

Schema 1

E r l ä u t e r u n g e n : Schema 1 muß in a) so interpretiert werden, daß beim mündlichen Vollzug einer sprachlichen Handlung ein Sprecher/Hörer Sp_1 gegenüber einem Sprecher/Hörer Sp_2 eine oder mehrere Äußerungen ÄUS hervorbringt. Sp_2 erschließt, indem er den situativen Kontext und bestimmte Eigenschaften von ÄUS als Indikatoren der illokutionären Rolle (Ind) nimmt, welchen Sprechakt SA Sp_1 vollziehen will. Mehrere SA können als ein komplexer Sprechakt KSA auftreten.[4] Da Sp_1 und Sp_2 wechselseitig die Sprecher-Rolle übernehmen können, ist der Vollzug eines SA bzw. eines KSA immer auf den Dialog hin angelegt. Die Darstellung des Vollzugs von Textakten in b) ist auf den ersten Blick parallel zu a) aufgebaut: Ein Verfasser Vf verfertigt einen oder mehrere Sätze S_1 (- S_n), und der Leser L erkennt unter Heranziehung von Indikatoren (Ind), welche sprachliche Handlung, in diesem Fall also: welcher Textakt TA bzw. welcher komplexe Textakt KTA vollzogen wird.

Die Parallelität zwischen Sprechakt- und Textaktvollzug, die in Schema 1 zum Ausdruck kommt, ist allerdings eine nur formale. Werden die einzelnen Positionen näher bestimmt, zeigen sich klare Unterschiede. Zu diesen Unterschieden nun im einzelnen.

2.2.1. Sp_1 und Sp_2 stehen auf der Seite des Sprechaktvollzugs dem Vf und L auf seiten des Textaktvollzugs gegenüber. Ebensowenig, wie in jedem Fall der Sprecher einer Äußerung mit deren Urheber gleichgesetzt werden darf,[5] ebensowenig ist der Verfertiger der schriftlichen Fassung immer zugleich deren Verfasser. Die Sekretärin, die eine Stellungnahme eines Verbandes tippt, der Drucker, der einem im Manuskript vorliegenden Text setzt, um anschließend eine Druckfassung herzustellen, sie sind nicht die Verfasser.[6] Gleiches gilt für den Leser. Nicht jeder Leser ist zugleich Adressat, also jemand, für den der Text bestimmt ist. Eine genauere Analyse der möglichen Beziehungen zwischen Verfasser und Verfertiger bzw. zwischen Adressat und Leser kann hier aus Umfangsgründen nicht angestrebt werden. Innerhalb einer ausgearbeiteten Theorie der Textakte müßte dieses Verhältnis jedoch genauer geklärt werden.

2.2.2. Die Mittel zum Vollzug von SA sind Lautketten. Diese können durch die Intonation und die Lautstärke modifiziert werden. ÄUS wird daneben von paralingualen Signalen wie Gestik und Mimik begleitet. Modifikationen und paralinguale Phänomene sind u.U. wichtige Indikatoren der illokutionären Rolle. Im Unterschied dazu werden TA durch Graphemketten realisiert. Diese sind in anderer Weise als bei SA modifizierbar (Kursivschrift; Sperren; Unterstreichen; etc.). Satzzeichen verdeutlichen, welcher TA mit S vollzogen wird.

2.2.3. In engem Zusammenhang mit den unterschiedlichen Mitteln der Realisierung steht das, was hier als die unterschiedliche

B e s t ä n d i g k e i t der Laut- bzw. Graphemketten bezeichnet werden soll: Die mündlich vorgetragenen Äußerungen sind einmalig in dem Sinn, daß sie ohne spezielle Aufnahme-/Wiedergabegeräte (Tonbandgerät; Videorecorder) nicht reproduziert werden können. Texte sind demgegenüber so beschaffen, daß sie bleibend sind und mit einfachen Mitteln (Abschreiben; auch Drucken, Photokopieren etc.) reproduziert bzw. vervielfältigt werden können, wobei jede richtig buchstabierte Abschrift/Kopie als authentischer Text aufzufassen ist.[7]

2.2.4. Der für eine Theorie der Textakte wichtigste Unterschied zwischen mündlichen Äußerungen und niedergeschriebenen Sätzen betrifft die vorhandene oder nicht vorhandene W e c h s e l s e i t i g k e i t der aktiven Rolle. Äußerungen sind, sieht man von besonderen Situationen einmal ab, gewöhnlich dialogisch; Sp_2 kann seinerseits die Sprecherrolle übernehmen und z.B. dann, wenn er Sp_1 nicht richtig verstanden hat, nachfragen. Im Gegensatz dazu sind Texte monologisch. Zwar kann L (schriftlich) eine Rückfrage formulieren, weil dies aber weitaus umständlicher als im Gespräch ist, wird Vf sich bemühen, Rückfragen überflüssig zu machen. Ähnliches gilt für andere TA: Aufforderungen werden, wenn dies nötig ist, sogleich begründet, Versprechen können bekräftigt werden usw.

Die Unterschiede zwischen dem Vollzug von SA und dem Vollzug von TA konnten hier nur angedeutet werden. Es zeigt sich jedoch bereits, daß es gerechtfertigt ist, die Theorie der Textakte neben die Theorie der Sprechakte zu stellen, um die Eigenheiten von Textakten weiter herauszuarbeiten. Der folgende Abschnitt soll zeigen, wie eine Theorie der Textakte zu einer Theorie der Textsorten erweitert werden kann.

3. Textsorten als Ansammlungen spezifischer Textakte

3.1. Die bisherigen Vorschläge zur Festlegung von Textsorten

In der bisherigen Forschung sind Textsorten von zwei Seiten her bestimmt worden. Es gibt zum einen die Versuche, alltägliche Bezeichnungen für Redekonstellations-Typen ('Interview'; 'Kochrezept'; 'Diskussion'; 'familiäres Gespräch' etc.) zu analysieren, um typenbildende Eigenschaften herauszufinden. Gerechtfertigt wird dieser Ansatz vor allem mit der Feststellung, daß nur so eine sinnvolle Begrenzung der Zahl von Textsorten erreicht werden könne.[8] Daneben wurde mit der Hilfe von 'textbildenden Konstituenten' die Konstruktion von Textsorten angestrebt. Die Schwierigkeiten dieses Forschungskonzepts liegen im wesentlichen in der Tatsache begründet, daß die Kombinatorik eine extrem große Anzahl von Textsorten hervorbringt. Die Frage, welche Textsorten postuliert werden können, wird, wie bereits HARTMANN (1964: 22) formulierte, "praktisch mit dem zusammenfallen, was es an Sprachvorkommen überhaupt zu entdecken gibt". Da das Interesse der erstgenannten Richtung - man vergleiche etwa die Arbeiten der Freiburger Forschungsstelle für gesprochene Sprache - vor allem auf die Untersuchung text- und gesprächsinterner Regularitäten ausgerichtet ist, wobei die einzelnen Textsorten-Bezeichnungen lediglich zu Teilkennzeichnungen für Forschungsprogramme werden, trat hier die theoretische Auseinandersetzung mit dem Textsortenproblem dann in den Hintergrund, als ein für die Praxis brauchbares Differenzierungmodell entwickelt war.[9] Was die Konstruktion und die deduktive Erarbeitung von Textsorten angeht, so wurden zwar, z.B. von Gunter BRETTSCHNEIDER (1972), detaillierte Entwürfe geliefert; zu einer umfassenden praktischen Anwendung ist es aber, soweit zu sehen, nicht gekommen.[10]

3.2. Ein Modell des Aufbaus von Textsorten aus Textakten

Von den beiden in 3.1. angeführten Forschungsrichtungen unterscheidet sich der nachfolgende Textsorten-Begriff vor allem in zwei Punkten: Er berücksichtig, gemäß Def. 1, nur schriftliche Verlautbarungen, und er stützt sich auf einen einzigen Typ variierender Einheiten, eben auf Textakte. Die Textsorten TS_1 - TS_n werden aus den für die jeweiligen Textsorten spezifischen Textakten konstituiert. Hier ergeben sich nun freilich einige Schwierigkeiten, die durch zusätzliche Festlegungen ausgeräumt werden müssen.

Konkrete Analysen von Texten zeigen zunächst, daß ein und derselbe Textakt TA_i in mehreren Textsorten vorkommen kann. Auf der anderen Seite ist es möglich, daß in einem bestimmten Textsorten-Exemplar einer Textsorte TS_i höchst ungewöhnliche Textakte vorkommen. Um zu verhindern, daß eine empirische Verifikation an solchen ungewöhnlichen Einzelfällen scheitert, wird mit Def. 2 festgelegt:

Def. 2: Ein Textakt TA_i ist für eine Textsorte TS_i konstitutiv, wenn TA_i systematisch in TS_i vorkommt.

Um als systematisch in TS_i vorkommend zu gelten, darf TA_i nicht auf Vorlieben oder Eigenarten von Verfassern zurückgehen. Außerdem muß dann, wenn TA_i in TS_i vorkommt, überprüft werden, ob TA_i im Hinblick auf die Textsorte funktional ist. Ein Beispiel: Wenn in einer Anleitung steht

(1) Wir danken Ihnen, daß Sie sich für die Ersatznadel ESP-270 ED entschieden haben.

so ist der TA 'Sich bedanken' noch nicht konstitutiv für die TS 'Anleitung'. Die Überprüfung der Funktion des Textakts ergibt, daß er innerhalb der Textsorte nicht funktional ist, und er kommt somit auch nicht systematisch in der TS 'Anleitung' vor.

Nachdem Def. 2 eine Vorklärung gegeben hat, wird mit Def. 3 eine Beziehung zwischen dem Text- und dem Textsorten-Begriff hergestellt:

Def. 3: T ist ein Exemplar von TS_i, wenn in T die für TS_i konstitutiven Textakte TA_i, TA_{i+1}, TA_{i+2}, ... vorkommen.

Mit Def. 2 und 3 ist implizit auch die Methodik empirischer Untersuchungen vorgegeben: Es geht darum, aus solchen Texten, die intuitiv oder aufgrund formaler Kriterien als zu einer Textsorte gehörig erkannt werden können, die konstitutiven Textakte zu 'extrahieren', um anschließend anhand des entwickelten Katalogs konstitutiver Textakte neu hinzukommende Exemplare einzuordnen.

4. Die Bestimmung einfacher und komplexer Textakte

4.1. Das Verhältnis von Satz, Proposition und Textakt

Bei der Analyse konkreter Texte nach den in ihnen vorkommenden Textakten tritt eine doppelte Schwierigkeit auf: Zum einen können Sätze nicht, wie bisher angenommen worden ist, in jedem Fall als die Einheiten aufgefaßt werden, mit denen e i n Textakt realisiert wird; ein Satz kann mehrere Textakte beinhalten. Auf der anderen Seite ist es häufig schwierig festzustellen, welcher Textakt mit einem gegebenen Satz oder Satzteil vollzogen wird. Ein Beispiel für einen Satz, mit dem mehrere Textakte zugleich realisiert werden, ist (2):

(2) Den Nadelsatz anfassen und, wie in der Abbildung dargestellt, aus dem Tonabnehmer herausziehen.

(2) läßt sich in Satzteile zerlegen, in denen jeweils nur noch eine einzige Proposition enthalten ist. Schema 2 soll darstellen, welche Propositionen P bei (2) vorliegen und wie sie miteinander verbunden sind.

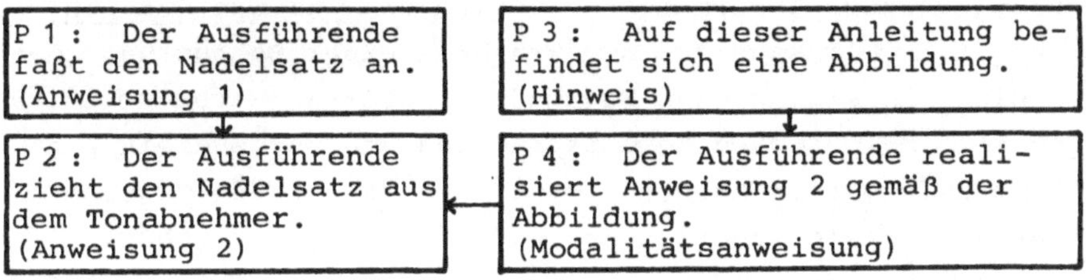

Schema 2

Wie Schema 2 zeigt, enthält (2) vier Propositionen, die in jeweils unterschiedlichen Textakten enthalten sind: P 1 und P 2 treten in (2) in der für Anleitungen typischen Infinitiv-Form als Anweisungen auf, P 3 und P 4 werden zum einen in einer Modalitätsanweisung (= Anweisung, *wie* etwas gemacht werden soll), zum anderen in einem Hinweis eingeführt. Den Zusammenhang zwischen Proposition und Textakt, der in der Analyse von (2) deutlich wird, legen nunmehr Def. 4 und Def. 5 terminologisch fest:

Def. 4: Ein einfacher Textakt ETA ist TA dann, wenn er nur eine einzige Proposition P enthält.

Def. 5: Enthält TA mehrere Propositionen P, so handelt es sich um einen komplexen Textakt KTA.

Mit Def. 4 und 5 wird gleichzeitig deutlich, warum Sätze nur unter Vorbehalt als die Realisationsformen von Textakten verstanden werden können. Daß *ein* Satz gegeben ist, besagt nichts über die Zahl der ausgeführten Textakte; dies wird auch daran erkenntlich, daß (2) in mehrere unabhängige Sätze zerlegt werden kann:

(3) Zuerst den Nadelsatz anfassen. Dann den Nadelsatz aus dem Tonabnehmer herausziehen. (Vergleiche Abb. oben)

Offen ist ist nun, wie die einfachen Textakte zu komplexen Textakten verkettet sind.

4.2. Addition und differenzierte Verkettung einfacher Textakte

Unter 2.2.4. ist bereits darauf hingewiesen worden, daß es sich bei Texten um 'monologische Sprachspiele' handelt, bei denen Vf z.B. mögliche Einwände vorauszusehen sucht, um ihnen sogleich zu begegnen. Dialogische Sprechweise wird so monologisiert. Im Dialog kann Sp_2 weitere Informationen verlangen (Und was muß ich dann machen?), und er kann für die Wahrheit einer Behauptung oder den Sinn einer Anweisung eine Begründung fordern (Warum soll ich das machen?). Im Text wird dementsprechend von vorneherein eine zusätzliche Information angefügt oder eine Begründung gegeben:

(4) (a) Käse kleinschneiden (b) und in einen Topf geben. (c) Milch zugießen.

(5) (a) Bei steifem Stampfbeton soll die Mischung nur erdfeucht sein, (b) weil sie sich dann besonders gut verdichten läßt.

In (4) werden drei einfache Textakte in gleicher Funktion[11] nacheinander vollzogen, während (5a) und (5b) einfache Textakte in unterschiedlicher Funktion sind: (5a) ist eine Anweisung, die mit (5b) begründet wird. Der mit den Beispielen (4) und (5) demonstrierte Unterschied soll nun so definiert werden:

Def. 6: Zwei oder mehr ETA sind dann additiv zu einem KTA_a verkettet, wenn sie in T in gleicher Funktion aneinandergereiht sind.

Def. 7: Zwei oder mehr ETA sind dann differenziert zu einem KTA_d verkettet, wenn sie in T in unterschiedlicher Funktion aufeinander bezogen sind.

Beachtet werden muß, daß einfache Textakte, wenn sie als differenziert verkettet gelten sollen, nicht nur in unterschiedlicher Funktion auftreten müssen; es ist auch notwendig, daß sie - wie bei einer Behauptung und deren Begründung - aufeinander bezogen sind.

4.3. Eine Erklärung für die Schwierigkeiten bei der Analyse von Texten nach Textakten

Die bis hierher zur Illustration des abstrakten Entwurfs einer Theorie der Textakte herangezogenen Beispiele konnten ohne größere Schwierigkeiten intuitiv erkannt und mit einer Bezeichnung versehen werden. Abgesehen von solchen 'klaren Fällen' enthält aber nahezu jeder Text Sätze, bei denen das Erkennen des Textaktcharakters Schwierigkeiten bereitet. Als Beispiel für diese Schwierigkeiten nun ein etwas längeres Zitat aus dem Vorwort eines Tennislehrbuchs:

(6) (a) Nervös ist jeder, der zum erstenmal das Spielfeld betritt, (b) den Schläger in der schweißfeuchten Hand, (c) drei Bälle in der anderen. (d) Trotzdem ist die allererste Regel beim Tennis: Konzentrieren Sie sich. ... (e) Beim ersten Versuch werden Ihnen der Trainer, ein Freund oder Clubkamerad den Ball zuschlagen, (f) und sie sollen ihn nun - (g) siehe Vorwort: (h) Tennis ist ein Rückschlagspiel, bei dem versucht wird, den Ball mit Hilfe eines Schlägers... - zurückschlagen.

Welche Textakte sind mit diesem Beispiel (bei dem im übrigen aus Gründen der Vereinfachung nicht jede Proposition gesondert durch Kleinbuchstaben angezeigt ist) tatsächlich vollzogen worden? Behauptet der Autor mit (6a), daß es soundso ist? Oder macht er eine Voraussage, wobei er die Begründung (<u>Sie werden sich so fühlen, weil sich alle so fühlen</u>) ebenso wie die Tröstung (<u>Es geht allen so</u>) implizit gibt? Welcher Textakt oder welche Textakte verbergen sich hinter (6d)? (6g) kann als Textverweis, (6h) als Selbstzitat bezeichnet werden. Aber diese Bezeichnungen sind wiederum nur ad hoc gewählt, und es fragt sich auch hier, ob es die einzig möglichen Bezeichnungen sind. Schließlich: Ist (6f) eine Aufforderung oder eine Empfehlung? Es heißt im Text nicht <u>Sie sollten den Ball zurückschlagen</u>, sondern <u>Sie s o l l e n den Ball...</u> usw.

Um die Gründe für die hier angedeuteten Schwierigkeiten zu verstehen, ist es notwendig, abschließend einige Überlegungen zu der Frage anzustellen, wie Textakte und auch Sprechakte überhaupt erkannt werden. Die These, die hierbei vertreten werden soll, besagt, daß die Bezeichnungen für Sprechakte den Verben und verbalen Wendungen folgt, die in korrekten Berichten über eine Äußerung vorkommen können. Wenn also Sp_1 (7) sagt:

(7) Geh bitte mal in den Keller und hole eine Flasche Wein!

so kann diese Äußerung deshalb als Aufforderung oder als Bitte identifiziert werden, weil ein möglicher Berichterstatter sagen könnte

(8) Sp_1 hat Sp_2 $\begin{Bmatrix}\text{gebeten} \\ \text{aufgefordert}\end{Bmatrix}$, eine Flasche Wein aus dem Keller zu holen.

Die Sprechakttheorie rekonstruiert lediglich die Bedingungs-/Äußerungskombinationen, bei deren Vorliegen ein bestimmter Bericht zutreffend ist; sie schafft keine eigenständigen konstitutiven Bedingungen, an deren Erfüllung abgelesen werden könnte, welcher Sprechakt vollzogen worden ist.[12]

Dies einmal vorausgesetzt, läßt sich der Grund für die Schwierigkeiten bei der Textaktbenennung angeben: Über Sätze in Texten wird selten in der Form berichtet, daß ein Berichterstatter sagt, was ein Verfasser mit dem Satz oder dem Satzteil tun wollte oder getan hat. Es besteht deshalb auch - vereinfacht ausgedrückt - keine Übung beim Erkennen und Benennen von Textakten. Daß der normale Sprecher keine Übung im Erkennen von Textakten hat, kann freilich kein Grund sein, die Entwicklung einer eigenständigen Theorie der Textakte aufzugeben.

5. Perspektiven

Verbesserungen bei der Textakt-Erkennung sind nur durch konkrete Analysen erreichbar. Diese Analysen von Texten bestimmter Textsorten werden deshalb nicht einfach nur die die Textsorten konstituierenden Textakte 'vorfinden', sie werden auch immer mit theoretischen Problemen konfrontiert sein, von deren Lösung es abhängt, welche Textakte überhaupt erkannt werden. Auf der anderen Seite ist zu erwarten, daß normative und didaktische Fragen ('Was muß ich tun, wenn ich eine Bittschrift/eine Mahnung/einen Tagungsbericht etc. verfassen will?) durch die Textaktanalyse systematisch beantwortet werden können. Für beide Zielsetzungen ist das hier Vorgetragene lediglich ein Programm, das noch ausgefüllt werden muß.

Anmerkungen

1 Eine Ausnahme macht hier HINDELANG (1979), der bei seiner Analyse von Grammatiken fragt: "What kind of linguistic actions do linguists perform, when they write grammars?" (HINDELANG 1979: 1)

2 Zum Begriff der expliziten/impliziten Referenz vgl. ISENBERG 1971. Probleme der Kohärenz sind allgemein diskutiert bei BRINKER 1971.

3 Die textuelle Einheit ist dann gegeben, wenn ein Leser sich eine Situation vorstellen kann, die der Text beschreibt oder fordert, vor der er warnt oder mit der er droht etc. Es geht hier also um eine Sache, die hinter und neben dem Text steht, nämlich um den Vergleich von Textbedeutung und Erfahrung. (Vgl. dazu VIEHWEGER 1976: 201ff.)

4 Zum Begriff 'komplexer Sprechakt' vgl. ZILLIG 1979: 103.

5 Der Sprecher einer Partei oder Gruppe kann z.B. das vortragen, was beschlossen worden ist.

6 Sehr instruktiv dazu die Untersuchung von M. FOUCAULT (1979) zu der Frage 'Was ist ein Autor?'

7 Die Authentizität von Texten analysiert N. GOODMAN 1973: 122ff.

8 SANDIG (1972: 113) schreibt dazu: "Durch die Einbeziehung dieses theoretischen Horizonts [= der Benennungen, wie sie die Benutzergruppen selbst gebrauchen. WZ] soll vermieden werden, daß nach beliebigen theoretischen Gesichtspunkten Textsorten definiert werden."

9 So liegen die Arbeiten der Freiburger Gesprächsanalyse-Gruppe am Anfang der Forschungen. Später wurde das einmal Festgelegte lediglich als Bestimmungsraster für die Einordnung konkreter Untersuchungen benutzt.

10 Es ist zu vermuten, daß die verstärkte Hinwendung zu solchen Methoden, die an der Sprechakttheorie orientiert waren, das Interesse an der praktischen Überprüfung deduktiver Modelle schwinden ließ.

11 Bei komplexen Äußerungen bzw. komplexen Sprechakten muß zwischen dem Ort, der Funktion und dem Bezug unterschieden werden. (Vgl. ZILLIG 1979: 102) Dies gilt in Analogie auch für Textakte.

12 Argumente gegen diese Auffassung allerdings bei APELTAUER 1979.

Literatur

APELTAUER, Ernst (1979): "Sprechakt-Taxonomien". Münstersches Logbuch zur Linguistik 3: 59-78.

BRETTSCHNEIDER, Gunter (1972): "Zur Explikationsbasis für 'Texte' und 'Textsorten'". GÜLICH/RAIBLE (eds.): 125-134.

BRINKER, Klaus (1971): "Aufgaben und Methoden der Textlinguistik". Wirkendes Wort 21: 51-55.

FOUCAULT, Michel (1979): "Was ist ein Autor?". FOUCAULT, M.: Schriften zur Literatur. Frankfurt/M.: Ullstein. (Ullstein Materialien 35011): 7-31.

GOODMAN, Nelson (1973): Sprachen der Kunst. Ein Ansatz zu einer Symboltheorie. Frankfurt/M.: Suhrkamp. (Theorie).

GROSSE, Ernst Ulrich (1976): Text und Kommunikation. Eine linguistische Einführung in die Funktion der Texte. Stuttgart etc.: Kohlhammer.

GÜLICH, Elisabeth/RAIBLE, Wolfgang (eds.) (1972): Textsorten. Differenzierungskriterien aus linguistischer Sicht. Wiesbaden: Athenaion, 2. Aufl. 1975. (Athenaion-Skripten Linguistik 5).

HARTMANN, Peter (1964): "Text, Texte, Klassen von Texten". Bogawus 2: 15-25. - Wieder in: KOCH, Walter (ed.) (1972): Strukturelle Textanalyse. Hildesheim etc.: Olms. (Studia Semiotica/Collecta Semiotica 1).

HINDELANG, Götz (1979): "Pragmatical Grammar and the Pragmatics of Grammar". Vortrag, Konferenz zum Thema 'Possibilities and Limitations of Pragmatics', Urbino. (Ms.)

ISENBERG, Horst (1971): "Überlegungen zur Texttheorie". IHWE, Jens (ed.): Literaturwissenschaft und Linguistik. Ergebnisse und Perspektiven. I. Frankfurt/M.: Athenaion. (Ars Poetica 8): 155-172.

KALLMEYER, Werner/MEYER-HERMANN, Reinhard (1973): "Textlinguistik". ALTHAUS, Peter/HENNE, Helmut/WIEGAND, Herbert Ernst (eds.): Lexikon der Germanistischen Linguistik. Tübingen: Niemeyer: 221-231.

SANDIG, Barbara (1972): "Zur Differenzierung gebrauchssprachlicher Textsorten im Deutschen". GÜLICH/RAIBLE (eds.): 113-124.

SCHMIDT, Siegfried J. (1976): Texttheorie. Probleme einer Linguistik der sprachlichen Kommunikation. München: Fink, 2. Aufl. (Uni-Taschenbücher 202).

VIEHWEGER, Dieter (1976): "Semantische Merkmale und Textstruktur". DANEŠ, František/VIEHWEGER, Dieter (eds.): Probleme der Textgrammatik. Berlin/DDR: Akademie Verlag. (Studia Grammmatica XI): 195-206.

ZILLIG, Werner (1979): "Zur Frage der Wahrheitsfähigkeit bewertender Äußerungen in Alltagsgesprächen". DITTMANN, Jürgen (ed.): Arbeiten zur Konversationsanalyse. Tübingen: Niemeyer. (Linguistische Arbeiten 75): 94-110.

2. PSYCHOLINGUISTIK UND SOZIOLINGUISTIK

SOME ASPECTS OF THE ACQUISITION OF VERBAL ELEMENTS

Pol Cuvelier

0. Introduction

The present paper refers to research in the domain of Child Language Acquisition. Actual child language production is used in the form of recorded spontaneous interaction between a Dutch-speaking girl (2;3 through 2;9) and her parents.
The research is exploratory in that we aim at developing a model to cope with the role of locatives in the acquisition of verbs[1]. In order to increase the reliability of our results we approached the phenomenon via different routes. The results presented here are to be completed with the outcome of similar analyses of other children's production (also at other ages). This piece of research is part of a larger project on the acquisition of verbs in early child language.

1. Sample

The analysis is based on seven recordings (two hours each) of the interaction between the child and her parents , mainly her mother. The recordings were made between February 17 and August 20 , 1978 at monthly intervals. All recordings were made at the child's home , except for one which was made at our own house on the second day of a weekend's lodging with her parents. We made use of a cassette deck ; two microphones were used , one of which was of the wireless type. An interval camera was used to record visual (contextual) information. This film was used to check the transcripts.
The child , Trui , is being socialized in Dutch. To account for dialect influences , we would rather qualify the variety used as 'Regional Standard'. Trui's parents live in a semi-rural area in West-Flanders (Belgium). Trui's father is a secondary school teacher. Her mother used to work at a nursery school

before. At the time of the recordings , however , she did not have an outdoor job any more. As for Trui , she did not attend nursery school until after the recordings. Shortly after the last recording a baby sister was born.

2. A spatial relations model to describe the acquisition of verbs

2.1. Background

The impetus to follow a line of research connected to spatial relations came from the extraordinary high amount of spatial terms in the corpus. Moreover , locative terms were also used to signal more abstract meanings. The target was the construction of a framework to account for locative factors in the acquisition of verbs. We made use of an existing theory (H.CLARK 1973) checked it and implemented it wherever necessary.

2.2. The role of experience and perception in acquisition

Little doubt exists among researchers as to the connection between a child's experience of reality and the acquisition of language. One can mention , as an example , the alleged connection between the mastery of pragmatics , linguistic roles and mother-child interaction (BRUNER 1975).
Basically the same assuption underlies the Piagetian approach to language acquisition as exemplified by Piaget , H. Sinclair-de Zwart , Bates , Edwards , etc.
As to the role of perception , one of the most explicit stands is taken by VAN GEERT 1978 :

> If one studies language devlopment , one should , even more than in other psychologically oriented language study , start from the relation between the perceived world and language. The only common reality toddlers and adults share is exactly this world perceptible to both. Children have to master language by discovering how adults link language to perceptible reality.
> (VAN GEERT 1978: 83-84 transl.)

Differing views do exist . In a discussion on the acquisition of <u>in</u> , <u>on</u> and <u>under</u> , Eve CLARK (1973) mentions two different factors : non-linguistic strategies (mainly in the early stages) and linguistic knowledge later. Non-linguistic strategies are strongly linked to the young child's expectations of what natural positions and orientations are. WILCOX and PALERMO (1974) discovered a strong impact of context. GRIEVE , HOOGENRAAD and MURRAY (1977) turned up with the conclusion that a child produces better results when no action is required. Moreover , the instruction (the terms that were used) appeared to bias the responses. These scientists thus proved that there exists a process of interaction of semantics , knowledge of the world and context. Though the preceding applies to comprehension experiments , there is no reason to expect important differences in production.

2.3. H.CLARK (1973)

Clark explores the possibility of a description of both spatial and temporal terms in English from a common point of view viz. man's perceptual space. He advances two hyptheses. His Correlation Hypothesis amounts to the claim that the structure of P-space (Perceptual space) will be maintained in the L-space (Linguistic space). The Complexity Hypothesis means that if two items A and B have to be acquired and if B has all the characteristics of A plus one , that A will be acquired before B.
In his description of P-space Clark points to the fact that he could proceed along different lines. Inspired by physics he grounds his description on reference points , reference lines , reference planes and reference directions.
As P-space is the P-space of human beings on this earth , it is probable for ground level and gravity to play a role as natural reference plane and reference direction. Vertical direction shows a +/- polarity (upward being positive , downward negative).
From a biological point of view there is left/right symmetry , front/back asymmetry and above/below asymmetry. All these are kept apart by planes. The left/right symmetry corresponds to the symmetry of the perceptual apparatus in the same way as the front/back asymmetry corresponds to the asymmetry of the perceptual apparatus. For the asymmetry above/below ground

level is important : whatever comes above this level is in the range of the perceptual apparatus. The distribution of +/- (indicating more,the presence of vs. less , the absence of) is as follows : front , upward + , back and downward - .
The fact that humans walk on their feet (bipedal stance) determines a characteristic position : Canonical Position. In this position there is a coincidence of the geological and biological vertical.
The usual movement of a human being (forward) determines another distribution : forward + , backward - . This fits well with the perceptual apparatus.
From a social psychological point of view finally , human interaction typically happens face to face. Messages are perceived under optimal conditions in this position of Canonical Encounter.
Clark points to the fact that movement always goes the same way : either something or somebody is outside x's range of vision , moves into it and ends up in Canonical Encounter or (from the observer's point of view), the observer does not see anything yet , gets the person or thing within his positive range of vision when it approaches and ends up by being in Canonical Encounter. The opposite movement is similar.

The other part of Clark's article is not relevant to our analysis.

3. Our analysis

3.0. Introductory remarks

We would like to mention a number of difficult points in the the way we handed things.
Present here is the general difficulty with interpreting a child's utterances. There is no way to get information from the child itself. The use of context information disambiguated some hard cases but was not usually sufficient : as a matter of fact an adult is never sure the child means exactly the same thing as he himself when it uses a particular word.
Another unsolved question pertains to the degree production

data reflect the linguistic knowledge of the child. We tend to trust production data to a high degree as we believe chances for a child to use formulaic language consistenly right , or for the observer to interpret data consistently wrong , are relatively small. At any rate , we are convinced comprehension experiments are more risky , for that matter.

The "locative phenomenon" is approached in the following way. At first we examine complements of be. Our background assumption is that interference from the semantic content of this verb will be minimal , compared to the situation with other verbs. The second part consists of the same analysis , applied to complements of other verbs.

3.1. Procedure

In our account we already isolate a number of aspects. It is thus indicated whether the locative occurs alone (referring to a contextual element , deictic), whether it occurs with semi-deictic elements as er (there),hier(here) or daar (there) or whether it is in the presence of a "full" NP. These different cases are signalled as in , erin and in- respectively. Within the group of deictic locatives , we indicate whether this one-word locative is an instance of "pointing" (e.g. daar,...) or not.

As far as the verb be is concerned , it is evident that existential be also occurs , as well as be for ("dative")[2] and zijn van (be -'s , "genitive"). The occurrence of these forms is also scored separately.
Another variable that is also indicated , is the occurrence of is or was . As a matter of fact , we have considered it to be advisable to follow the opinion of many linguists , who treat be as a 'surface' verb , the occurrence of which may be late in child language. The expression of this verb yields an easy indication of complexity.

For verbs other than be , deictic use of a locative often yields instances of what GRUBER (1965) terms 'incorporation'. The main difference with GRUBER's approach lies in the fact that we have limited our analysis to verbs in which the incorporated element is clearly discernible.

In the following survey we always indicate the first occurrence of a locative.

3.2. Results of the analysis : survey

Existential be occurred from the first recording on , is being expressed.
Zijn voor (be for , "dative") and zijn van (be -'s , "genitive") both occur from the first recording on. Is is expressed from the second recording on.

Before concentrating on locative verbs , we would also like to present the list of frequently occurring verbs in general. We have effectuated a grouping on the basis of meaning. The "central" verbs at this stage

1) signal different forms of BE AT: zijn (be at), zitten in (be in), staan op (be on)
2) signal PHYSICAL TRANSFER : geven (give),krijgen (receive) pakken (fetch) , halen (go and get) , hebben (have)
3) refer to TYPICAL CHILD ACTIVITIES : eten (eat) , drinken (drink) , spelen (play) , wassen (wash) , slapen (sleep), huilen (cry).
4) mean CAUSE TO NOTICE ("pointing") : kijken (watch) , zien (see)
5. signal CAUSATION : maken (make) , doen (make) , zetten (put) , steken (put into)
6. indicate MOTION (specified or not) : komen (come), gaan (go) , draaien (turn) , vallen (fall),or FUNCTIONING : gaan (work)

The only other frequent verb (i.e. occurring in several recordings) is weten (know) , but we would discard it as it is used in a very 'formulaic' way viz. 'k weet het niet (I don't know).

It goes without saying that finer refinements could be made than those to be found in the following scheme : no indication is given of movement (e.g.in (in) vs. in (into)) , nor is there a differentiation according to presuppositions involved (e.g. weer (back) vs. weg (away)).

	be				other verbs			
	daar/is daar waar/waar is	weg/is weg af/is af aan op	eruit erop hier bovenop	in- naar- (toward	buiten daar	in(in) weg(away) op(on top of) af (off) aan(on) mee(with)	hierin erop	(op)- naar- met-
II	buiten (outside)	is aan		is op- is naar- bij-(near) met-	boven	uit(out of) neer (down) bij	daarin daarbij eruit	op- uit- in- bij-
III			is erdoor is ernevens (aside of)	op-		weer(back)	erin	
IV					binnen(inside) waar? kant (aside)			
V	is buiten	om (turned over)	daarin	is in- bovenop-	hier	om	erbij	
VI	boven (upstairs)			was in- is met-			daaronder	onder- (under-)
VII	ver (far) genoeg(enough)					door (through)	eronder daardoor	

4. Discussion

4.1. Relative order of acquisition : summary

If we compare the positions of locatives in all lists , it appears that there is a problem with met-(with). As a matter of fact , it occurs later than one would expect with the verb be. Considering the other evidence , we would not attach any significance to this "anomaly".

One-word locatives , indicating a place without reference to elements of the speech situation (deictic ,"pointing") show the following order : daar (there) /waar ? (where ?) -/- buiten (outside) -/- boven (upstairs) -/- binnen (inside) / hier(here) -/- ver (far).

Non-deictic use and semi-deictic use produces this pattern : naar- (toward)/met-(with)/in-(in)/op-(on top of) -/- uit (out of) bij (with) -/- onder (under) -/- door (through) .

Deictic use yields the following order : weg (away)/af (off) in (in) / mee (with) -/- aan (on) /op (on top of) -/- uit (outside) / neer (down) / bij (in the presence of) -/- weer (back) -/- om (moved over) -/- door (through) .

In this section we have not made a distinction between locatives that never occur with an NP and those that do.

4.2. CLARK's description revisited

The conclusions we reach, support CLARK's views to a very high degree. We will briefly survey the factors we discovered :

1) SPECIFIED vs. UNSPECIFIED dimension : e.g. op vs.bovenop , weg vs buiten , binnen , boven . This factor fits well with CLARK's proposal as well as with a componential analysis.

2) (SEMI-)DEIXIS vs. "FULL" NP : "full" NP's occur later. This finding corresponds to the central position of the "observing individual" , and is also mentioned by BATES (1976)[3] quoting ANTINUCCI.

3) REGION vs AT : A simple AT-predicate is the easiest. Specifications add to the complexity. Cp. 1). e.g. in vs. bij

4) VERTICAL direction : e.g. neer , boven , onder . This fac-

tor certainly plays a role but there is no evidence for CLARK's +/- division.

5) Reference to CANONICAL POSITION : e.g. om . Expression of this factor comes late.

6) Expression of PATH : e.g. door (through) . This complicating factor is not explicitly mentioned by CLARK but is very essential in 'thematic approaches' to verbs of motion.

7) ACCOMPANIMENT : e.g. met , mee . Expression of this factor is very early. It is not accounted for in CLARK's proposal , though it appears to be central.

8) MARKEDNESS principle : e.g. boven precedes beneden , neer seems to precede op (upward ; does not occur in the sample). This principle amounts to the following : an unmarked category (op ,cp.CLARK's description) may not be expressed , yielding the impression that the marked category precedes the unmarked.[5]

Use of expressed vs. not expressed be proves that other , non-semantic aspects have an influence on a surface hierarchy.

5. Conclusion

The analysis of a limited corpus via different routes looks promising. A perception based model (CLARK 1973) yields satisfactory results provided a number of amendments are made so as to describe all aspects from the point of view of the observing individual. Variables derived from a general point of view prove uninformative.

Notes

1 The treatment of be will show we give a broad definition of the term.

2 Use of these traditional terms does not imply we use a perticular framework.

3 ANTINUCCI (1973) claims that a "full" NP is more complex than a deictic expression.

4 REGION is used by MILLER/JOHNSON-LAIRD (1976).

5 Fully treated by VAN LANGENDONCK (1975).

References

ANTINUCCI, F. (1973) : Sulla deissi . Rome : Consiglio Nazionale delle Ricerche . Instituto di Psicologia.

BATES, E. (1976) : Language and context. The acquisition of pragmatics. New York etc.: Academic Press.

BRUNER, J.S. (1975) : "The ontogenesis of speech acts" . Journal of Child Language 2 : 1 - 19.

CLARK, E.V. (1973) : "Non-linguistic strategies and the acquisition of word meanings". Cognition 2 : 161-182.

CLARK, H.H. (1973) : Space , time , semantics and the child . MOORE , T.E. (Ed.) : Cognitive development and the acquisition of language . New York etc.: Academic Press : 27 - 64.

GEERT , P. van (1978) : Perceptie , kognitie en taalontwikkeling: teoretische overwegingen en een longitudinale gevalsbeschrijving . MÖNKS , F.J. / HEYMANS , P.G. (Eds.): Communicatie en interaktie bij het jonge kind . Nijmegen : Dekker & Van de Vegt : 65 - 85 .

GRIEVE , R. / HOOGENRAAD , R. / MURRAY , D. (1977) : "On the young child's use of lexis and syntax in understanding locative instructions" . Cognition 5 : 235 - 250.

GRUBER, J.S. (1965) : Studies in lexical relations , MIT-Diss.

LANGENDONCK , W. van (1975) : Kindertaalontwikkeling , generatieve semantiek en markeringsteorie. Leuven : K.U.L. Department of Linguistics.

MILLER, G.A. / JOHNSON-LAIRD , P.N. (1976) : Language and perception. Cambridge : Belknap / Harvard.

ZUM PROBLEM DER PHYLOGENETISCHEN SPRACHENTSTEHUNG

Kurt Nikolaus

1. Artspezifität der Sprache

Nach CHOMSKY (1968: 10), der in diesem Punkt Descartes folgt, ist die Sprache ein Artspezifikum des Menschen - eine Ansicht, die heutzutage von der Mehrzahl der Sprachwissenschaftler, Biologen und Anthropologen geteilt wird (vgl. etwa LENNEBERG 1967: 374, PULGRAM 1970: 309 oder ZISTERER 1975: 184). Nach SEBEOK (1970: 114) ist die Sprache nicht nur artspezifisch, sondern auch artkonsistent. Eine solche Position schließt natürlich nicht aus, daß auch Tiere sich untereinander verständigen können; sie tun dies nur in qualitativ anderer Weise als der Mensch. Als die wesentlichsten Unterschiede, die die menschliche Sprache von tierischen Kommunikationssystemen unterscheidet, werden im allgemeinen genannt:

a) die Kreativität oder Produktivität der menschlichen Sprache (CHOMSKY 1968: 11f., LENNEBERG 1967: 233, OEHLER 1976: 74f.); dies war schon 1960 von Charles Hockett erkannt worden (HOCKETT 1973: 142)
b) Weitergabe durch Tradition, im Gegensatz zur genetischen Weitergabe (OEHLER 1976: 75, SCHURIG 1976: 241f.)[1]

Die These von der Kreativität der menschlichen Sprache geht auf v. Humboldt zurück und wird heute besonders von Chomsky in einer Weise vertreten, die dem Gegenstand nicht gerecht wird; viel richtiger wäre es, von der Kreativität des menschlichen Sprachverhaltens zu sprechen. Die Auffassung der generativen Grammatik, die sich nur auf formale (grammatikalische) und nicht auf inhaltliche (semantische) Kreativität richtet, ist jedenfalls von einem verhaltenswissenschaftlichen Standpunkt aus höchst unbefriedigend Im übrigen ist die These von der Artspezifität der Sprache kein Grund, evolutionstheoretische Überlegungen über den Übergang von tierischen Kommunikationssystemen zur menschlichen Sprache zurückzuweisen, wie CHOMSKY (1968: 70) und z. T. auch Lenneberg es tun; mit den Worten von SCHURIG (1976: 233):

> Zwischen der tierischen Kommunikation bei nichthumanen Primaten und der menschlichen Sprache besteht kein absoluter Unterschied, sondern ein kontinuierlicher phylogenetischer Übergang ...

Die Rufsysteme subhumaner Primaten sind zwar geschlossene Systeme, während die menschliche Sprache prinzipiell offen ist; aber dennoch steht auch die offene menschliche Sprache auf einem geschlossenen biologischen Fundament (vgl. SCHURIG 1976: 235ff.). In diesem Zusammenhang ist zu berücksichtigen, daß nach neueren Erkenntnissen auch Schimpansen in der Lage sind, Fragmente menschlicher Sprachen zu erlernen (GARDNER/GARDNER 1969, PREMACK 1973, PREMACK/PREMACK 1973) - ein Vorgang, der nach klassischer generativistischer Auffassung (CHOMSKY 1968: 66) eigentlich völlig unmöglich sein sollte.

2. Sprache als zentralnervöser Prozeß

LENNEBERG (1967: 33) hat sehr richtig erkannt, daß die anatomische Beschreibung der menschlichen Sprechorgane nichts über den Ursprung der Sprache aussagt; überhaupt ist Vokalisation keinesfalls wesentlich für die Sprache - man denke etwa an den Fall der Helen Keller. Dagegen postuliert BUNAK (1973: 228) fälschlich die artikulatorische Tätigkeit als notwendige Voraussetzung komplizierter intellektueller Tätigkeit. Der Grund, warum die Menschenaffen nicht sprechen, liegt jedoch weniger im Bau ihres Stimmapparats als vielmehr in ihrer herbivoren, nicht-kooperativen Lebensweise (CAMPBELL 1972: 316). Der Sprache liegt also nicht die artikulatorische Tätigkeit zugrunde, sondern ein bisher unbekannter zentralnervöser Prozeß, der in die verschiedensten motorischen Aktivitäten umgesetzt werden kann, ohne sich dadurch in seinem Wesen zu verändern. Mit den Worten von SCHURIG (1976: 247):

> Sprachliche Kommunikation ist nicht von der Lautaufnahme und Lautwiedergabe abhängig ...

In gleichem Sinne äußert sich auch LENNEBERG (1967: 235):

> The noise-making aspect of language, at least today, is only one incidental feature of our form of communication .

Dagegen sind tierische Kommunikationssysteme immer an bestimmte Übertragungskanäle gebunden; die Informationsgehalte tierischer Signale können also nicht in beliebige Medien umgesetzt werden.

SEBEOK (1970: 125) formuliert dies so:

> In general, the categories of code and message ... tend to coincide in animal communication systems.

Damit ist ein weiteres wichtiges Charakteristikum der menschlichen Sprache gefunden, das sie von tierischen Kommunikationssystemen grundsätzlich unterscheidet.

3. Das Kommunikationssystem der höheren Primaten

Alle Primatenforscher sind sich darüber einig, daß Motivationsübertragung in der Kommunikation der höheren subhumanen Primaten wesentlich wichtiger ist als Informationsaustausch über die Umwelt (MARLER 1973: 89, PLOOG 1974: 46f.); visuelles Kommunikationsverhalten ist dabei im allgemeinen komplexer als akustisches (BASTIAN 1974: 147, SCHURIG 1976: 215f.), d. h. die Affen kommunizieren vorwiegend auf optischem Wege. Für die meisten Altweltaffen (insbesondere Hominoidea) ist das Prinzip der fließenden Übergänge von Vokalisationen - im Gegensatz zum Prinzip der disparaten Rufe - charakteristisch (MARLER 1973: 64, PLOOG 1974: 41ff.). Von besonderer Bedeutung ist, daß die Vokalisationen von Affen in erster Linie Handlungsbereitschaften anzeigen (MARLER 1973: 68, BASTIAN 1974: 161, PLOOG 1974: 64f., KUMMER 1975: 24f., OEHLER 1976: 66); die Kommunikation unter Affen ist also, grob gesagt, dem einfacheren Fall des allelomimetischen Verhaltens (Stimmungsübertragung) bei Vögeln analog, während die menschliche Sprache eher dem Schwänzeltanz der Honigbiene entspricht. Mit den Worten von ZISTERER (1975: 168):

> Die Kommunikation der höheren Primaten bedient sich vor allem visueller Kommunikationsmittel, Laute treten meist nur als emotionale Begleitmittel auf.
> Kommunikative Mittel werden zur Interaktionssteuerung, vor allem zur Lösung der Dominanz-Subordinationsprobleme eingesetzt.
> Kommunikative und kognitive Leistungen überschneiden sich nicht; der Bereich praktischer Erfahrung (Neugierverhalten gegenüber Objekten der Außenwelt, Problemlösungsverhalten) wird nicht in Kommunikation umgesetzt.

Derartige nonverbale Kommunikationsmittel werden auch vom Menschen verwendet (SEBEOK 1970: 116 nennt paralinguistische Phänomene, Kinesik, Proxemik; vgl. dazu BASTIAN 1974: 150f.); dabei ist der Ansicht von PLOOG (1974: 49f.) zuzustimmen:

> Soweit ... Sprache lautgebender emotionaler Ausdruck ist, besteht kein grundsätzlicher Unterschied zum vokalen Ausdrucksvermögen der übrigen, nichtmenschlichen Primatenfamilie.

4. Ist eine Evolutionstheorie der Sprache möglich?

Das Kommunikationssystem der subhumanen Primaten ist also expressiv und analog; die menschliche Sprache ist digital und zeichnet sich durch die Möglichkeit aus, Objekte der Umwelt zu benennen (SEBEOK 1970: 116; SCHURIG 1976: 240f.). Daraus folgt jedoch nicht, wie CHOMSKY (1968: 70) annimmt, daß die menschliche Sprache radikal verschieden von tierischen Kommunikationssystemen sei; noch viel weniger stimmt Chomskys These, daß Menschenaffen zum Spracherwerb grundsätzlich unfähig seien, wie die oben zitierten Experimente von Gardner und Premack gezeigt haben Wenn diese Annahme Chomskys jedoch unrichtig ist, dann ist es ebenso falsch, anzunehmen, daß theoretische Überlegungen über den Sprachursprung sinnlos seien; vielmehr ist von einer evolutionären Entwicklung der Sprache aus einfacheren tierischen Vorformen auszugehen. Die Fehleinschätzung dieses Problems durch die generative Grammatik resultiert aus der Annahme, man könne die Struktur der Sprache untersuchen, ohne auf ihre Verwendung einzugehen; so richtet sich die Aufmerksamkeit auf eine lediglich formal aufgefaßte Generativität und übersieht völlig den biologisch und sozialwissenschaftlich bedeutsamen Aspekt des Informationsaustauschs mittels Sprache. Auch Lenneberg ist dieser Fehleinschätzung offenbar teilweise aufgesessen; seine Emergenztheorie der Sprachentstehung ist daher in Übereinstimmung mit ALEXANDER (1973) zurückzuweisen. Zwar hat Lenneberg insofern recht, als eine Kontinuitätstheorie, wie er sie skizziert, der Evolution der Sprache nicht gerecht wird (SCHURIG 1975 hat übrigens das gleiche für die Psychophylogenese gezeigt); aber dies heißt noch nicht, daß wesentliche Komponenten der menschlichen Sprache nicht auch in tierischen Kommunikationssystemen bereits vorkommen. In Anlehnung an POPPER (1972: 235ff.) und andere soll daher im folgenden eine Theorie der Evolution der Sprache angedeutet werden, die sowohl den Kontinuitäts- als auch den Diskontinuitätsaspekt der Sprachentstehung abdeckt.

5. Sprache und soziale Jagd

Die Evolution des sozialen Jagens im Mittelpleistozän leitet den Beginn der sog. humanen Phase der Hominisation (nach Heberer) ein und ist damit wesentlich für die Konstitution der Gattung Homo. Auf die Bedeutung des sozialen Jagens für die psychischen Charakteristika des Menschen hat schon A. N. LEONTJEW (1973: 203-207) nachdrücklich hingewiesen; in gleichem Sinne äußern sich auch SCHURIG (1976: 211-214) und SCHMIDBAUER (1974: 226), der auch den Prozeß des Teilens der Beute nach erfolgreicher Großwildjagd hervorhebt. Unter anthropologischem Aspekt ist besonders CAMPBELL (1972: 207-210) auf die immense Bedeutung des sozialen Jagens eingegangen: Soziales Jagen leitet einen evolutiven Trend zur Sprache ein, denn um Arbeitsteilung und Kooperation zu ermöglichen, müssen dabei Informationen über die Umweltereignisse ausgetauscht werden; gleichzeitig wird durch die soziale Jagd die Wahrnehmungswelt des Menschen ebenso verändert wie seine geistige Tätigkeit - es entsteht Bewußtsein. (Nach SCHURIG 1976: 70 ist Bewußtsein eine artspezifische Eigenschaft des Menschen, die durch Zusammentreffen von bestimmten ökologischen Anpassungsnotwendigkeiten mit dem psychophysischen Niveau der Primaten entstanden ist.) Man kann sogar ohne weiteres sagen:

> Der Schlüssel zum Wesen des Menschen liegt in seiner Ausbildung sozialen Jagens. (CAMPBELL 1972: 329)
>
> Der Mensch dankt seine Intelligenz weitgehend jener Phase der Evolution, die er als Jäger und Sammler lebte. (SCHMIDBAUER 1974: 222)

Werkzeugherstellung ist zwar ein wichtiges Kriterium des Hominidenstatus, aber für die Evolution der Gattung Homo scheinen Kooperation und Kommunikation zunächst primär gewesen zu sein (ZISTERER 1975: 178); zwar ist rudimentäres Werkzeugverhalten beim Menschen die Voraussetzung für soziales Jagen, aber die Evolution des Menschen und seiner Sprache erfolgte im wesentlichen während einer jahrmillionenlangen, archäologisch gut belegten Stagnation der technischen Entwicklung (vgl. etwa FREUND 1978: 402f.). Demnach läßt sich auch die Evolution der Sprache mit CAMPBELL (1972: 316) als "Teil der Verhaltensanpassung des Menschen an seine neue Lebensweise als sozialer Carnivore" begreifen.[2] Im Gegensatz zur expressiven Funktion der Kommunikation in

Primatensozietäten beziehen sich die Signalleistungen nun auf den Komplex des Nahrungsverhaltens (nach Hediger), was außer auf den Menschen sonst im allgemeinen nur auf soziale Carnivoren und staatenbildende Insekten - z. B. Apis mellifera - zutrifft, deren Kommunikationssysteme sich in dieser Hinsicht wesentlich von denen äffischer Primaten unterscheiden. Aufgrund des engen Zusammenhangs von Sprache und sozialer Jagd verliert die Annahme von TEMBROCK (1975: 171), die phylogenetische Wurzel der menschlichen Sprache liege in Stimmfühlungslauten im emotional entspannten Feld, sehr an Wahrscheinlichkeit.

Die qualitativen Änderungen sowohl der kognitiven Tätigkeit als auch des Kommunikationsverhaltens, die mit der Evolution sozialen Jagens verbunden sind, lassen sich dahingehend zusammenfassen, daß nunmehr Erkenntnistätigkeit und Kommunikationsverhalten, die bei den Affen noch getrennt waren, zu einem einheitlichen Ganzen, dem Sprachverhalten, verbünden werden. Vorsprachliches Kommunikationsverhalten und unbewußte Erkenntnistätigkeit liegen bereits bei subhumanen Primaten vor, aber erst ihre Verbindung läßt menschliches Sprachverhalten entstehen. Eine dahingehende Hypothese über die Evolution der Sprache ist bereits in Anlehnung an Bühlers Organonmodell der Sprache von POPPER (1972: 235ff.) vertreten, von CHOMSKY (1968: 67f.) jedoch heftig angegriffen worden. Die ursprüngliche phylogenetische Grundlage der Sprachentwicklung, die expressive und Appellfunktion der Kommunikation, wird im Laufe der Evolution der menschlichen Sprache allmählich abgebaut (SCHURIG 1976: 238f.); die Sprachzeichen werden arbiträr. In den Termini von Bühler und Popper kann man die Evolution der Sprache also dahingehend zusammenfassen, daß im Zusammenhang mit der sozialen Jagd der frühen Hominiden (Australopithecinen[3]) die Gattung Homo entstand und im Zuge dieser Entwicklung die Ausdrucksfunktion der tierischen Kommunikation von der Darstellungsfunktion der menschlichen Sprache überlagert wurde. Der Beginn dieses Prozesses liegt vermutlich im Mittelpleistozän (DeVORE 1974: 205), vor rund einer Million Jahren. Da die Spezies Homo sapiens jedoch wesentlich jünger ist, ließe sich unter phylogenetischem Aspekt auch die These von der Gattungs-, nicht Artspezifität der menschlichen Sprache vertreten; dies ist jedoch vielleicht ein eher terminologisches Problem, das davon abhängig ist, wie weit wir den Sprachbegriff fassen wollen: ob er nur auf die Lautsprache beschränkt sein oder auch die Gestensprache mit umfassen soll.

6. Lautsprache oder Gestensprache?

Nach TEMBROCK (1975: 69f.) entstehen Signalsysteme phylogenetisch aus Gebrauchssystemen, und zwar durch Ritualisation (nach Huxley) und Semantisierung (nach Wickler). Nun ist das Gebrauchssystem, das der akustischen Kommunikation bei höheren Primaten zugrundeliegt, zwar zweifellos die Atmung (LENNEBERG 1967; SCHURIG 1976: 222f.), aber aufgrund der zentralnervösen Natur der menschlichen Sprache (s. o.) und der Evolution der Bipedie als eines gattungsspezifischen Merkmals der Hominiden im Zuge der Einnischung ins Steppenbiotop läßt sich auch an eine andere Möglichkeit der Sprachentstehung denken. Allgemein finden wir nämlich, daß bei terrestrisch lebenden Primaten die visuelle Kommunikation innerhalb des Sozialverbandes an Bedeutung gewinnt, während die Bedeutung akustischer Signale gegenüber den Rufen arboricoler Primaten zurückgeht (SCHURIG 1976: 199); damit ist prinzipiell die Möglichkeit einer Gestensprache gegeben. Zwar behauptet BUNAK (1973: 239), die Gestensprache sei zur Begriffsbildung ungeeignet, da Gestik rein motivational bestimmt sei; er verkennt dabei jedoch die zentralnervöse Natur der Sprache und übersieht, daß man von der rezenten Bestimmung der Gestik nicht unbedingt auf deren phylogenetisch frühere Funktionen zurückschließen kann. Im übrigen wissen wir aus Untersuchungen der Primatenkommunikation, daß bei Affen gerade Vokalisationen besonders stark emotional geprägt sind; die akustische Kommunikation der subhumanen Primaten stellt also ein ungünstiges präadaptives Niveau für die Entstehung der menschlichen Sprache durch Verbindung von Kommunikationsverhalten und Erkenntnistätigkeit dar. Es liegt daher nahe, auf Spekulationen zurückzugreifen, wonach die Gestensprache der phylogenetische Ursprung der Lautsprache ist, da die Gestensprache nämlich einerseits dem Kommunikationsniveau der höheren Primaten entspricht, andererseits durch die Evolution der Bipedie und die biophysikalischen Eigenschaften des Steppenbiotops begünstigt wird. Die

Verschiebung von vorwiegend visueller Kommunikation bei Pongiden und subhumanen Hominiden zu vorwiegend akustischer Kommunikation bei Homo läßt sich dann durch die Möglichkeit akustischer Rückkoppelung, die bei der Lautsprache gegeben ist, erklären (vgl. SCHURIG 1976: 217). Dies entspricht auch der Ansicht von ZISTERER (1975: 178): Aus der sozialen Jagd entwickelt sich eine Gestensprache bereits in einem Stadium, in dem Werkzeugverhalten noch eine relativ untergeordnete Rolle spielt; der Laut als emotionales Begleitmittel gewann dann jedoch aufgrund der Selbstwahrnehmbarkeit der Laute Eigenfunktionen. Mit dem entwickelten Sprach- und Sozialverhalten erfolgt schließlich eine Rückwirkung auf das ursprünglich rudimentäre Werkzeugverhalten bis zur Entstehung des rezenten Menschen Homo s. sapiens und der technischen Revolution im Jungpaläolithikum.

Anmerkungen

1 Traditionsbildungen finden sich auch bei Tieren (vgl. SCHURIG 1975). Sie beziehen sich jedoch nur bei gewissen Singvögeln, nicht jedoch bei Affen auf das Kommunikationsverhalten. - Weitere wichtige Unterscheidungsmerkmale der menschlichen Sprache nennt HOCKETT (1973); SCHURIG (1976: 240) verweist zusätzlich auf die Möglichkeit zur metasprachlichen Kommunikation.

2 Im Sinne von SCHMIDBAUER (1974: 222) und DeVORE (1974: 203f.) sollte man in diesem Zusammenhang neben der sozialen Großwildjagd der Männer auch die Sammlertätigkeit der Frauen betonen, auch wenn die Fossildokumentation dazu naturgemäß dürftig ist.

3 Einen Überblick über die Evolution der Hominiden (Ramapithecus - Australopithecus - Homo habilis - Homo erectus - Homo sapiens) einschließlich wichtiger, hier ausgelassener Details gibt GROISS (1978); eine ausführliche Darstellung und Interpretation findet sich bei CAMPBELL (1972) und SCHURIG (1976).

Literatur

ALEXANDER, R. J. (1973): "Towards a multidisciplinary view of language: Some biolinguistic reflections". Linguistische Berichte 25: 1-21.

BASTIAN, Jarvis (1974): "Die Signalsysteme der Primaten und die menschliche Sprache". SCHMIDBAUER (ed.): 143-171.

BUNAK, V. V. (1973): "Die Entwicklungsstadien des Denkens und des Sprachvermögens und die Wege ihrer Erforschung". SCHWIDETZKKY (ed.): 226-252.

CAMPBELL, Bernard G. (1972): Entwicklung zum Menschen. Voraussetzungen und Grundlagen seiner physischen Adaptationen und seiner Verhaltensanpassungen. Stuttgart: Gustav Fischer.

CHOMSKY, Noam (1968): Language and Mind. New York: Harcourt.

FREUND, Gisela (1978): "Evolution der Kulturen". SIEWING (ed.): 397-410.

GARDNER, R. A. / GARDNER, B. T. (1969): "Ein Schimpanse lernt die Zeichensprache". LEUNINGER, Helen / MILLER, Max H. / MÜLLER, Frank (eds.) (o. J.): Linguistik und Psychologie. Ein Reader. II. Frankfurt: Athenäum Fischer: 3-29.

GROISS, Josef Theodor (1978): "Die Evolution der Hominiden". SIEWING (ed.): 357-378.

HOCKETT, Charles F. (1973): "Der Ursprung der Sprache". SCHWIDETZKY (ed.): 135-150.

KUMMER, Hans (1975): Sozialverhalten der Primaten. Berlin: Springer.

LENNEBERG, Eric H. (1967): Biological Foundations of Language. New York: Wiley.

LEONTJEW, Alexejew Nikolajew (1973): Probleme der Entwicklung des Psychischen. Frankfurt: Athenäum Fischer.

MARLER, Peter (1973): "Kommunikation bei Primaten". SCHWIDETZKY (ed.): 39-90.

OEHLER, Jochen (1976): "Menschliche Kommunikation aus der Sicht der Verhaltensforschung". JOHST, Volker (ed.) (1976): Biologische Verhaltensforschung am Menschen. Berlin: Akademie: 63-78.

PLOOG, Detlev (1974): Die Sprache der Affen und ihre Bedeutung für die Verständigungsweise des Menschen. München: Kindler.

POPPER, Karl R. (1972): "Of Clouds and Clocks". POPPER, Karl R. (1972): Objective Knowledge. An Evolutionary Approach. Oxford: Clarendon: 206-255.

PREMACK, David (1973): "Sprache beim Schimpansen?". SCHWIDETZKY (ed.): 91-131.

PREMACK, Ann James / PREMACK, David (1973): "Sprachunterricht für einen Affen". WICKLER, Wolfgang / SEIBT, Uta (eds.) (1973): Vergleichende Verhaltensforschung. Hamburg: Hoffmann & Campe: 414-430.

PULGRAM, Ernst (1970): "Homo loquens. An ethological view". Lingua 24: 309-342.

SCHMIDBAUER, Wolfgang (1974): "Die Bedeutung der Jagd für die menschliche Evolution". SCHMIDBAUER (ed.): 207-231.

SCHMIDBAUER, Wolfgang (ed.) (1974): Evolutionstheorie und Verhaltensforschung. Hamburg: Hoffmann & Campe.

SCHURIG, Volker (1975): Naturgeschichte des Psychischen. I: Psychogenese und elementare Formen der Tierkommunikation. II: Lernen und Abstraktionsleistungen bei Tieren. Frankfurt a. M.: Campus.

SCHURIG, Volker (1976): Die Entstehung des Bewußtseins. Frankfurt a. M.: Campus.

SCHWIDETZKY, Ilse (ed.) (1973): Über die Evolution der Sprache. Anatomie - Verhaltensforschung - Sprachwissenschaft - Anthropologie. Frankfurt a. M.: S. Fischer.

SEBEOK, Thomas A. (1970): "Zoosemiotic structures and social organization". Linguaggi nella società e nella tecnica. Milano: Edizioni di Comunita: 113-128.

SIEWING, Rolf (ed.) (1978): Evolution. Bedingungen - Resultate - Konsequenzen. Stuttgart: Gustav Fischer.

TEMBROCK, Günter (1975): Biokommunikation. Informationsübertragung im biologischen Bereich. Hamburg: rororo vieweg.

DeVORE, Irven (1974): "Die Evolution der menschlichen Gesellschaft". SCHMIDBAUER (ed.): 193-206.

ZISTERER, Sylvia (1975): "Probleme der phylogenetischen Sprachentstehung. Ansätze zu einer Entwicklungsgeschichte menschlicher Sprache". LEIST, Anton (ed.) (1975): Ansätze zur materialistischen Sprachtheorie. Kronberg/Ts.: Scriptor: 156-205.

"LANGUE ECRITE" UND "LANGUE ORALE" IN ZWEI FRANZOESISCHEN ZEITGENOESSISCHEN ROMANEN

FRANÇOISE MALLET-JORIS   LA MAISON DE PAPIER
MARIE CARDINAL   LA CLE SUR LA PORTE

Luzian Okon

1. <u>Die Autoren</u>: Man sucht die beiden Autoren fast vergebens in den Literaturgeschichten. Einen eigentlichen Durchbruch hat Françoise Mallet-Joris schon 1958 mit ihrem Roman "L'Empire céleste" erzielt, für den sie den Prix Femina erhielt. Dessen ungeachtet, hat ihr Roman "La maison de papier" (1970)kein besonderes Echo ausgelöst. Marie Cardinal fing als etwa Fünfzigjährige zu schreiben an, und wenn auch ihr Roman "La clé sur la porte" (1972) das literarische Establishment und die Literaturkritiker nicht fasziniert hat, so hat er die Uebersetzer und die Presse jedenfalls sehr rasch angesprochen. Wir verweisen nur auf die wesentlich positive Rezension von "La clé sur la porte" von Angela BIANCHINI (1979) in "La Stampa" und auf die diesjährige bei Bompiani erschienene Uebersetzung "La chiave nella porta".

Das Dizionario critico della letteratura francese von Franco SIMONE (1972) nennt zwar Louis-Ferdinand Céline und Albert Camus, aber keineswegs unsere beiden Autoren.

2. <u>Die beiden Romane und ihr Verhältnis zum "Nouveau Roman"</u>: Beide Romane sind poetologisch nicht dem "Nouveau Roman" zuzuordnen. Der minimalste gemeinsame Nenner für die Romane von Michel Butor, Alain Robbe-Grillet, Nathalie Sarraute wäre der Anti-Held, der allerdings schon bei Italo Svevo in "Senilità" vorkommt, der Held also, der vor seiner eigenen Zielsetzung zurückschreckt (HASSAN 1959:309-323). Der Protagonist von "La Modification" von Michel Butor bringt die Scheidung, die er beständig anstrebt, nicht zu Wege. Anti-Helden zeigt uns Françoise Mallet-Joris im "Empire céleste"; es ist der Roman der kleinen Habenichtse, die bei Socrate im Quartier-Restaurant mit dem

pompösen Namen "Empire céleste" verkehren. Deshalb ist der Roman jedoch kein "Nouveau Roman". Der traditionelle Roman, so sagt uns Maurice MOUILLAUD (1965-66:57-58), zeichnet sich aus durch beständige Reflexion über drei Dinge: l'amour, la vie, la mort[1]. Diese Themen sind von unbestrittener Gültigkeit für die Romane: "L'Empire céleste" und "La maison de papier" von Françoise Mallet-Joris und "La clé sur la porte" von Marie Cardinal. Demnach sind sie wesentlich klassisch.

Zudem ist der für Butor etwa typische quälende monologue intérieur, der eigentlich ein Mono-Dialog ist in "La Modification", weitgehend durch Dialog (und wörtliche Rede) in unseren beiden Romanen ersetzt. Alain Robbe-Grillet nannte in einem Vortrag an der Frankfurter Universität l'objectal als das vordergründigste Kennzeichen des "Nouveau Roman": Die Welt der Gegenstände habe die Gefühle abgelöst. In seinem eigenen Roman "Le Voyeur" kommen auf den beiden ersten Seiten zwei Gegenstände vor: la sirène und la cordelette de chanvre. Erst danach taucht der Name "Mathias" auf. Eine solche Bevorzugung der Welt der Dinge gegenüber dem Menschlichen ist in unseren beiden Romanen ebenfalls nicht zu finden.

Wir haben zwei klassische Romane in der Form und im Plot vor uns, die aber modernste Themen in ihrer Brisanz behandeln, wie: Sinn der Familie ? Anti-autoritäre Erziehung ? Studien, Freundschaft und vieles mehr.

3. Welche Interpretationen bieten sich an ? Zunächst eine existenzphilosophische Analyse, dann eine psychologische, und zwar in einem lerntheoretischen Sinn, wie ihn Albert BANDURA (1979) in seinem letzten Buch beschreibt: Möglichkeiten der Lebensgestaltung, Lebensformen, Absichten, Handlungen und Reaktionen werden hier beständig durchgespielt. Die beiden Romane zeigen ein beständiges Lernen durch Reaktionskonsequenzen auf. Beide Analysen können hier nicht unsere Aufgabe sein.

Es bietet sich weiter an: eine Analyse der schichtenspezifischen Sprache im Sinne von Basil BERNSTEIN (1971:61-67), etwa: Sprache der emanzipierten jungen Generation versus Sprache der Erwachsenen

Ferner liesse sich untersuchen: die Standardsprache, "Standardization" im Sinne von Joshua FISHMAN (1974:1639+1665), versus Sprachvarietät einer bestimmten Speech-Community (in diesem Fall also nicht etwa: Puertorikaner in New York, eine Vorliebe bei Fishman, sondern der Code der intellektuellen, emanzipierten Jugendlichen im 1968-er Paris gegenüber dem Code der urbanen Bourgeoisie, also: Liberalisierung der Sprache gegenüber dem Festhalten an der Norm). Die linguistische Heterogenität wird dann zum Zeugnis einer gesellschaftlichen Heterogenität (WILKINS 1972:182). Linguistischer Kontrast und gesellschaftlicher Kontrast werden dann kongruent.

Schliesslich bietet sich das von uns gewählte Thema an: langue écrite und langue orale, oder genauer: langue orale in der langue écrite, namentlich in der Negation, in der Frageform und im Wortschatz. Um drei Beispiele zu nennen:

1) Tu as pris un pyjama ? Quelque chose pour mettre à la clinique ? Zut, j'ai oublié. D'ailleurs, j'ai rien (Marie Cardinal, éd. Poche, p. 34).

2) Tu te rends compte dans quel pétrin (moulin, boulangerie, fam., situation inextricable) tu nous mets ? (Marie Cardinal, éd. Poche, p. 71).

3) "Moi, quand je dessine je peux rester toute une journée sans faire autre chose, ça me fait flipper" (secouer).
(Marie Cardinal, éd. Poche, p. 85).

Man könnte weitere Erscheinungsformen des code oral betrachten: "ça" als mot explosif und die beständige Segmentierung des Satzes, la phrase segmentée, weiterhin die Interjektionen. Die vorhandenen französischen Grammatiken und Einzeluntersuchungen helfen uns hier in keinem Fall weiter: sie sind deskriptiv und beschreiben die Standardsprache, sie sind normativ und bleiben sehr wesentlich hinter der Sprachentwicklung zurück; für sie ist die Sprache weiterhin bon usage. Unsere beiden Romane haben den bon usage absolut überrollt. In sprachdidaktischer Sicht liesse sich von "environmental pressure" einer spezifischen Sprachgruppe auf die französische Standardsprache sprechen, wobei hier zu sagen ist, dass eine Minderheit, entweder die Autoren, oder die Jugendlichen, deren Jargon hier wiedergegeben, d.h. schriftlich kodifiziert wird, verändernd auf eine nationale Sprachgemeinschaft einwirkt, nicht die Hochsprache auf eine sprachliche Minderheit, etwa das amerikanische Englisch auf puertorikanische Emigranten. Marie Cardinal hatte, mehr als Françoise Mallet-Joris, den Mut, diese Abweichungen graphisch festzuhalten.

4. Die Grammatiken des bon usage und ihr Verhältnis zum gesprochenen Französisch: Während Randolph Quirk, nach einem Wort von Ludwig SOELL (1974:7)[2], vor etwa fünfzehn Jahren darüber Klage führte, dass die gesprochene Sprache in der Forschung arg vernachlässigt würde, kommt Artur GREIVE in einem Artikel aus dem Jahr 1978 (:33) zu dem Schluss, dass das gesprochene Französisch heute zu den Lieblingskindern der romanischen Sprachwissenschaft gehöre.

Bei relativ guter Kenntnis der vorhandenen Beiträge scheint uns diese Euphorie nicht legitim.

Ein Blick auf einige einschlägige Grammatiken und Einzeluntersuchungen bestätigt uns das Gegenteil:

Raymond LOISEAU (1976:49-53) in seiner "Grammaire française" sagt uns im Kapitel 12 auf fünf Seiten überhaupt nichts Neues zum Kapitel "Negation". Es ist für ihn einfach ein fait accompli, dass die Negation im Französischen aus zwei Partikeln besteht. Er fragt weder, warum dies so sei, noch hält er fest, dass bisweilen im mündlichen Gebrauch das erste Teilstück "ne" weggelassen wird. Die Frageform wird ebenfalls absolut normativ abgehandelt. Er verweist lediglich auf den "üblichen" Gebrauch von "est-ce que": "Dans la langue parlée, on emploie le plus souvent l'interrogation qui respecte l'ordre des mots de la phrase et l'interrogation avec est-ce que" (LOISEAU 1976:45).

David GAATONE (1971:206): "Etude descriptive du système de la négation en français contemporain", behandelt auf rund 200 Seiten die Negation im normativen Sinn und stellt dann im Annex seines Buches einige Erwägungen an zum heutigen Gebrauch der Negation ohne "ne". Man sieht auch hier wiederum, dass der normative Geist stärker ist. Immerhin sagt er Gültiges aus: zum Beispiel, dass "ne" von sekundärer Bedeutung sei, dass es zum "élément de redondance" reduziert sei und dass sich daraus mutmasslich sein Verschwinden erkläre, wogegen in der klassischen

Sprache "ne" das "morphème principal" gewesen sei und "pas, point, etc." dagegen die "éléments complémentaires", und der Tag sei nicht fern, da "ne" völlig verschwunden sein würde.

Für Lucien TESNIERE (1959:224) besteht die französische Negation aus zwei Teilen, dem "discordantiel" und dem "forclusif": "Le mécanisme pourrait se comparer à l'ensemble musical constitué par une dissonance (discordantiel) et par sa résolution dans une consonance (forclusif)", wobei merkwürdigerweise das positive Semem con- durch das restriktive for- übersetzt wird. Beide Elemente verleihen dem Französischen "une articulation souple et nuancée"(TESNIERE 1959:223). Lucien TESNIERE (1959:230) fasst die Negation als eine Harmonie auf, sie beruht nach ihm auf zwei gleichberechtigten Komponenten und erzeugt eine "double détente". Von diesem Gedankengang aus wird seine Weigerung verständlich, den modernen Sprachgebrauch ohne "ne" gelten zu lassen; seine Ablehnung ist geradezu apodiktisch: "... une expression comme je sais pas en face de je ne sais pas est d'un français franchement négligé et même très commun". Die Logik der sprachlichen Struktur widersetzt sich energisch dem modernen mündlichen Sprachgebrauch, wie Tesnière meint.

Der Beitrag von Lucien Tesnière zur Frageform ist erheblich, aber auch er bleibt im Normativen stecken. Tesnière spricht von der "interrogation nucléaire" und der "interrogation connexionnelle", von den beiden Typen:

a) Alfred chante une chanson, woraus sich die Fragen ableiten lassen:

   1) Qui chante une chanson ?
   2) Que fait Alfred ?
   3) Que chante Alfred ? (TESNIERE 1959:192).

b) Alfred est venu. Und Frage: Alfred est-il venu ? (TESNIERE 1959:207).

Der Fragetyp: Tu es malade ? bleibt dagegen ausgeschlossen.

Demgegenüber sind Jacques DAMOURETTE und Edouard PICHON (1911-1927:130), die den ersten Band ihrer Grammatik 1911 veröffentlichten, vergleichsweise modern und dem mündlichen Sprachgebrauch aufgeschlossen. Zum Verlust von "ne" führen sie an: "Mais il y a lieu de se demander s'il ne s'agit pas d'un écrasement phonétique de ne...". Damit anerkennen sie das autonome Wirken der Sprache und nehmen eine evolutionistische Haltung ein.

Aber diese Erwägungen sind tastende Versuche, der tatsächlichen, gesprochenen Sprache gerecht zu werden. Der Durchbruch zur Anerkennung der gesprochenen Sprache erfolgt erst mit dem zweiten Strukturalismus eines M.A.K. Halliday.

Während im ersten Strukturalismus (von Ferdinand de Saussure) Sprache = System ist, ist sie im zweiten Strukturalismus ausschliesslich Funktion und Bewegung: Halliday gibt seiner Ueberzeugung Ausdruck mit der folgenden Definition:

> "Language does not exist: it happens. It is neither an organism, as many nineteenth-century linguists saw it, nor an edifice, as it was regarded in the early modern 'structuralist' period of linguistics. Language is activity, activity basically of four kinds: speaking, listening, writing and reading" (HALLIDAY/MCINTOSH/STREVENS 1968:9).

Mit dieser neuen Axiomatik ist das Sprechen zumindest dem Schreiben ebenbürtig geworden. Jetzt ist der Moment gekommen, den mündlichen Sprachgebrauch in die Literatur einzuführen, ohne die Académie française um ihr Einverständnis zu fragen. Sartre hat diesen Schritt allerdings schon 1938 mit "La Nausée" gewagt.

Die "Grammaire de base" von Jean DUBOIS (1976) vollzieht diesen Schritt zur Langue-Communication in zwei Kapiteln, die sie überschreibt: 1) La communication, 2) L'oral et l'écrit. Endlich ist die mündliche Sprache salonfähig geworden. Sie hat aufgehört, ein nur marginales Dasein zu führen. Sie findet Einlass in den zeitgenössischen Roman. Der Roman wird "wirklicher", dynamischer, plastischer, konkreter, wird deiktisch. Im Realismus von Flaubert und der Brüder Goncourt, später im Naturalismus von Zola, war er schon "documentation", aber seine Sprache war noch weitgehend gewählt, nun aber wird die Sprache des Romans langue spontanée, die keinen Kanon mehr anerkennt. Mehr noch: der Roman spricht die schichtenspezifische Sprache seiner Protagonisten, und das Ideal Flauberts: die Absenz des Autors ist Axiom geworden bei Françoise Mallet-Joris und Marie Cardinal

Es bleibt zu hoffen, dass eine Studie wie diejenige von Gisa RAUH (1978) sich der sprachlichen Gestaltung der beiden Romane annimmt.

Anmerkungen

1 "On a l'impression que le roman d'avant le Nouveau Roman, le récit classique, était un roman chargé des choses humaines; on y parlait de l'amour, de la vie, de la mort; il y était question de notre destinée et ce serait toute cette vie qui aurait été perdue, ou qui ne serait plus qu'une espèce d'horizon extrêmement lointain dans les oeuvres du Nouveau Roman".

2 Söll bezieht sich auf das Werk von Randolph QUIRK (1955): "Colloquial English and Communication". Studies in Communication, London.

Literatur

BANDURA, Albert (1979): Sozial-Kognitive Lerntheorie. Stuttgart: Klett-Cotta (=Konzepte der Humanwissenschaften), p. 27. Amerikanische Originalausgabe (1977): Social Learning Theory. Englewood Cliffs, Prentice Hall.

BERNSTEIN, Basil (1971): Class, Codes and Control, volume 1, Theoretical Studies towards a Sociology of language, chapter 3: Language and social class. London: Routledge & Kegan Paul.

BIANCHINI, Angela (1979): Una donna e i ragazzi usciti dal'68. La Stampa, Anno 113, Numero 137, Venerdi 22 giugno, p. 19.

CARDINAL, Marie (1979): La chiave nella porta. Traduzione di Elina Klersy Imberciadori. Milano: Bompiani.

DAMOURETTE, Jacques / PICHON, Edouard (1911-1927): Des mots à la pensée. Essai de grammaire de la langue française, vol. 1. Paris: D'Artrey.

DUBOIS, Jean (1976): Grammaire de base. Paris: Larousse.

FISHMAN, Joshua (1974): "The Sociology of Language: An interdisciplinary social science approach to language in society". Thomas A. Sebeok, ed., Current Trends in Linguistics, vol. 12, pp. 1629-1784. The Hague-Paris: Mouton.

GAATONE, David (1971): Etude descriptive du système de la négation en français contemporain. Genève: Droz.

GREIVE, Artur (1978): "Zur Linguistik des gesprochenen Französisch". Archiv für das Studium der neueren Sprachen und Literaturen, 215. Band, 130. Jahrgang, 1. Halbjahresband, pp. 33-48.

HALLIDAY, M.A.K. / MC INTOSH, Angus / STREVENS, Peter (1968): The Linguistic Sciences and Language Teaching. London: Longmans.

HASSAN, Ihab H. cfr. (1959): "The Anti-Hero in Modern British and American Fiction". Comparative Literature, Proceedings of the Second Congress of The International Comparative Literature Association. UNC Studies in Comparative Literature, Number Twenty-Three, I, pp. 309-323. Chapel Hill, N.C.

LOISEAU, Raymond (1976): Grammaire française (=Collection Outils). Paris: Hachette.

MALLET-JORIS, Françoise (1970): La maison de papier. Paris: Grasset.

MOUILLAUD, Maurice (1965-1966): "Le sens des formes du Nouveau Roman". Cahiers internationaux de Symbolisme: 9-10, pp. 57-74.

RAUH, Gisa (1978): Linguistische Beschreibung deiktischer Komplexität in narrativen Texten. Tübingen: Narr.

SIMONE, Franco, ed., (1972): Dizionario critico della letteratura francese, I+II. Torino: Utet.

SOELL, Ludwig (1974): Gesprochenes und geschriebenes Französisch. Bonn: Schmidt.

TESNIERE, Lucien (1959): Eléments de syntaxe structurale. Paris: Klincksieck.

WILKINS, D.A., cfr. (1972): Linguistics in Language Teaching. Cambridge, Massachusetts: MIT.

PRODUCING AND INTERPRETING VERBAL UTTERANCES, A Dynamic Model

Guido Thys

0. Introduction

The production and no less the interpretation of verbal utterances are dynamic processes. The appearance of the physical entity "utterance" from the mouth or the pen of a speaker/writer is preceded by a complicated mental process, a succession of mental acts. How these acts are to be called, how many one can distinguish and how they are interrelated are problems which tend to differ from one theory to another.
What the mental acts are that follow the perception of an utterance by a hearer/reader on the other hand is a problem which has been given much less attention. In most theories the meaning and function of an utterance solely depend upon the producer, and the interpreter is considered to be no more than some sort of a black-box into which the utterance is inserted on one side and out of which the intended reaction appears on the other. Nevertheless, the psychological processes which constitute the interpretation of an utterance are at least as complicated as those of the production, and they are as constitutive for the eventual meaning and function of utterances in human communication.

In this paper I will propose a general representation of the most general mental processes which constitute the producing and interpretation of verbal utterances. This representation will take the form of a model which can be called psychological rather than linguistic, not only because the producer and interpreter are central rather than the utterance as a physical or logical entity as such, but also for a more important reason. It is namely the elaboration of a hypothesis which is detached from any concrete utterance-directed linguistic theory whatsoever. This hypothesis is intended to be confronted with the propositions of these theories about the way in which interpreting and producing utterances are regarded upon in their framework, with their techniques and strategies, etc. in order to determine their psychological relevance and internal consistence. In this sense the model can be called normative.

The starting-point of the investigations preceding the writing of this paper was the thesis that, since producing and interpreting verbal utterances are *acts*, their structure is largely conformable to the structure of other, human and rational, acts as they are being studied in behavioral psychology.

All this renders the position of this paper rather ambiguous. The model can namely not be called purely linguistic nor purely psychological and not all problems are solved by calling it psycholinguistic : psycholinguists will also regard it a bit suspiciously, be it for a somewhat different reason. Indeed, is the model intended to describe the actual psychological processes within the mind of a language-user, or does it rather want to simulate, in other words: does it rather belong to Artificial Intelligence?
The answer to this question is differentiated. It is rightly claimed that theorems about the structure and functioning of the human mind are almost completely unverifiable, at least in the present stage of the interested sciences. This does however not entail that these theorems would be senseless, since they are in any case still subject to *falsification*.
By means of induction from a number of phenomena the present model has been construed in order to try to interrelate these phenomena in a sensible way and to explain them partially. It cannot be denied that it looks pretty mechanistic and therefore rather seems to be a simulation model. It is indeed the case that it can be elaborated towards Artificial Intelligence, but it cannot be said to *belong* to it. Indeed, it visualizes a number of steps which necessarily heve to be made in order to make utterances sensible, by man as well as by machine. *How* these steps are made, in other words: which processes are at work in practice, is a problem which will not be tackled here. And it is precisely in order to do this that a choice has to be made between the description of processes in the human mind and that

of the mechanisms of a machine. In this sense the model is a "terminal analog" one which is valid for both.

Summarizing: I do not claim explicitely that the model is psychologically relevant for the simple reason that it has not been verified (to what extent can it be?). I have however good reasons to assume that there indeed play a number of things in the mind of a language-user and that they can be brought together in the form of the present model, and this as long as it has not -wholly or partially- been falsified.

1. Different levels of an analysis and the position of the model

What exactly happens in verbal interaction between people can be analysed at different levels. And moreover, distinct scientific disciplines seem to correspond to them.
Physically speaking the following phenomena succeed each other:

neural impulses	(brain)
muscular movement	(vocal tract)
sound waves	(air)
mechanical movement	(ear)
neural impulses	(brain)

(this, of course, only goes for speaking/hearing, writing/reading look a bit different).
All these phenomena, except for the sound waves, can be studied from a supplementary angle, viz. the physiological, yielding four different kinds of activities, each one of them corresponding to a physical phenomenon:

neural activity
(voluntary) muscular activity
(involuntary) auditory activity
neural activity.

Psychologists will investigate which psychological- behavioral- actions are constituted by these activities, and will name them:

planning
execution
capturing
interpreting

the first two of which can be attributed to the speaker/writer,

the other two to the hearer/reader.
In what follows two seperate models will be construed in order to visualize the mental processes in a producer's and an interpreter's mind, resp., i.e. the first, second and fourth psychological actions will be investigated. The third will be omitted since it is an involuntary one.

All this does not mean that I will digress on the so-called *linguistic competence*, or even the pretty fashionable *conversation (or communicational) competence*. On the contrary I hold that attempts to describe the whole of what goes on in verbal communication solely by these two concepts are hermeneutically contradictory. Both concepts, and specially the second one, originated in the sentence- (or utterance-) directed types of linguistics, which try to deduce psychological necessities ("things simply *have* to be like this") from linguistic regularities. The *uttering* of verbal entities is however basically a psychological matter and should therefore be investigated from that angle. As a consequence, the findings that result from utterance- and sentence- oriented linguistics can only have a suggestive value and need not *necessarily* be psychologically real.
And secondly, these concepts neglect factors such as perception and memory which are at least equivalent factors in production and interpretation.
The model I will present here is therefore situated on a more general level than these two concepts.

2. Producing verbal utterances

(When reading what follows it might be helpful to compare the text with the scheme which visualizes it.)

As an act the production of verbal utterances has a deeper ground, a *motivation* which causes it. How important this motivation is even in a purely linguistic study might be illustrated by the different intonation patterns with which the following sentence can be pronounced:

Could you hand me that apple please?

When the motivation is "hunger" the intonation will be quite

different from when it is "curiosity"(e.g. in the case where I think I spotted a worm and want to look at the apple more closely).
Something similar applies to the following sentence:

Will you finally hand me that apple?

where there are not only several -motivationally based- intonations possible, but in which one cannot explain the appearance of the word "finally" except by considering the motivation: there is no need for any temporal-serial indication; the word can only express something like "aggression"

The search for a suitable response to this "motivation-feeling" usually also yields this response, or rather a response one believes or feels to be apt (to take off the edge of hunger I have to eat something, to satisfy my curiosity I have to get to know the unknown, etc.). This response, this *desire* or *need* is stored in the Short-Term Memory (STM). The mind then looks for a strategy to meet this desire (what do I have to do in order to be able to eat something?, etc.). This search is usually carried out in the environment (what is available?) as well as in Long-Term Memory (LTM) (what do I need?, what can I do with the things I percieve?, etc.). This results in finding a strategy which I therefore intend (I am going to eat this apple, etc.). This *intention-1* is also stored in the STM.
My knowledge of what I am going to do does not imply that I know *how* to do it. This requires that I again have to look around in the environment and my LTM , this time for "partial acts" which constitute the act which is reflected in my intention-1, and which I therefore intend too. This then becomes *intention-2* which will also be retained in my STM.
When all these steps have been made, I can proceed to action.

It is clear that this is a very rudimentary and incomplete account of the matter. No act whatsoever can be accurately described this way. The model will have to be supplemented.
First of all, a mechanism has to be provided for which can modify the act if it goes wrong, i.e. if it does not meet motivation, desire, intention-1 or intention-2 anymore. There-

fore we have to build in a monitor which processes information about the course and result of the act while it is still going on, and about possible additional information from LTM and perception. This monitor then decides about modifications and/or additionals acts. These can be planned at the level at which the discrepancy with the initial act occured.
Secondly, it lacks a component which undertakes some actions when the intended strategy (intention-1) appears to be unrealizable in a direct way in the given circumstances. A second monitor has to be assigned the power to decide whether an act can or cannot be performed and if not, which new desire has to be instored, a desire which is directed towards the realization of the circumstances under which intention-1 does become possible.
When this is found, the entire mechanism is again set to work, this time at a sub-level -which renders the model recursive- and a new intention-1 and intention-2 are conceived the course and result of which are percieved and transmitted to the monitor. It is then again decided whether the original intention-1 is- realizable.

Schematically:

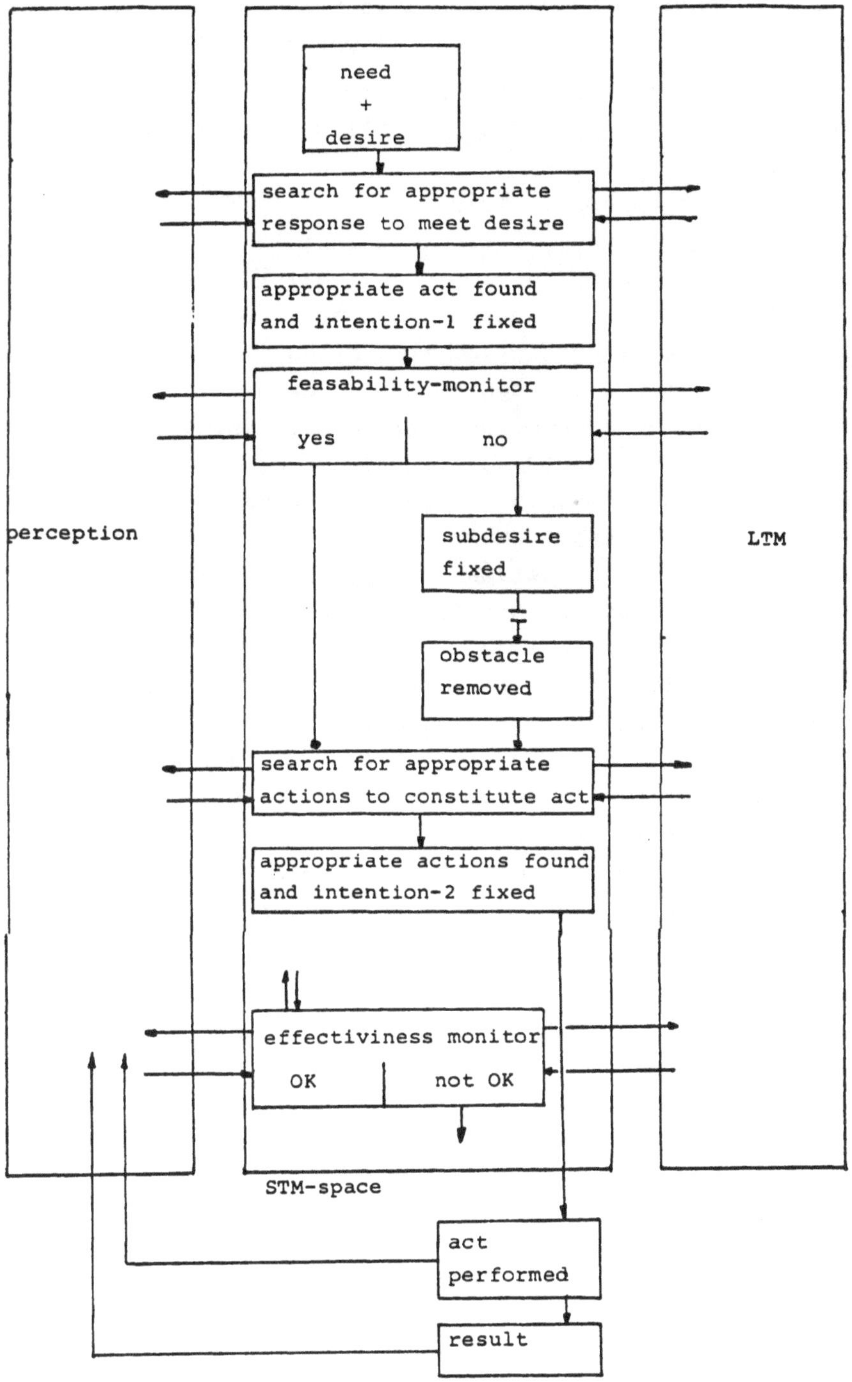
need
+
desire
search for appropriate response to meet desire
appropriate act found and intention-1 fixed
feasability-monitor
yes
no
perception
subdesire fixed
LTM
obstacle removed
search for appropriate actions to constitute act
appropriate actions found and intention-2 fixed
effectiviness monitor
OK
not OK
STM-space
act performed
result

It is important to notice that the model is recursive in two places, viz. the places where a monitor is present.

Let us now illustrate all this with an example.
Suppose someone (person A) produces the following utterance and directs it to B:

Could you hand me that apple please?

The genealogy of this utterance could look as follows:

a. by instinct or from memory (a problem which will not be discussed here) A knows that the rather unpleasant feeling in his stomach means that he is hungry and that he has to eat in order to relieve this hunger: a desire-a is created.
b. in collaboration with his LTM (what are edible things?, what is the taste of this and that?, etc.) and his perception (which is however an optional component: A can e.g. remember where to find things to eat without having to perceive them) A looks for something to eat; he perceives an apple and establishes intention-1: his strategy to satisfy his desire will be the taking and eating of that apple.
c. the feasability-monitor however informs him that this act is very difficult or impossible to realize in the present circumstances, because e.g. the apple lies out of A's reach; an intermediate desire-b is conjured up which consists in getting the apple within reach.
d. again together with LTM and perception A looks for a suitable way, a strategy which becomes intention-b1; he finds one: B will pass the apple on to him.
e. the same monitor however signals that this is impossible since people do not do things without any cause, so B must be motivated, incited to hand A the apple. Desire-c therefore becomes the desire that A should give this stimulus.
f. in collaboration with LTM and perception A conceives a strategy: by means of a Speech-Act "Request" he will notify B of the fact that he (A) wants him (B) to hand him the apple; this is the intention-c1 with which A utters the Speech-Act.
g. with the aid of his linguistic memory and of impulses from perception A constructs the utterances with which he has the intention-c2 to carry out the Speech-Act "Request".

h. the utterance "Could you hand me that apple please?" is produced.

i. A has to perceive signs or results of the following acts of B:
   in order for intention-c2 to be succesful B has to interpret the utterance as a request
   in order for intention-c1 to be succesful and desire-C thus to be responded to, B must grasp that A wants him to hand him the apple
   in order for intention-b1 to be succesful and desire-B thus to be responded to, B has to hand A the apple

j. in order for intention-a1 to be succesful and desire-a thus to be responded to, A has to eat the apple; he will do this by means of the in intention-a2 reflected actions.

k. when his hunger disappears no further actions have to be undertaken.

3. Interpreting verbal utterances

At the end of the previous section a few tasks have been lined out which the hearer/reader of the utterance has to fulfil. When he perceives sounds (or visual impulses in the case of a written utterance) the hearer has first got to *recognize* them as being *linguistic*. This is done on the basis of information stored in LTM.
The next point is to process these data into a coherent whole. In the first step of this decoding the mind calls upon the linguistic knowledge in LTM in order to construct, via the recognition of something like phonemes and the assembling of something like morphemes, a syntactically and semantically cohesive whole (the *cohesion* has to be *comprehended*).
In the second step the interpreter will try to understand the relevance of the utterance in connection with information from LTM, from perception and assumption about the assumptions about the intention of the speaker/writer which result from the latter two items, i.e. he will try to find the coherence. If this is done successfully the hearer can be said to understand the utterance (the *coherence* has to be *understood*). If not, a new cohesion will be looked for.

Note that these two steps are the antipodes of intention-2 and intention-1 resp.
When all this is carried out the interpreter can "decide" whether or not he will respond to the other's desire or need. In other words: his motivation to act is not only aroused by the utterance alone but also by his own "internal state", etc.

The entire process of motivation, desiring, etc. as it has been sketched in the previous section, has to be inserted between every two of these four stages of the interpretation. E.g. when the hearer/reader notices the still unrecognized information his *attention* has to be activated to interpret this information. Attention is a kind of motivation and it arouses therefore a desire which results in intentions,etc. And the same mechanism applies to every other stage too. The act of interpreting utterances consists thus of at least as many partial cycles as the act of constructing them.

4. Note on automatization

It is absurd to claim that one can describe our casual every-day speech/writing in the way they have been described here. Clearly they are only present in this way in the construction and interpretation of very difficult (e.g. utterances in a foreign, pretty unfamiliar language) or delicate (e.g. legal or diplomatic texts) utterances.
In order to handle every-day speech and writing we have developed *routines*, automatized procedures which enable us to skip,or at least run through, the detailed process. With the slightest difficulty however we will fall back on it, or on part of it. Which proves that the model which has been described above applies to automatized communication too. And this also explains why such valuable information for linguists and psychologists can be found in defectuous or deviant communication.

TEXTVERARBEITUNG UND FREMDSPRACHENERWERB

Richard Wiese

1. Einleitung

In diesem Beitrag will ich versuchen, einige Grundlagen zu einer Theorie der Textverarbeitung darzulegen und im Anschluß überlegen, welche Konsequenzen sich daraus für eine Theorie des Fremdsprachenerwerbs ziehen lassen. In der Psycholinguistik und der kognitiven Psychologie sind in den letzten Jahren eine Reihe von Modellen entwickelt worden, die die menschliche Sprachverarbeitung wenigstens in Teilaspekten beschreiben. Zusammengenommen ergeben diese Ansätze ein relativ abstraktes Modell, das Phasen, Prozesse und Ergebnisse menschlicher Informationsverarbeitung darstellt. Diese Modelle sind weder auf rein verbale Prozesse beschränkt - ganz im Gegenteil beschäftigen sie sich primär mit allgemein-kognitiver Tätigkeit des Menschen - noch sind sie nur auf Produktion oder Rezeption ausgerichtet. Da es sich dabei auch nicht um die Verarbeitung isolierter Wörter oder Sätze handelt, spreche ich im folgenden von Textverarbeitung. Damit ist aber keine Festlegung auf geschriebene Sprache, bzw. Prozesse des Lesens oder Schreibens, gemeint.

Es handelt sich also um sprachpsychologisch orientierte Überlegungen, die Teil einer umfassenderen Theorie menschlicher Informationsverarbeitung sind. Begriffe wie Gedächtnis und Gedächtnisinhalte, Übertragung aus einem sprachlichen in einen kognitiven Kode usw. spielen hier eine zentrale Rolle. Die Begründung für diese Arbeit, die mit diesem Vortrag erst ihren Anfang nimmt und noch keineswegs abgeschlossen ist, ergibt sich aus der Notwendigkeit, mehr Wissen über den Gebrauch und den Erwerb von Fremdsprachen zu gewinnen, das - wenigstens langfristig gesehen - auch praktisch verwertbar ist. Ich gehe davon aus, daß im Fremdsprachenlerner beim Gebrauch der Nicht-Muttersprache bestimmte Prozesse stattfinden, die sich von muttersprachlich orientierten Vorgängen teilweise unterscheiden, ebenso leicht oder schwer wie jene zu beschreiben sind und beschrieben werden sollten. Auf der anderen Seite sind in Theorien zur Textverarbeitung die spezifischen sprachlichen Voraussetzungen, die von den Kommunizierenden mitgebracht werden, zu wenig berücksichtigt worden. Daher sollte sich aus diesen Untersuchungen ein gegenseitiger Gewinn sowohl für Theorien des Fremdsprachengebrauchs wie auch für Theorien der Textverarbeitung ergeben.

Im folgenden werde ich zunächst drei Hauptkomponenten eines Modells von Textverarbeitung umreißen und anschließend sich daraus ergebende Hypothesen für den Fremdsprachenerwerb diskutieren.

2. Sprachverarbeitung

2.1. Verstehensprozesse

In einer expliziten Theorie zur Textverarbeitung erscheint die Textrezeption als ein komplexer Prozeß, an dessen Ausgangspunkt der Hörer/Leser mit einem Text konfrontiert wird und an dessen Endpunkt eine Struktur im Gedächtnis entstanden ist, die - wie noch zu zeigen sein wird - durch den Text allein nicht eindeutig bestimmt wird. Es wird eine Operation über der Gedächtnisstruktur ausgeführt, die in der Regel zu einer Veränderung der Gedächtnisinhalte führt. Die Einschränkung 'in der Regel' ist erforderlich, da auch zugelassen werden muß, daß die Gedächtnisinhalte unverändert bleiben. Die Veränderung kann viele Formen annehmen: sie kann Informationen in die Gedächtnisstruktur einfügen oder tilgen, umordnen und neu bewerten. Das hier in groben Zügen zu entwickelnde Modell der Textverarbeitung muß als erstes eine explizite Beschreibung des Prozesses geben, den wir alle intuitiv als 'Verstehen'kennen. Der tatsächlich ablaufende Vorgang liegt aber so weit unter der Bewußtseinsschwelle, daß wir direkt kaum etwas dazu aussagen können. Ich möchte hier mit BRANSFORD u. a. dafür argumentieren, daß viele Phänomene des Verstehensprozesses in einem kognitiv-psychologischen Ansatz ererklärt werden können. Die Experimente der BRANSFORD-Gruppe ergeben, daß die behaltenen Informationen den dargebotenen Texten nur indirekt entsprechen. Inferenzen und inhaltlich gleiche Texte können von den tatsächlich dargebotenen Texten nicht unterschieden werden. Dies legt den Schluß nahe, daß Textverstehen nicht durch die verbale Information allein, sondern auch durch das jeweils relevante Weltwissen gesteuert wird, und daß das Ergebnis eine Inhaltsstruktur ist, die durch umfangreiche kognitive Leistungen der Rezipienten bedingt ist. Umgekehrt zeigt sich auch, daß beim Vorenthalten bestimmter faktischer Informationen ein - sprachlich nicht weiter problematischer - Text unverständlich wird in dem Sinne, daß die Vpn in den Experimenten sehr schlechte Leistungen bei der Wiedergabe von Texten zeigen. Ein einfaches Beispiel (BRANSFORD/ JOHNSON (1973), 387/8): Wenn eine Gruppe von Vpn den Text:

> 'John was trying to fix the bird house. He was pounding the nail when his father came out to watch him and to help him do the work.'

erhielt und eine andere Gruppe den Text:

> 'John was trying to fix the bird house. He was looking for the nail when his father came out to watch him and to help him do the work.'

dann waren die Vpn der ersten Gruppe in einer zweiten Phase des Experimentes sehr viel eher geneigt zu sagen, daß sie einen Text mit der Teilsequenz 'John was using the hammer to fix the bird house...' gehört hatten als die Mitglieder der zweiten Gruppe.

Rezipienten speichern nicht einfach die den Sätzen zugrundeliegenden Informationen, sondern benutzen die sprachliche Eingabe zusammen mit weiterer Information, um ihr Wissen von der Welt zu modifizieren. Natürlich kann nicht jeder sprachliche Ausdruck alles bedeuten. Die Funktion sprachlicher Mittel ist vielmehr, relativ abstrakte Beschränkungen für in der aktuellen Situation mögliche Bedeutungen zu bilden.

Verstehen ist eine konstruktive und interpretative Handlung unter, in der Regel notwendiger, Beteiligung von Wissenskomponenten. Die Bransfordschen Experimente dienen allesamt dem Nachweis der These, daß trotz vorhandendem sprachlichen Wissen Verstehen scheitern kann, wenn die notwendigen kognitiven Beiträge nicht geliefert werden können. Im dritten Teil möchte ich darauf eingehen, wie diese Interaktion von sprachlichem und nichtsprachlichem Wissen unter dem Aspekt des sprachlichen Wissens zu sehen ist.

Die Frage, wie denn das Resultat eines derartig charakterisierten Verstehensprozesses zu beschreiben ist, wird von BRANSFORD u.a. nicht explizit beantwortet. Diesem Problem möchte ich mich als nächstes zuwenden.

2.2. Textrepräsentation

Ein Modell der Sprachverarbeitung muß die Frage beantworten, was denn Resultat eines Verstehensvorganges ist. Mit anderen Worten: Es muß eine explizite Repräsentation der Gedächtnisinhalte angegeben werden können. Diese Repräsentation muß die bekannten Eigenschaften des Resultates von Verstehensvorgängen möglichst genau abbilden; d.h. sie muß Phänomene wie selektives Behalten und Vergessen, Herstellen von semantischer Konsistenz usw. erklären können. Dazu brauchen wir eine Beschreibungssprache für semantische Repräsentationen, die einerseits flexibel und reich ist, andererseits aber auch nicht zu mächtig ist, wie etwa die Sprache semantischer Netzwerke, in der sich, wenn keine Beschränkungen eingeführt werden, im Prinzip alles darstellen läßt. Dieses Problem ist analog dem der Beschränkung der Mächtigkeit formaler Grammatiken.

Aus den in den letzten Jahren innerhalb der kognitiven Psychologie und Künstliche-Intelligenz-Forschung entwickelten Vorschlägen zur Repräsentation von Textinhalten lehne ich mich im folgenden vor allem an die propositionale Semantik von KINTSCH und VAN DIJK an, zum Teil aus arbiträren Gründen, zum Teil, da sich dieser Vorschlag enger auf Repräsentation von Textinhalten bezieht als andere, die Weltwissen im umfassendsten Sinne darstellen sollen (etwas SCHANK, NORMAN/RUMELHART oder MINSKY).

KINTSCH und VAN DIJK stellen Textinhalte als ein komplexes System von Propositionen dar. Propositionen entsprechen elementaren Aussagen im Text und werden schrittweise im Verstehensprozeß gewonnen. Dieser Prozeß ist keineswegs deterministisch: Viele Faktoren im Ablauf des Prozesses bestimmen, welche Propositionen in das semantische Gedächtnis aufgenommen werden und welche nicht. Diese Annahme ist mit den Bransfordschen Überlegungen zum Verstehensprozeß kompatibel. Propositionen sind psychologische Einheiten, keine logischen, wie in anderen Theorien; die Elemente der Propositionen stellen Begriffe dar.

Resultat des Verstehensprozesses ist nach einem neueren und erweiterten Modell nicht nur eine Liste von Propositionen, sondern auch und vor allem eine Makrostruktur, die die Einzelpropositionen als untere Elemente, als Substrukturen, enthält. Verstehen einer zusammenhängenden Passage - Geschichten sind hier ein Prototyp - ist ohne Aufbau einer solchen Makrostruktur nicht möglich. Das zu behaltende Material wird in bezug auf die allgemeineren Maktrostrukturen organisiert; u.U. wird auch nur die Makrostruktur behalten. Propositionen auf der niederen (Mikro-) Ebene sind durch Makroregeln mit den Makrostrukturen verbunden. So kann z.B. die Propositionssequenz ⟨Mary played with a doll. Mary played with blocks,...⟩ mit Hilfe der Makroregel GENERALIZATION zu der Makrostruktur ⟨Mary played with toys⟩ führen. Makrostrukturen sind aus elementaren Textpropositionen gewonnene 'Super'-Propositionen, die den 'Kern', die zentrale Aussage des Textes, darstellen. Ein Text kann als verstanden definiert werden, wenn eine solche Makrostruktur kreiert worden ist. Dieses Konzept beinhaltet auch die Möglichkeit, daß das Verständnis unterschiedlich 'tief' oder detailliert sein kann. Auf die Makrostruktur bezogen heißt dies, daß der Verstehensprozeß verschiedene 'Höhen' der Abstraktion erreichen kann, aber auch, daß die Menge der Detailinformation auf den niederen Ebenen der Struktur unterschiedlich groß sein kann.

Beim Aufbau der Makrostruktur spielen auch für den Text relevante Wissensschemata eine besondere Rolle. Ein solches Schema, etwa das Schema für den Aufbau eines narrativen Textes, wird durch die Textpropositionen konkretisiert, mit Inhalt gefüllt und steuert gleichzeitig die Perzeption und Speicherung des Textes. Der Schemabegriff ist ein theoretisches Konstrukt, das dazu dient, bestimmte Daten in einen erklärbaren Zusammenhang zu bringen. So diente er seinem 'Entdecker' Bartlett, die Verzerrungen bei der Wiedergabe von indianischen Erzählungen durch Vpn mit englischem Hintergrund zu erklären. Wie andere psychologische Theorieelemente, etwa die klassischen Begriffe 'Reiz' und 'Reaktion', läßt sich die Existenz von Schemata nicht beweisen. Von Schemata oder 'frames' ausgehende Theorien haben sich aber in den letzten Jahren als fruchtbare und plausible Ansätze zur Beschreibung kognitiver Vorgänge erwiesen, die eine Reihe von Daten überhaupt erst handhabbar machen. Es ergeben sich aber eine Reihe von Unklarheiten und Schwierigkeiten. Zunächst einmal ist die Abgrenzung von Schemata und Wissensbereichen völlig unklar. Für die meisten Texte unserer Umwelt benötigen wir ja mehr Informationen als die aus dem allgemeinen Erzählschema stammenden. Nach KINTSCH/KINTSCH gibt es dafür 'Spezialschemata', aber inwieweit hier interssante Generalisierungen möglich sind, die über eine Zuordnung von <u>einem</u> Text zu <u>einem</u> Schema hinausgehen, also überhaupt noch Erklärungswert für Sprachverarbeitung besitzen, muß sich noch zeigen. Zweitens ist die Beziehung von kognitiven zu verbalen Einheiten in Schematheorien, wie auch in anderen Ansätzen zu einer psychologischen Semantik, unbefriedigend gelöst. Es genügt nicht, zu sagen, daß 'DOG' einen sprachunabhängigen <u>Begriff</u> darstellt, während 'dog' das entsprechende <u>sprachliche Zeichen</u> ist. Die Konzeptualisierungen der kognitiven Psychologie sind manchmal von einem 'Basic English' kaum zu unterscheiden.

2.3. Sprachproduktion

Ein Modell der Sprachverarbeitung muß schließlich auch <u>Sprachproduktion</u>, die Erzeugung von Äußerungen oder Texten, umfassen. Unter der eingenommenen kognitionspsychologischen Sichtweise ist Sprachproduktion die Überführung von begrifflichen Gedächtnisinhalten in eine sprachliche Sequenz. Produktive Prozesse erfolgen also auf der Basis kognitiver Repräsentationen und Schemata einerseits und mit Hilfe der zur Verfügung stehenden verbalen Ausdrucksmittel andererseits. Diesen gesamten Prozeß möchte ich hier als Verbalisierung bezeichnen. Mit dieser Sichtweise soll nicht ausgeschlossen werden, daß Verbalisierung auch im Hinblick auf Sprecher-Hörer-Beziehungen erfolgt. Fokussierung, Thematisierung und andere diskursbezogene Prozesse sind zweifellos Teil der Verbalisierung, hier geht es aber vor allem um Zusammenhänge zwischen Denk- und Sprachvorgängen.

Die Experimente zur Geschichtenwiedergabe zeigen eine bemerkenswerte Variabilität in der Wiedergabe einer Geschichte durch verschiedene Personen oder durch eine Person zu verschiedenen Zeiten. Dies ist ein Indiz dafür, daß ein Modell von Sprachverarbeitung Kreativität als Merkmal der Verbalisierung beschreiben sollte. Kreativität ist hier definiert als ein selektiver, konstruktiver, auf jeden Fall nicht vollständig durch die Eingabe bestimmter Prozeß. Gleichzeitig muß das Modell zeigen, wie die Restriktionen, die sich aus den vorhandenen kognitiven Schemata und Makrostrukturen, dem sprachlichen Wissen und den Diskursregeln ergeben, zu bestimmten Resultaten des Verbalisierungsprozesses führen. CHAFE, an den sich diese Überlegungen anlehnen, hat folgende Unterteilung des Verbalisierungsprozesses vorgeschlagen:

1. Aus den potentiell zur Verfügung stehenden propositionalen Strukturen wird ein größerer oder kleinerer 'chunk', eine Makrostruktur der oben entwickelten Art, augewählt. Diese Makrostruktur ist auch bei produktiven Prozessen in Übereinstimmung mit Schemata, allgemeinen kognitiven Mustern, organisiert. Daher besitzt sie auch hierarchisch angeordnete Substrukturen bis zu einer nicht generell angebbaren bestimmten Ebene der Spezifikation von Details. Die Auswahl der Makrostruktur und der Substrukturen können wir als kognitive Planung bezeichnen.
2. Substrukturen, die im prototypischen Fall Ereignissen oder einfachen Handlungen entsprechen, werden in Propositionen überführt, die die beteiligten Objekte und ihre Rollen eindeutig bestimmen. Wir erhalten damit Kasusstrukturen, die etwa sagen, daß der Agens X mit Instrument Y dem Patiens Z etwas antut.

3. Jeder propositionalen Struktur entsprechen in der Regel eine Mehrzahl von Sätzen oder anderen sprachlichen Ausdrücken. Die lexikalisch-syntaktische Planung ist daher kein triviales Problem. Sprachliche Ausdrücke können dabei Begriffen der Propositionsstruktur mehr oder weniger gut entsprechen.

Jedermann kennt das Problem des 'nach dem richtigen Wort suchen'. Formulieren, die Aufgabe in dieser Phase, ist damit ein Optimierungsproblem, daß die vorhandenen verbalen Mittel so einzusetzen hat, daß die dem sprachlichen Ausdruck korrespondierenden Inhaltsstrukturen den vorgegebenen Strukturen, wie sie in der zweiten Phase entstanden sind, möglichst genau entsprechen. Wie oben gesagt, legen Zeitgrenzen und Hörerorientierung hier natürlich weitere Einschränkungen auf.

Schließlich ist auch das Ausführen einer Sprechhandlung eine komplizierte Aufgabe, an der eine Reihe von Mechanismen steuernd beteiligt sind. Darauf will ich hier jedoch nicht weiter eingehen.

Entscheidend ist nun, daß jeder der Prozesse, die den Übergang von einer Ebene zur nächsten bilden, in gewisser Weise kreativ sein kann. An vielen Punkten sind Entscheidungen über Alternativen möglich. Auswahl einer Makrostruktur und Substrukturen, Bestimmung der Rollen der einzelnen Objekte, Formulierungsprozesse im Sinne der Auswahl der sprachlichen Ausdrücke und schließlich Ausführung einer Rede- (oder Schreib-) Handlung lassen jeweils viele Möglichkeiten zu. Diese Auffassung von Sprachproduktionsprozessen, die sich an den Experimenten zu Geschichtenwiedergaben gut illustrieren läßt, impliziert auch, daß die sprachlichen Äußerungen nur eine sehr indirekte Beziehung zu den Gedächtnisinhalten haben, da auf dem Weg vom Gedächtnis zum Text eine Reihe von kreativen Prozessen stattfinden über die wir allerdings im einzelnen noch recht wenig wissen.

3. Textverarbeitung in der Fremdsprache

Was bedeutet dies alles nun für Textverarbeitung in einer fremden, in einer nur unvollkommen beherrschten Sprache? Diese Frage ist in Studien zur Textverarbeitung, soweit ich sehen kann, nicht gestellt worden. Die Bedeutung von Schemata, Weltwissen oder ähnliche Komponenten für den Sprachgebrauch kann als nachgewiesen gelten. Ebenfalls besitzen wir vage Hypothesen darüber, wie diese Wissenskomponenten den Prozeß der Sprachverarbeitung organisieren und in ihn eingreifen. Von sprachwissenschaftlicher Seite aus können wir das Problem jedoch auch umdrehen und von der trivialen Feststellung ausgehen, daß man doch offenbar auch eine Sprache beherrschen muß, um einen sprachlichen Text produzieren oder rezipieren zu können. Dieses Problem des sprachlichen Wissens ist in der kognitiven Psychologie fast völlig vernachlässigt worden. Daß die Vpn die Sprache der Experimentinstruktionen und -aufgaben beherrschen, wird als gegeben vorausgesetzt. Genau diese Voraussetzung ist jedoch mindestens bei Zweitsprachenlernern in Frage gestellt. Während also Experimente der kognitiven Psychologie zur Verfügung stehendes Weltwissen als Variable einsetzen und dessen Effekt auf sprachliche Leistungen untersuchen, können wir auch das zur Verfügung stehende sprachliche Wissen variieren und die Interaktion von sprachlichem und nichtsprachlichem Wissen bei der Lösung sprachlicher Aufgaben untersuchen. Zweitsprachenlerner stellen hier das naheliegende und praktisch relevante Testfeld dar. Zum Abschluß möchte ich einige Hypothesen zu einer Textverarbeitungstheorie des Fremdsprachenbenutzers vortragen:

1. Interaktion zwischen kognitiven und sprachlichen Strukturen vorausgesetzt, muß also auch die These gelten: Gegeben ein ausreichendes Maß an kognitivem Wissen, kann das Verstehen an unzureichendem sprachlichem Wissen scheitern. Diese These ist kaum angreifbar, wenn man den Bereich der Fremdsprachen miteinbezieht. Interessanter wird sie vielleicht erst in der folgenden spezifischeren Fassung: Mangelnde sprachliche Voraussetzungen können durch reiche allgemein-kognitive Voraussetzun-

gen ausgeglichen werden.

2. Die Benutzung von Wissenskomponenten, die vielleicht sogar mangelndes sprachliches Vermögen ausgleichen kann, kann durch die Form des Fremdsprachenunterrichts blokkiert werden. Unterricht hat hier u.U. einen negativen Lerneffekt. In der Muttersprache selbstverständlich verwendete Fähigkeiten, etwa dort Inferenzen zu ziehen, wo verbale Information fehlt, werden im fremdsprachlichen Kontext nicht herangezogen, obwohl dies prinzipiell möglich wäre.
3. Die Ergebnisse der Sprachpsychologie machen deutlich, daß zunächst immer Inhalt verstanden und produziert wird. Vom Fremdsprachenlerner wird aber eine andere Einstellung verlangt: Er soll sein Hauptaugenmerk auf die im engeren Sinne sprachlichen Aspekte der Texte richten. Diese Umorientierung ist wahrscheinlich schwerer, als es Linguisten und anderen primär an der Sprache Gebildeten erscheinen mag. Um die Frage zu entscheiden, ob eine Sprache nicht wenigstens teilweise auch nebenbei, ohne eine solche Umorientierung, gelernt werden kann, müßte die Rolle bewußter und unbewußter bzw. automatischer Prozesse diskutiert werden, was hier nicht möglich ist. Die Automatisierung sprachlicher Lernprozesse ist zentrales Thema der sowjetischen Lerntheorie und Psycholinguistik, siehe z.B. LEONT'EV (1974).
4. Kognitive Prozesse sind Vorgänge, die Zeit und Energie beanspruchen. Daher gilt auch, daß Verarbeitungskapazität, die für nicht reibungslos ablaufende sprachliche Operationen benötigt wird, für andere Vorgänge nicht zur Verfügung steht, anders gesagt, die Belastung des kognitiven Systems insgesamt ist beim Gebrauch einer Fremdsprache höher. In vielen Fällen wird dies zu einer oberflächlicheren Textverarbeitung führen, der Aufwand für die rein sprachlichen Operationen behindert die inhaltliche Verarbeitung.

5. COOKS Experimente mit Fremdsprachenlernern (COOK, 1977) zeigen schließlich, daß die allgemein-kognitive Entwicklung nicht ausreicht, um eine Performanz in der Fremdsprache zu erreichen, die von Muttersprachlern nicht zu unterscheiden ist. (Ich spreche hier nicht von der Beherrschung der Ausspracheregeln, sondern von Wahrnehmungs- und Behaltensleistungen.) Trotz aller Beziehungen zu anderen kognitiven Fähigkeiten muß eine Sprache als solche gelernt werden.

Diese Bemerkungen zu einer psycholinguistischen Theorie des Fremdsprachengebrauchs sind zugegebenermaßen von stark spekulativem Charakter - nicht unähnlich Arbeiten in der kognitiven Psychologie überhaupt. Sie sollen jedoch als Ausgangspunkt für empirische Studien dienen, die einer Projektgruppe an der Gesamthochschule Kassel zur Zeit vorbereitet werden. Die genannten und andere Hypothesen können dadurch vielleicht in vorläufige Erkenntnisse umgewandelt werden, die uns tiefere Einsichten in die mentale 'Arbeit' des Fremdsprachenlerners und -benutzers ermöglichen und letztlich auch - wenn auch in bescheidenem Umfang - zu einer besseren Organisation von Fremdsprachenunterricht verhelfen.

Literatur

BRANSFORD, John D./JOHNSOHN, Marcia K. (1973): "Consideration of some problems of comprehension". CHASE, William G. (ed.): Visual Information Processing. New York, London, 383 - 438.

CHAFE, Wallace L. (1977): "The recall and verbalization of past experience". COLE, Roger W. (ed.): Current Issues in Linguistic Theory, Bloomington, London, 215 - 246.

COOK, Vivian J. (1977): "Cognitive processes in second language learning". IRAL 15, 1 - 20.

KINTSCH, Walter/VAN DIJK, Teun (1978): "Toward a model of text comprehension and production". Psychological Review 85, 363 - 394.

KINTSCH; Walter/KINTSCH, Eileen H. (1978): "The role of schemata in text comprehension". International Journal of Psycholinguistics 5, 17 - 29.

LEONT'EV, Aleksej (1974): Psycholinguistik und Sprachunterricht. Stuttgart.

3. SPRACHDIDAKTIK

E. E. CUMMINGS: ORIENTALE II

Eine Gedichtanalyse zur Einführung in die Linguistik

Klaus - Dieter Gottschalk

lean candles hunger in
the silence a
brown god
smiles between greentwittering

smokes   from broken eyes
a sound
of strangling breasts and bestial
grovelling

hands rasps the purple
dark-
ness
a

worshipper
prostrate within twitching shadow
lolls

sobbing

with lust   (e.e.cummings)

1. Mein hochschuldidaktisches sowie textlinguistisches Thema ergab sich aus einem anglistischen Proseminar "Einführung in die Linguistik". Zur Mitte des Wintersemesters gab ich den Studenten auf, das Gedicht nach linguistischen Gesichtspunkten zu analysieren. Die Ziele waren u.a.: Nachweis individueller Leistung durch eine schriftliche Arbeit in einem Proseminar, das weitgehend auf Kleingruppenarbeit in 5 gelenkten Diskussionsgruppen zu je 5 Teilnehmern beruhte. Anwendung der verschiedenartigen linguistischen Ansätze, die bisher besprochen worden waren, auf einen Text als konkrete Aufgabe. Versuch, die unterschiedlichen Theorien im Rahmen einer Problemlösung zu integrieren. Abbau der Theorieverdrossenheit durch "learning by doing" auf der Suche nach einer Antwort auf die Frage:"Was nützen alle die Theorien?" Wiederholung und Erweiterung des bisher Gelernten unter einem neuen Gesichtspunkt. Vorläufiger Abschluß einer Un-

terrichtseinheit "Textlinguistik". Brückenschlag zwischen Linguistik- und Literaturstudium. - Nach diesem ersten Versuch werde ich in folgenden Einführungsseminaren das Gedicht zum Kursanfang kommentarlos aushändigen. Der Text soll die Studenten ständig dazu herausfordern, die erörterten Theorien auf diese Art von Äußerung anzuwenden.

1.1. Im Proseminar behandeln wir Aufsätze aus LYONS (1970) und insbesondere Ausführungen zur Sprechakttheorie (Searle, Grice), semantischen Merkmalanalyse (Bierwisch), Theorie der möglichen Welten und Wahrheitssemantik (Cresswell), generativen Syntax und Kategorialgrammatik. Die textlinguistische Analyse wurde an einem Gedicht Sassoons und einer Geschichte Hemingways erprobt.

1.2. Mit der Textwahl wollte ich einiges sicherstellen: Der Text bot vielfältige Schwierigkeiten, für die es keine eindeutigen Lösungen gibt. Aus der Vielfalt der Lösungsmöglichkeiten ergab sich mit hoher Wahrscheinlichkeit, daß sich die Hausarbeiten als individuelle Leistungen auswiesen, ohne daß die Studenten deshalb in ihren Arbeitsgruppen auf die gemeinsame Erörterung der Textanalyse verzichten mußten. Sie konnten in problemorientierten Arbeitsgruppen ihre eigenen Studienschwerpunkte mehr oder weniger leicht zum Ausgangspunkt für die Textanalyse wählen und brauchten sich damit nicht von vornherein gegenüber anderen Gruppen benachteiligt zu fühlen. Das Gedicht lädt die Philologiestudenten nicht dazu ein, vor der Sprachanalyse in eine offensichtlich literarische Interpretation zu flüchten. Eher ermuntert es dazu, die Interpretation über eine sprachlich ausgerichtete Strukturanalyse zu versuchen. Der Text legt ja nahe, seine Abweichungen vom üblichen Sprachsystem des Englischen zu untersuchen - entsprechend CHOMSKY: "Aspects of the Theory of Syntax" §2, nämlich "the study of deviation from rules, as a stylistic device" und entsprechend Thornes Aufsatz in LYONS.

2. Die Hausarbeit bestätigte den Studenten folgende Einsicht in unser Verhältnis zu Sprache und Kommunikation: Wir denken über die sprachliche Gestaltung einer Äußerung häufig erst dann nach, wenn Abweichungen uns das inhaltliche Verständnis einer

Mitteilung erschweren. Ökonomisch richten Sprachteilnehmer ihre Aufmerksamkeit auf den Inhalt einer Mitteilung, weil sie darin den Mitteilungszweck vermuten. Da die Form der Mitteilung meist selbstverständlich genug erscheint, brauchen wir kaum über sie nachzudenken. Warum sollte man auch über das nachdenken und reden, was doch so selbstverständlich abläuft wie das Atmen? Daher fällt es in der Lehre so schwer, an gut funktionierender Kommunikation Sprachfunktionen verständlich zu machen.

Bei dem Gedicht mußten die Studenten sich erst einmal Rechenschaft darüber ablegen, wieso sie den Text nur zum Teil verstanden. (Oft bemerkt man sein eigenes beschränktes Textverständnis erst an der Rückmeldung seitens des Gesprächspartners.) Gegenüber dem befremdlichen typographischen Gebilde ließen die Leser nun ihre Strukturierungsversuche von mehreren Annahmen leiten, die ihnen erst beim teilweisen Versagen der sonst selbstverständlichen Kommunikationsvorgänge bewußt wurden: 1. Im typographischen Gebilde manifestiert sich Sprache. Diese Annahme bestätigt sich mit der zweiten Annahme: 2. Sprache allgemein manifestiert sich in einer Einzelsprache, die sich hier als Englisch identifizieren läßt. 3. Die Einzelsprache manifestiert sich in einem Text, einer Äußerung. 4. Die Äußerung dürfte ernst gemeint sein.

2.1. An die erste Annahme, daß hier Sprache überhaupt vorliegt, knüpft sich allerlei Wissen um Sprachstruktur, das wir linguistisch mit Sprachuniversalien, -generalien und typologischen Implikationen erfassen möchten. Die Erkenntnisse der allgemeinen Sprachtheorie (z.B. die TG-Unterscheidung zwischen Oberflächen- und Tiefenstruktur), die Grundannahmen betreffs Phonetik, Phonologie, Syntax und Semantik gehen mit dieser ersten Erwartung des Lesers überein; z.B. auch die Annahme, daß in jeder Sprache Sätze gebildet werden können.

2.2. Mit der zweiten Annahme, daß eine historische Einzelsprache vorliegt, verbindet sich der Versuch, nach englischer Grammatik und Semantik wohlgeformte Sätze aus den einigermaßen identifizierten lexikalischen Einheiten zu bilden. Dabei sind mehrere grammatische Sätze möglich: Lean, candles! Lean candles, hunger! Lean candles hunger (in the silence). (In the silence) a brown god smiles... Bald stellt sich heraus, daß die einzelsprachlichen Regeln mehrere Tiefenstrukturen zu dieser einen Oberflächenstruktur ermöglichen. Kontrastiv zeigt sich, daß Englisch erlaubt, in the silence beiden Sätzen zuzuteilen, während Deutsch die Oberflächenstruktur durch die Verbstellung disambiguiert: ...hungern in der Stille. In der Stille lächelt ein brauner Gott und nicht *In der Stille ein brauner Gott lächelt. Dies ergibt einen ersten interpretatorischen Hinweis: Cummings schrieb mehrere Gedichte in einem.

2.3. Dieser Hinweis gehört schon zur dritten Sprachebene, der Textebene. Ein gereifter Sprachteilnehmer geht davon aus, daß auf der Textebene manches möglich ist, was das Sprachsystem nicht vorsieht. Dieser Erfahrung trägt er beim Strukturieren von Äußerungen Rechnung und verhält sich in einer nach Grice beschreibbaren Weise, zumindest sofern er die Äußerung ernst nimmt (unsere vierte Annahme). Der Leser/Hörer strukturiert dann den Text im Rahmen seiner Möglichkeiten und bemüht sich, den Kommunikationsversuch des Autors gelingen zu lassen. Natürlich könnte er auf Textverständnis verzichten. Aber meine Textkonsumenten, in ihrer persönlichen Situation als "eine Hausarbeit verfassende Philologen" richteten ihre Aufmerksamkeit auf Sprachstrukturen und strukturierten den Text unter linguistischem Fokus - immer in der Annahme, daß dem Text eine Struktur gegeben werden kann und ihm auch vom Autor eine Struktur gegeben wurde. Dabei helfen den Studenten ihre naiven oder linguistisch geläuterten Annahmen zur Sprache überhaupt. Ob sie den Text optimal strukturieren, hängt auch von ihrer Beherrschung der Fremdsprache ab. Spätestens beim Vergleich ihrer "Interpretationen" merkten die Studenten, daß die Textstrukturierung von der Weltkenntnis der Leser abhängt und damit eben von ihrer persönlichen Situation. (Diesen Vergleich bereiteten Aufgabengruppen unter einander ergänzenden Themenstellungen vor für die gemeinsame Besprechung der Hausarbeit im Plenum.)

3. Verfremdungseffekte stören besonders den traditionell-literarisch vorgebildeten Leser. Vom typographischen Gesamtbild her erwartet er ein Gedicht; aber es weicht von der Norm geschriebe-

ner Texte ab: Die Kleinschreibung (hier einschließlich dem Autorennamen e.e.cummings) verweigert dem Leser ebenso wie die fehlenden Satzzeichen optische Strukturierungshilfen. Die Regelmässigkeit der Strophenbildung führt irre, wenn man die Wortansammlung in syntaktische Einheiten gliedern möchte, die der Strophengliederung in 3 x 4, 1 x 3 und 2 x 1 Zeile entsprechen sollen. Auch die Verszeilen bieten keine syntaktischen Einheiten, denn sie trennen nicht nur unklassisch Artikel und Nomen (a / brown god), sondern gar die Morphe eines Wortes (dark-ness) und verführen damit den suchenden Leser zu abwegigeren Sinnspielen wie dark (-) ness 'dunkles Vorgebirge'. Selbst die Strophen trennen noch durch Abstand Zusammengehöriges (a//worshipper). Der überlange Abstand in Vers 5 verunsichert einerseits, wirkt andererseits aber der naiven Erwartung entgegen, daß Zwischenräume und Zeilenabstände die syntaktische Gliederung vermitteln, denn dann bliebe smokes ja unverbunden. Da kein Titel auf den Inhalt des Gedichts verweist und etwa eine Strukturierungshilfe anbietet, darf und muß der Textkonsument unvoreingenommen selber den Sinn stiften. Ungewöhnliche Kollokationen (lean candles, candles hunger, greentwittering) widersprechen dem englischen Bedeutungssystem , sie können nur auf der Textebene sinnvoll werden. Der Leser fragt sich, ob die Wortfolge wirr oder geplant ist bzw. bewußt ungeordnet ist. Die semantische und syntaktische Verwirrung dient als Denkanstoß.

3.1. Keine expliziten Substitutionsketten erleichtern hier etwa das Textverständnis. An diesem Punkt setzt der Leser unbewußt die Textstrukturierung an: Aus seiner Kompetenz, seiner Beherrschung des Sprachsystems und der Vertextungsstrategien, schließt ein Textkonsument immer dann auf emische Satzeinheiten im Text, wenn dafür die Bedingungen erfüllt sind. In diesem Text wären die an sich möglichen etischen Satzstrukturen weniger befriedigend, da sie informationell unvollständig und syntaktisch nicht wohlgeformt wären. (Ein etischer Textanfang enthält dem Leser entweder Information vor oder verweist wie the lean candles hunger auf vorausgegangene Information zurück, die aber hier fehlen würde und deshalb zum Anfang eines Gesprächs die Rückfrage hervorriefe: Welche Kerzen meinst du eigentlich? Der emische Textbeginn macht uns dagegen erst einmal mit der Existenz dieser Kerzen bekannt bzw. führt sie in die Redewelt ein.) So vermutet man am ehesten vier asyndetische Sätze mit emischen Textanfängen ohne offensichtliche Verkettungen: lean candles.../ a brown god .../ a sound.../ a worshipper...

3.2. Statt Substitutions- entstehen Assoziationsketten. Schon drei der vermuteten vier Satzanfänge fügen sich im Thema-Rhemaschema zu einem sakralen Hauptthema. Wortfelder lassen sich auf einen Nenner bringen: candles - smokes - the purple darkness - shadow '± LICHT'. Bei der Fragwürdigkeit der Merkmalanalyse sei dies ad hoc-Verfahren gestattet für weitere Ketten: lean - hunger - broken eyes - grovelling - prostrate - twitching - sobbing 'SCHWÄCHE'; smiles - lolls - lust 'BEHAGEN', dem aber strangling sowie sobbing widersprechen können. Farbwörter, Bezeichnungen für Körperteile und Privativa (lean, hunger, broken eyes) ergeben teilweise überlappende Ketten und Felder. Dabei zeichnen sich mögliche Aussagebereiche ab im 1. Satz: Mangel; 2. Satz: Kult; 3. Satz: Gewalt; 4.Satz: Ekstase.

4. Poesieinterpretation und Linguistik lassen sich gut mischen. Uns kam es aber noch auf die Anwendung von Theorien an. Die generative Grammatik half Ambiguitäten klären: Die drei ersten Sätze sind strukturell mehrdeutig, da die Präpositionalphrasen im Englischen ohne Subjekt-Prädikatinversion gleichermaßen am Satzanfang oder -ende stehen können; sie sorgen in diesem asyndetischen Gefüge für überlappend fließende Satzübergänge. Die Vielzahl möglicher Sätze läßt sich im Ausschlußverfahren auf wenige syntaktisch wohlgeformte Grundstrukturen zurückführen: (PP) + S + P + Satzergänzung C oder (PP / Part.P.). Die Satzgrenzen werden so annäherungsweise bestimmbar und damit die Wörter kategorial eindeutig statt doppelklassifiziert als AN (the) purple, dark-, Verb+ing; NV hunger, smiles, smokes, hands, rasps, Verb+ing; AV prostrate. - Die emischen Sätze liefern wenig Redundanz. Sobald jedoch die Satzstrukturen durchdacht sind, klärt der Kontext, welche lexikalischen Bedeutungen in Frage kommen: green eher 'grün' als 'frisch' 'neu'; twitter eher 'zwitschern' als 'zittern'; bestial eher 'viehisch' als 'verderbt'.

4.1. Selektionsbeschränkungen und -verstöße führten uns in die Merkmalsemantik: *lean candles *hunger. Eine Normalisierung des Textes bot sich an für "candles ... silence"

"sound ... darkness"

Der Chiasmus von candles mit darkness und sound mit silence verschränkt über drei Sätze hinweg den Text. Das weitere synästhetische Beispiel greentwittering verdeutlicht dem Studenten, daß die Grammatik beschreibt, was das Sprachsystem vorsieht und was nicht (z.B. die Selektionsbeschränkungen). Und er merkt, wie er kompetent den Regeln folgt: Er analysiert den Neologismus als Adj. aus unmarkiertem Adv. + attributivem Verb+ing. Dieselbe Regel für die Zusammenfügung von unmarkierter Verbergänzung und Verb+ing wie in horse-raising und swift-flowing läßt sich wiederum auf bestial grovelling anwenden, weil sich nach dem Behaghelschen "Gesetz von der Zusammenstellung des Zusammengehörigen" eher Nachbarn als entferntere lexikalische Einheiten modifizieren. Dies allgemeinsprachliche Prinzip wird im Text typographisch unterstützt. Die orthographische Abweichung, daß kein Bindestrich Adv + Verb+ing verbindet, galt im entgegengesetzten Sinn schon für greentwittering. Auf diese Weise läßt sich der Widerspruch zwischen bestial '-MENSCHLICH' und hands '+MENSCHLICH' syntaktisch bereinigen. Es bleibt aber die Frage, ob die Sprache des Gedichts nur stilistisch von einer Norm des Englischen abweicht, oder ob man diesen Sprachgebrauch als eigenständige Variante des Englischen betrachten soll, weil er sich mit vielen anderen Varianten auf ein gemeinsames System zurückführen läßt und mit Sprachuniversalien und -generalien im Einklang ist.

4.2. Für die Wahrheitssemantik der möglichen Welten vermittelt uns der Text eine Anweisung, daß wir uns eine Welt denken sollen, in welcher die vier Sätze wahr sind. Es geht ja nicht nur um den Wahrheitswert, ob die Sätze wahr oder falsch sind, sondern auch um die Wahrheitsbedingungen, unter denen sie wahr sein können. Falls sie in dieser unserer Welt falsch sind, d.h. nicht auf sie zutreffen, so können sie doch zu einer unterschiedlich gearteten Welt passen, d.h. in ihr wahr sein. Da diese Welt und die möglichen Welten unabhängig von den Einzelsprachen sind, machen Verstöße gegen die Sprachregeln die Sätze nicht von vornherein unwahr und die erwähnte (mögliche) Welt nicht von vornherein unmöglich. Die Semantik beschreibt formal die Fähigkeit der Sprachteilnehmer, Sätze mit einer Menge möglicher Welten in Übereinklang zu bringen, ihre Wahrheitsbedingungen zu erkennen, d.h. Sätze mit Situationen zusammenzupassen. Unser Text vermittelt nun nicht nur eine Anweisung, sondern mehrere je Ambiguität geringfügig verschiedene Anweisungen, daß wir uns für jede tiefenstrukturelle Satzstrukturmöglichkeit zumindest eine mögliche Welt denken sollen; diese jeweilige mögliche Welt weicht - zugegebenermaßen - nur geringfügig ab von den anderen möglichen Welten, die den aufzulösenden Ambiguitäten entsprechen würden. Wenn wir hier von einer solchen Anweisung durch den Text sprechen, setzen wir voraus, daß man beim Gebrauch der Sprache weitgehend auf die Glaubwürdigkeit der Mitteilung vertraut und deshalb überhaupt Wahrheitswert und -bedingungen der geäußerten Sätze ernstnimmt. Wir bemühen uns also um den Sinn des Textes: Die denotativen Selektionsverletzungen im Text verfremden die tatsächliche Welt zur möglichen Welt; der Dichter schafft eine konnotative, assoziative poetische Welt mit belebten Kerzen ('-BELEBT' rekategorisiert als '+BELEBT'), die hungern können. Er sagt uns, wie die Welt sein kann oder könnte. Oder: In einem Informationsmodell geht der Leser aus von der Menge möglicher Welten und scheidet bei fortschreitendem Textverständnis alle die Welten aus, die seinem Informationsstand nicht mehr entsprechen. Bis er letztlich nur noch die Welten sucht, die dem Informationszustand nach der Lektüre des Gesamttextes nicht widersprechen. Pragmatisch vermutet der Leser, so lange es geht, daß die Redewelt seiner tatsächlichen Welt möglichst ähnelt.

4.3. Die wahrheitssemantischen Überlegungen erübrigen sich unter folgendem strukturellen Gesichtspunkt: Selektionsbeschränkungen wirken redundant, weil an mehr als einer Stelle im Satz/Text eine Teilinformation vorhanden ist; z.B. weist <u>rasps</u> in der Bedeutung 'schaben' auf ein Objekt '+KONKRET' voraus. Redundanz sichert zwar die Verständlichkeit einer Äußerung ab, Verzicht auf Redundanz ermöglicht aber zusätzliche Ökonomie in der Ausdrucksweise: Was in <u>rasps</u> angedeutet wurde, braucht (besonders in der schriftlichen Mitteilung) nicht wiederholt zu werden. Man kann stattdessen Neues sagen, sofern _rasps_ nicht in Verbindung mit einem andersartigen Objekt durch erneute Redundanz eine andere Bedeutung erhält ('REIZEN': _his voice rasps (on) her nerves_; 'KRÄCHZEN': _the officer rasped (out) an order_). Anstatt also ein semantisches Merkmal an zwei Stellen zu erwähnen, benutzt cummings eine der beiden Stellen für eine zusätzliche Information. Das entspricht seinem schon beobachteten Bestreben, mehreres in einem zu vermitteln (§2.2.). Er bedient sich damit des englischen Sprachsystems (abzüglich einiger Redundanzen) und könnte durchaus von der wirklichen Welt zu einem nicht genannten Zeitpunkt sprechen, eben nur gedrängter als normal. Da Welten unabhängig von der Sprache sind, wäre allenfalls noch wahrheitssemantisch festzustellen, ob ein normalisierter Text mit allen üblichen Redundanzen logisch äquivalent ist mit den vier Sätzen des Cummingstexts, ob also beide Texte von derselben Menge möglicher Welten sprechen.

4.4. Ein Satz kann seinen Wahrheitswert je nach Zeit, Ort und Sprecher ändern; d.h. es gibt kontextabhängige Sätze. Erst bei vollständiger Angabe von Zeit, Ort usw. sind die Sätze kontextunabhängig in ihrem Wahrheitswert. Das paßt zur Lokalismustheorie, für die der Sprache Raumvorstellungen unterliegen. Dementsprechend suchen Sprachteilnehmer, Mitteilungen im Raum und in der Welt zu lokalisieren. Fast zwangsläufig ordnen deshalb Leser/Hörer das im Text geschilderte Geschehen in Raum und Zeit ein, und sei es als ekstatischen Zustand, in dem die Welt ihre festen Grenzen auflöst. - Nur wenige Studenten datierten das Gedicht auf 1923 als ein Orientale aus "Tulips and Chimneys". Fast alle beschränkten ihre Vermutungen auf sprachliche Hinweise, die ihres Erachtens nicht Grices Qualitätsmaxime genügten.

4.5. Sprechakttheoretisch geht der Leser wohl davon aus, daß cummings den Text mit einer Mitteilungsabsicht verfaßt hat und für die in deklarative Sätze gefaßten Behauptungen auch die üblichen Bedingungen erfüllen will, vor allem die Aufrichtigkeitsbedingung, daß er sich für die Wahrheit seiner Behauptung verbürgt und selber daran glaubt. Zu den Vorbedingungen gehört, daß der Leser die Aussage verstehen kann. Das nimmt cummings wohl an. Darüberhinaus gehört doch auch zur Aufrichtigkeitsbedingung, daß der Sprecher seine Aussage vom Leser/Hörer verstanden wissen möchte. Allerdings ist bei einem Gedicht dafür nicht unbedingt die einfachste Form angebracht, da es ja auch künstlerischen Ansprüchen genügen soll. Der Leser fühlt sich angesprochen, sofern er die wesentliche Bedingung erfüllt sieht, daß cummings ihm etwas mitteilen und ihn von dem Wahrheitsgehalt der Mitteilung überzeugen will: Die Veröffentlichung des Gedichts legt ihm nahe, daß es sich nicht um ein Selbst- oder ein nicht für den Leser bestimmtes Zwiegespräch handelt. Beabsichtigt cummings illokutionär Behauptungen, erreicht er perlokutionär, daß sich der Leser mit einer bestimmten Weltsicht oder -erfahrung beschäftigt; denn der Dichter will mehr als eindeutige Bedeutungen vermitteln. Einerseits fragt sich nämlich der Leser nach den Implikationen, also was die Propositionen oder Sätze semantisch oder logisch implizieren - nur sind die Propositionen nicht eindeutig von einander abzugrenzen. Andererseits überlegt der Leser die Implikaturen des Sprechakts, nämlich welche Folgerungen ihm cummings durch seine Äußerung nahelegt. Er kooperiert[1].

5. Der Leser wird vom Textkonsumenten zum -produzenten, wenn er unter den verschiedenen Möglichkeiten, die das Gedicht anbietet, die ihm gemäße Textstruktur erzeugt. Der ursprüngliche Produzent cummings veranlaßt ja z.B. durch die rätselhaften Lücken in der Typographie einen freieren Nachvollzug bei der Strukturierung. Zudem ermöglicht der Zeitabstand zwischen Schreiben und Lesen unterschiedliche Situationen für die Interaktion von Autor und Leser; diese Zeit- und Ortsunterschiede in der geschriebenen Kommunikation fördern die Mitarbeit des Lesers an der endgültigen Textproduktion. Das gilt schon für leises Vorsichhinlesen, dessen Bedingungen die Motortheorie der Sprachrezeption schildert (GOTTSCHALK 1978). Bei lautem Vorlesen tritt der Lesende sowieso für die Textkonsumenten an die Stelle des Schreibers als Textproduzent. Er muß ja auch tatsächlich unter den verschiedenen Textstrukturmöglichkeiten eine Version vortragen, die nicht alles so offen läßt wie der geschriebene Text. Phonetiker unter den Studenten konnten Atemrhythmus, Alloformen des "a" u.a.m. untersuchen als Gegebenheiten der Textgestaltung.

Anmerkung

1 Grices Kooperationsmaxime greift, weil der Leser annimmt, daß der Autor seine Mitteilung zweckmäßig formuliert hat. Bis auf weiteres gilt die Erwartung, daß der Autor Standard English spricht und sich eher wörtlich als übertragen ausdrückt. (Diese Annahme gilt für Gespräche und wird hier durch literarisch konventionelle Erwartungen eingeschränkt.) Abweichungen von der Kooperations- und deren Untermaximen regen dazu an, die Übermaxime doch zu wahren und Implikaturen zu suchen.
Nach der Quantitätsmaxime erwartet der Leser Angaben zu Ort und Zeit der Handlung, vielleicht auch Namen. Ihr Fehlen lädt zur Annahme ein, daß die Schilderung bei unterschiedlichen Gegebenheiten gültig sein soll - so wie ja das geschriebene Medium des Gedichts die Wiederholbarkeit der Mitteilung statt einer einmaligen mündlichen Äußerung ermöglicht und damit Sprecher und Leser/Hörer räumlich sowie zeitlich beliebig trennt. Unter der Quantitätsmaxime kann man die doppelte Zuordnung der PP sowie fehlende Redundanzen auch positiv bewerten als Vermeidung von Wiederholungen und damit von Überinformation, soweit diese nicht grammatisch unbedingt nötig ist, um unerwünschte Implikaturen zu vermeiden. Zudem hilft die emische Textstruktur, anaphorische Wiederholungen zu vermeiden. Auch hier könnte Überinformation unbeabsichtigte Nebenwirkungen hervorrufen.
Sollte cummings die Qualitätsmaxime wider Erwarten nicht beachtet haben, so stellt sich dem einen oder anderen Leser die Frage, ob cummings ironisch oder grotesk die Wahrheit entstellt hat. Vermittelt er ein übertriebenes Gebaren des Anbeters, oder übertreibt er die Schilderung dieses Gebarens? Hier lädt er durch seine Sprachgestaltung zur Implikatur ein: Ironie des Autors und/oder Rausch des Anbeters?
Der Autor war gewiß überzeugt, die Relevanzmaxime eingehalten zu haben. Ohne die erwünschten Zusatzinformationen muß der Leser die Relevanz herausarbeiten aus den textlich gebotenen Möglichkeiten: Er muß die für ihn relevante Textstruktur unter den möglichen Strukturen herausfinden. Auch wenn cummings diese Maxime verletzt zu haben scheint, so hat der Leser keinen Grund von vornherein anzunehmen, daß der Autor nicht die übergeordnete Kooperationsmaxime beachten wollte. Wenn der Autor nur erwartet, daß sich der Leser schon das Richtige denken wird, ist seine Irrelevanz eher oberflächlich. Soweit er erreicht, daß sein Leser eine bestimmte Mitteilung aus dem Gedicht herausliest, hat er sie pragmatisch impliziert.
Die Verständlichkeitsmaxime "Manner" hat cummings sicher in einem Unterpunkt beachtet, nämlich bei der Forderung nach Kürze "be brief". Allerdings gelingt ihm das u.a. durch mehrere Verstöße gegen die Untermaxime, daß man Mehrdeutigkeiten vermeiden solle. Hier nutzt er eine Maxime aus, indem er sie mißachtet, weil er der übergeordneten Kooperationsmaxime gehorcht: cummings beachtet nämlich die Übermaxime, indem er ambig redet, weil es um Ambiguität(en) geht; etwa weil Ambiguität die geschilderte Welt kennzeichnet. In einem solchen Konflikt zwischen den Maximen entstehen leicht Implikaturen. So impliziert cummings in diesem Gedicht die Belebtheit von

Kerzen. Das ist jedoch eine Metapher und kategorial falsch; in solchen Fällen, wo man etwas sagt, wofür zwar die Beweise fehlen, zielt man häufig auf eine verwandte oder ähnliche Proposition ab, für deren Wahrheit es genügend Beweise gibt - deshalb versteht der Leser dann die Implikatur. Außerdem gibt es in der Sprache legitime Verfahren, einen Teil einer Aussage/Proposition wieder aufzuheben ("cancelling out"); so wie bei plastic flower das Attribut eine Bedeutungskomponente von flower aufhebt bzw. die Bedeutung um diese Komponente einschränkt, so könnte in lean candles hunger die Bedeutungskomponente '-BELEBT' von candles durch die Kollokation mit '+BELEBTEN' Wörtern aufgehoben werden.
Von der Verständlichkeitsmaxime "Manner" weicht wohl auch ab, daß Anspielungen die genauen Zeit-Raum-Bezüge ersetzen; Zeit und Raum der Handlung sind nicht eindeutig und entsprechend den literarischen Konventionen sicher nicht identisch mit Ort und Zeit der Äußerung. Ambiguität kann in der Poesie gewollt sein und damit dem Kooperationsprinzip gehorchen, weil sie dem Dichter erlaubt, knapp gewollte Mehrdeutigkeit und damit zwei oder mehr Propositionen in einer zu vermitteln. Die Ausdrucksweise kann auch absichtlich unklar gewählt sein, um nicht sogleich von jedem verstanden zu werden. In dem Falle wendet sich der Sprecher an Eingeweihte oder an Bereitwillige, die eine zusätzliche Anstrengung beim Strukturieren des Texts auf sich nehmen möchten. Im allgemeinen stellt die Verständlichkeitsmaxime ja sicher, daß der Angeredete richtig versteht, was gemeint ist. Eine besondere Anstrengung des Sprechers, seinen Beitrag weniger informativ/relevant/verständlich zu gestalten, erfordert vom Hörer ein entsprechend größeres Maß an Kooperationsbereitschaft, um die Mitteilung richtig zu verstehen.

Literatur

CUMMINGS, Edward Estlin (1954): Poems 1923 - 1954. New York: Harcourt.

DIEPOLD, P./RITTER,J. (eds.) (1975): Gruppenarbeit und Tutorenausbildung. Blickpunkt Hochschuldidaktik 38. Hamburg.

GOTTSCHALK, Klaus-Dieter (1975): "Hemingways Cat In The Rain zur Einführung in die linguistische Textanalyse". Neusprachliche Mitteilungen 28: 155-162.

-- - (1978): "Zum Hörverstehen...".Zielsprache Spanisch: 13-28.

-- - (1979): "Zur linguistischen Textanalyse von Sassoons Lamentations". Neusprachliche Mitteilungen 32: 101-107.

LYONS, John (ed.) (1970): New Horizons in Linguistics. Harmondsworth: Penguin.

MÖGLICHKEITEN UND GRENZEN EINER BERUFLICHEN ORIENTIERUNG DES FREMDSPRACHENUNTERRICHTS IN DER SEKUNDARSTUFE II

Meinert A. Meyer

1. Vorbemerkung

Der Unterricht in den neuen Fremdsprachen ist für beide Bereiche der Sekundarstufe II, für die gymnasiale Oberstufe und für den berufsbildenden Bereich, allgemeinbildend konzipiert, wenn man von quantitativ unbedeutenden Ausnahmen für Fremdsprachenkorrespondenten, Reiseverkehrskaufleute, Bankkaufleute u.ä. absieht. Die Situation des Schulwesens und die Studien- und Berufsmöglichkeiten für Schulabsolventen haben sich jedoch derartig verändert, daß m.E. gerade in der gymnasialen Oberstufe eine berufliche Orientierung des Fremdsprachenunterrichts notwendig wird (vgl. DEUTSCHER BILDUNGSRAT 1974). Diese Orientierung widerspricht sowohl dem Selbstverständnis der Fremdsprachenlehrer als auch der Ausbildungssituation an deutschen Universitäten.Ich möchte im folgenden zeigen, daß eine berufliche Orientierung dem Fremdsprachenunterricht eine Perspektive eröffnet, die die primäre Intention der Reform der gymnasialen Oberstufe von 1972 ("KMK-Oberstufe") positiv aufnimmt und zugleich gegenüber dem derzeit üblichen differenzierten Kurswahl-System eine Verbesserung darstellen kann.

2. Hauptteil

BLIESENER/SCHRÖDER (1977) haben mit Bezug auf die Reform von 1972 ein Kursprogramm für die neuen Sprachen in der Sekundarstufe II vorgestellt, das erstmals systematisch die Perspektive für eine berufliche Orientierung des fremdsprachlichen Kursangebots eröffnet. Sie unterscheiden zwischen Kursen mit vorwiegend sprachlicher Zielsetzung, Kursen mit landeskundlicher und mit literarischer Zielsetzung. Im Rahmen des Kursangebots mit sprachlicher Zielsetzung werden beispielhaft Kurse für Wirtschaftsenglich bzw. -französisch, für technisches Englisch, Russisch für Naturwissenschaftler usw. vorgesehen. Darüberhinaus sind Übersetzungs- und Dolmetschkurse und Kurse zur Neuerlernung einer Fremdsprache eingeplant (BLIESENER/ SCHRÖDER 1977, S. 123 f.).

Dieses Kursprogramm erlaubt aus der Perspektive der Fachlehrer bzw. der Fächer eine berufliche Orientierung. Jedoch eröffnet es für den einzelnen Schüler noch keine Perspektive, wie er das fremdsprachliche Kursangebot in einen für ihn selbst sinnvollen und in sich stimmigen Bildungsgang umsetzen kann. Anders formuliert: Selbst wenn eine Schule in der Lage wäre, alle diese Kurse für eine Reihe von Fremdsprachen in ausreichender Zahl anzubieten, wüßte der einzelne Schüler noch gar nicht, wie er dieses Kursangebot so ausnützen könnte, daß er mit Abschluß der Jahrgangsstufe 13.2 tatsächlich über den Erwerb der Allgemeinen Hochschulreife zugleich eine berufliche Qualifikation erworben hätte. Die beruflich ausgelegten Kurse wären für sich genommen ebenso beliebig wie das, was zuvor angeboten wurde; sie wären insofern auch "allgemeinbildend". Aus diesem Dilemme der Entscheidung für konkrete Kursthemen und damit für bestimmte Lerninhalte des Fremdsprachenunterrichts kommt man erst heraus, wenn man die individuelle Kurswahl-Freiheit der Schüler eingrenzt und ihnen die Wahl von Bildungsgängen ermöglicht, die jeweils in sich abgestimmt, damit aber auch verbindlich sind.

Der Ansatzpunkt für eine derartige Auslegung von Bildungsgängen muß die Analyse der Verwertbarkeit des Erlernten sein. Für den Bereich der Fremdsprachen heißt das, es müssen fremdsprachliche kommunikative Zielsituationen bestimmt werden, die zu bewältigen die Schüler in der Oberstufe lernen sollen. Auf einer sehr abstrakten Ebene lassen sich die Zielsituationen den folgenden drei Bereichen zuordnen: private Lebenswelt, Öffentlichkeit und Beruf. Berufliche Orientierung des Fremdsprachenunterrichts bedeutet dann, daß in der Sekundarstufe II der traditionell vernachlässigte Bereich der Fremdsprachenverwertung im Beruf gleichberechtigt neben die beiden anderen Bereiche rückt.

Lassen Sie mich das Problem der Analyse kommunikativer Zielsituationen für die Kursplanung in der Sekundarstufe II näher verdeutlichen. Diese Analyse erscheint mir notwendig, um aus dem denkbaren Gesamtspektrum fremdsprachlicher Fertigkeiten und Kenntnisse eine begründete Auswahl für den zu erteilenden Fremdsprachenunterricht treffen zu können. Ohne eine solche Begründung steht der Unterricht in der Gefahr, aufgrund der Beliebigkeit der Themen und Inhalte die Schüler zu einem zusammenhanglosen Lernen zu verleiten.

Die Zielvorstellung einer globalen fremdsprachlichen "kommunikativen Kompetenz" - von PIEPHO 1974 mit Bezug auf Jürgen Habermas in die fremdsprachendidaktische Diskussion eingebracht - hat m.E. die systematische Bestimmung praktisch erreichbarer kommunikativer Zielsetzungen eher behindert als gefördert. Die Idee einer fremdsprachlichen kommunikativen Kompetenz muß nämlich, wenn sie sich auf Habermas bezieht, universalistisch, universalpragmatisch geraten. Insofern die Reflexion, das Nachdenken über die eigenen Sprachproduktionen und sprachlichen Verhaltensweisen, die Außerkraftsetzung ("Virtualisierung") von Handlungszwängen und die Revidierung sprachlicher Normen zur kommunikativen Kompetenz konstitutiv hinzugehören, ist es schwer denkbar, daß im übrigen - für den Bereich des Fremdsprachenerwerbs - nur spezielle Kompetenzen bzw. gegenüber der Zielsprache deformierte Kompetenzen ("Interlanguages") angestrebt werden dürften. Es entsteht derart eine nicht legitimierte Diskrepanz zwischen den normativen Zielsetzungen und dem tatsächlich praktizierten Fremdsprachenunterricht. Denn was immer man in der Schule bis zum Abitur erreichen kann, es kann nie eine vollständige Kompetenz sein, wie sie der native speaker besitzt.

Die Notwendigkeit, Abstriche vom Ideal der globalen native-speaker-Kompetenz machen zu müssen, steht nun aber nicht etwa in Widerspruch zur Bildungsfunktion des Fremdsprachenunterrichts. Die Schüler erfahren, wenn ihnen der spezielle bzw. defiziente Status der von ihnen erworbenen Fremdsprache bewußt gemacht wird, was die "Bedingungen" für erfolgreiche Kommunikation sind, ex negativo, und sie lernen dabei, wie die fremde Sprache "strukturiert" ist, eben aufgrund der Reflexion der unterschiedlichen Einschränkungen ihrer in der Muttersprache entwickelten kommunikativen Kompetenz im Medium der Fremdsprache. Der Erwerb einer Fremdsprache ist deshalb, richtig besehen, gar nicht ein Defizit-Unternehmen; die Erfahrung einer verläßlichen Kommunikationsfähigkeit in der fremden Sprache trotz der Einschränkungen gegenüber dem native-speaker-Ideal kann vielmehr in der Sekundarstufe II zu einem bildenden Verständnis für Sprache und Sprachanwendung überhaupt führen, wie sie ohne Fremdsprachenunterricht, nur im Medium der Muttersprache, nicht möglich wäre.

Ich komme nun zum letzten Schritt meiner Argumentation für eine

Reform des Fremdsprachenunterrichts in der Sekundarstufe II. Wenn für die curriculare Planung Abstriche von der Idealvorstellung einer native-speaker-Kompetenz erforderlich sind, ohne daß darüber die allgemeinbildenden Zielsetzungen des Fremdsprachenunterrichts, wie ich es erläutert habe, aufgegeben werden dürften, dann ist in einer positiven Wendung anzugeben, was für kommunikative Zielsetzungen für den Fremdsprachenunterricht ausgewiesen werden können. Ein wesentlicher Teil dieser Zielsituationen, die sich für die Sekundarstufe II legitimieren lassen, zugleich derjenige Teil, der traditionell zurückgedrängt worden ist, sind die Verwendungsmöglichkeiten im Beruf. Dies habe ich oben schon formal ausgewiesen, es ist nun curricular zu konkretisieren.

Die berufliche Orientierung des Fremdsprachenunterrichts macht Schwerpunktbildungen erforderlich, was ich an vier Beispielen erläutere:

2.1. Für Schüler, deren schulischer Schwerpunkt naturwissenschaftlich ausgelegt ist, kann in der Sekundarstufe II einerseits ein Schwergewicht auf die naturwissenschaftliche Fachsprache gelegt werden. Dabei muß die fachliche Kompetenz der Schüler in Physik, Chemie und Biologie für die Vermittlung fachsprachlicher Fremdsprachenkenntnisse positiv ausgenutzt werden. Ebenso wichtig wie diese Fachsprachenkompetenz ist jedoch die Entwicklung einer allgemeinen kommunikativ-dialogischen Kompetenz, die gerade von Naturwissenschaftlern als berufsrelevant angesehen wird, weil ihre Berufe zunächst - als naturwissenschaftliche - "sprachlos" sind; notwendig ist die Entwicklung von "social Skills" im Medium der Fremdsprache. Der Fremdsprachenunterricht hat für diese Schüler also wesentlich auch eine korrektive Funktion.

2.2. Im Bereich der Wirtschaftswissenschaften kann der Fremdsprachenunterricht dagegen eine viel stärker integrierende Funktion erfüllen. Die Befähigung zur Informationsbewältigung in der Wirtschaft, vor allem heute auch die Datenverarbeitung, Kundengespräche und das Management schließen die Entwicklung fremdsprachlicher kommunikativer Kompetenz in eine wirtschaftswissenschaftlich-kaufmännische Grundbildung ein. Die Exportabhängigkeit der deutschen Industrie macht es dabei zugleich immer stärker erforderlich, die Sprachen der Kunden zu sprechen und damit neben dem Englischen als internationaler Kommunikationssprache auch zunehmend seltenere Fremdsprachen zu beherrschen (vgl. KUTSCHA u.a. 1978 und SCHRÖDER/LANGHELD/MACHT 1979).

2.3. Für Schüler, deren schulischer Schwerpunkt erziehungswissenschaftlich orientiert ist, stellen sich zwei Probleme als vordringlich dar. Zum einen ist das die Frage der Sprachenwahl. Zukünftige Erzieher in der Bundesrepublik wären mit den Sprachen der Gastarbeiterkinder (Spanisch, Italienisch, Serbokroatisch, Neugriechisch) und einem landeskundlich zu vermittelnden Verständnis ihrer Lebenskultur besser versorgt als mit Englisch und Französisch. Die zweite Aufgabe ist meines Erachtens darin zu sehen, daß der Beruf des Erziehers - bezogen auf die "Zöglinge", mit denen die Erzieher es zu tun haben - eine kommunikative Sensibilität verlangt, durch die sie Kommunikationsschwierigkeiten komplexester Natur zu überwinden lernen müssen, wie sie sich zwischen ihnen und ihren Zöglingen aufbauen. Hierfür kann der Erwerb einer Fremdsprache exemplarische Lehrfunktion haben.

2.4. Lassen Sie mich letztlich die berufliche Orientierung für Schüler erläutern, die sich schwerpunktmäßig für moderne Fremdsprachen interessieren, für die der Fremdsprachenunterricht also eine konstitutive Funktion im Bildungsgang hat. Berufliche Perspektiven eröffent eine Schwerpunktbildung im Bereich der Fremdsprachenlehre selbst, d.h. im Regelkreis der Schule. Daneben gibt es das relativ enge Feld der fremdsprachlichen Handelskorrespondenz, des Dolmetschens und Übersetzens. Darüberhinaus ist in vielen Berufen der kommunikativ-sprachliche Anteil der Arbeit so groß, daß eine Schwerpunktbildung auf neue Fremdsprachen in der Sekundarstufe II nahe liegen könnte, vor allem dann, wenn die von den Schülern anvisierten Berufe nicht durch Schulfächer repräsentiert sind: Psychologie, Rechtsprechung, Wirtschaft, Politik, Journalistik, Verlags- und Bibliothekswesen.

Während der herkömmlich allgemeinbildende Fremdsprachenunterricht oft deshalb kritisiert wurde, weil er im Kern eine Berufsvorbereitung für zukünftige Philologen darstellte, kann für einen Bildungsgang, der die Allgemeine Hochschulreife z.B. mit Englisch und Französisch oder Spanisch mit einer Fremdsprachenkorrespondentenausbildung integriert, die philologische Orientierung positiv aufgenommen und zugleich begründet erweitert werden. Im Rahmen des Kollegschulversuchs von Nordrhein-Westfalen ist für diese berufliche Zielsetzung ein doppeltqualifizierender Bildungsgang "Fremdsprachenkorrespondent/Allgemeine Hochschulreife" entwickelt worden (vgl. MEYER (ed.) 198o). In einem derartig curricular präzisierten Rahmen läßt sich ermitteln, was für kommunikative Zielsetzungen für die genannten Berufsfelder relevant sind und wo es dabei zu Überschneidungen zwischen beruflichen Anforderungen und traditioneller Studienqualifikation kommt.

Um diese Aufgabe zu veranschaulischen, folgt zunächst der Bericht einer Schülerin einer privaten Fremdsprachenkorrespondenten-Schule, die über ihren schulisch-beruflichen Werdegang und über die Arbeitsplatzmerkmale berichtet, die ihren Fremdsprachenberuf kennzeichnen.

Karin F. (2o Jahre), Schülerin einer privaten Fremdsprachenschule im dritten Jahr:

Nach der Mittleren Reife habe ich hier an dieser Schule meine Berufsausbildung als Fremdsprachenkorrespondentin für Englisch und Spanisch gemacht. Die Prüfung habe ich bereits abgelegt. Ich mache jetzt weiter, weil ich mich auf die IHK-Prüfung als Dolmetscherin in Englisch und Spanisch vorbereite.
Die Eingangsvoraussetzung für die Schule ist Mittlere Reife oder Abitur. In der Regel bleibt man hier 18 Monate. Nach 6 Monaten gibt es eine Mittelstufenprüfung, am Ende der 18 Monate eine interne Prüfung hier und dann die eigentliche Prüfung vor der IHK. Hier in der Schule lernen wir: Wirtschaftsterminologie, die Abwicklung von Exportaufträgen in allen Einzelheiten mit den dazugehörigen Dokumenten, Versanddokumenten etc., Zahlungsbedingungen, Ex- und Import, satzweise Dolmetschen, Übersetzen in die Fremdsprache und aus der Fremdsprache, Abfassen von Briefen. Und eben Handel allgemein, alles was dazugehört. Natürlich auch solche Sachen wie Grammatik. Außerdem noch Stenographie und Maschienenschreiben - Maschinenschreiben ist Voraussetzung bei der IHK-Prüfung. Ich hatte von vornherein das Ziel, Dolmetscher und Übersetzer zu werden. (Das bedeutet aber nicht, daß ich annehme, mit meiner jetzigen Ausbildung keine Stellung zu bekommen.) Wenn die anderen Schüler, die hier sind, die Prüfung vernünftig ablegen, werden sie wohl auch eine Stellung bekommen; wenn es aber nur mit "knapp ausreichend" geschieht, wird es wohl ein bißchen schwierig.
Alle, die mit mir vor zwei Jahren die Prüfung in Englisch gemacht haben, haben heute eine Stellung. Aber ein sehr gutes Zeugnis ist nötig und man muß sich die Firmen sehr sorgfältig aussuchen, weil es Firmen gibt, die einen

dann ein Jahr nur Rechnungen oder Stücklisten tippen lassen. Es gibt genug Stellenangebote. Zum Teil wenden sich die Firmen auch direkt an die Schulen, wenn sie Bedarf haben, oder die Schüler bewerben sich direkt. Über das Arbeitsamt läuft das wenigste. Es hat zum Beispiel keinen Zweck, einen Job anzunehmen, bie dem man nur ein Jahr in der Registratur arbeitet, weil man innerhalb eines Jahres sehr leicht die fremdsprachliche Phraseologie vergessen würde.

Hier im Ruhrgebiet sind die Aussichten recht gut, weil es hier viel Industrie gibt. Ich würde jedoch nicht j e - d e m ruhigen Gewissens empfehlen, Fremdsprachenkorrespondent zu werden, so weit würde ich nicht gehen. Es kommt eben auch auf die Kombination an. Englisch/Französisch ist ziemlich überlaufen. Englisch/Italienisch oder sogar Englisch/Spanisch ist wesentlich besser. Ich würde empfehlen, diesen Job zu lernen, um in die Sprache einzudringen und es außerdem als Basis zu nehmen für andere Berufe, z.B. den der Reiseleiterin. Falls ich nicht als Dolmetscherin eine gute Stelle bekomme, würde ich auch Reiseleiterin machen. Oder mich auch an eine Sprachschule wenden und da als Lehrerin arbeiten. (Ich unterrichte jetzt schon Deutsch und Englisch für Anfänger an einer solchen privaten Sprachschule). Vorher hatte ich übrigens eine Ausbildung als Reiseverkehrskaufmann angefangen, aber ich habe dann aufgehört, weil mir die Chefin nicht gefiel.

Es ist schon ein Unterschied, ob man die Sprachen an der Uni lernt oder in einer Sprachenschule; die Studenten sind einem ein bißchen voraus. Ich habe nicht die passenden Vokabeln, um z.B. literarische Texte zu übersetzen. Das ist eben besonders schierig für jemanden, der nur mit Wirtschaftsenglisch vollgestopft wird. Der Tagesablauf eines Fremdsprachenkorrespondenten: Sie machen Korrespondenz, Beantwortung in der Fremdsprache, Übersetzung in die eigene Sprache, oft auch normale deutsche Korrespondenz, die sonst einer Sekretärin gegeben wird. Es kann auch vorkommen, daß sie plötzlich einen dicken Vertrag zur Übersetzung vorgelegt bekommen. Betreuung von Gästen. Einfache Diskussionen dolmetschen. Zusammenstellung von Exportdokumenten; eventuell Zolldokumente ausfüllen. Mit auf Messen fahren, um auch zu dolmetschen und die Kunden in der Landessprache mit Kaffee zu versorgen. Telefonieren. Reisedokumente für den lieben Chef zusammenstellen.

Es ist m.E. dem Interview zu entnehmen, daß der zukünftige Beruf, in dem die Schülerin selbst schon gearbeitet hat, für sie viel realer ist, viel konkreter eine Ernstsituation darstellt, als das bei Gymnasiasten bzw. Studenten der ersten Semester im Hinblick auf ihre Berufslaufbahn die Regel ist. Diese Konkretion positiv - d.h. nicht nur als blinde Anpassung sondern in kritischer Rollenübernahme und Distanz - in einen doppeltqualifizierenden Bildungsgang "Fremdsprachenkorrespondent/Allgemeine Hochschulreife" einzubringen, erscheint mir sehr wichtig.

Für die Aufgabe der fremdsprachlichen Handelskorrespondenz (als der ersten Stufe einer beruflichen Qualifizierung im Bereich des Dolmetsch- und Übersetzungswesens) sind alle Arten der intra- und interlingualen Textverarbeitung wichtig. Als Aufgaben lassen sich ausweisen - man vergleiche dazu den Bericht: Aufnahme von Gesprächen in den Fremdsprachen, Telefonverkehr, Herüber- und Hinübersetzung von Geschäftsbriefen (Anträge, Bestellungen, Mahnungen), Übersetzung von Betriebsanleitungen, Urkunden, Protokollen, Sichtung von Sachtexten und Fachliteratur, Erstellung von "abstracts", standardisierte, thematisch abgegrenzte Fachgespräche, Informationsweitergabe in der Muttersprache wie in den Fremdsprachen einschließlich Dolmetschen, Anfertigung von Notizen, Mitschriften, usw.

Für die Aufnahme eines philologischen Studiums sind primär Techniken der Textinterpretation und damit zwangsläufig literatur- und sprachwissenschaftliche Kenntnisse erforderlich, weiter die Fähigkeit zur Diskussion und zur argumentativen Darstellung, Lesetechniken, allgemeine Studienfertigkeiten wie der kritische Umgang mit wissenschaftlichen Texten usw. (Daß dieser Katalog von Studienanforderungen nur teilweise die Anforderungen widerspiegelt, die ein Fremdsprachenlehrer benötigt, ist bekannt; vgl. BLUDAU u.a. 1978).

Bei einer genaueren Analyse der zunächst unterschiedlich erscheinenden kommunikativen Zielsituationen für philologische und für sprachmittelnde Berufe läßt sich nun zeigen, daß die Studienqualifikation für die berufliche Qualifikation ausgenutzt werden kann und daß umgekehrt die berufsqualifizierenden Anforderungen der Auslegung des auf das Abitur bezogenen Curriculums eine Perspektive geben, die zu einem vertieften Verständnis fremdsprachlicher Kommunikation und zugleich zu einer erweiterten fremdsprachlichen Kommunikationsfähigkeit führen. Auf dem Hintergrund beruflicher Anforderungen erweisen sich die philologische Textinterpretation und Themaentfaltung als spezielle Ausformungen der umfassenderen Textverarbeitung; und die Orientierung des fremdsprachlichen Unterrichts auf wirtschaftswissenschaftlich-kaufmännische Probleme erweist sich im Hinblick auf eine wissenschaftspropädeutische Auslegung als ebenso anspruchsvoll wie der beliebige Katalog herkömmlicher Themenbereiche (Kultur, Politik, Geschichte, Medien usw.). Die Qualifikationsanforderungen für das Abitur in den neuen Fremdsprachen und für die fremdsprachliche Korrespondenz lassen sich also weitgehend zur Deckung bringen, wenn man bereit ist, das jeweils Spezifische für den anderen Bereich anzuerkennen.

Die folgende Tabelle veranschaulicht das Integrationsziel: Die zusätzlichen Anforderungen für Fremdsprachenkorrespondenten (Übersetzen, Wirtschaft als zu behandelnder Sachbereich, Geschäftsverkehr als kommunikative Zielsituation und entsprechend Geschäftsbriefe als Textsorten) sollten soweit möglich auch in der Abiturprüfung abverlangt werden; die Fähigkeiten der sprachlich-literarischen Textanalyse und Textproduktion und das freie Diskutieren und Argumentieren, letztlich die metakommunikative Reflexion über Sprache, sollten auch für die Qualifikation zum Fremdsprachenkorrespondenten verwertbar sein (Tabelle: siehe folgende Seite).

3. Schluß

Eine abschließende Bemerkung zu den Grenzen der beruflichen Orientierung des Fremdsprachenunterrichts in der Sekundarstufe II ist angebracht. Ich habe bisher nur über die Möglichkeiten referiert, die eine solche Orientierung eröffnet. Als zentral erscheinen mir die folgenden drei Probleme, abgesehen von der notwendigen Lehrerfortbildung für die an einem solchen Versuch beteiligten Schulen:

Zunächst ist festzustellen, daß Schule (qua "Theorie") noch nicht die berufliche Ernstsituation (also die "Praxis") darstellen kann und es auch nicht soll. Die Anpassung der Schule an den gesellschaftlichen Bedarf, wie sie sich in der Forderung nach einer Berücksichtigung beruflicher Verwertungssituationen fremdsprachlicher Kompetenz artikuliert, darf nicht zu einer unkritischen Auslieferung an gesellschaftlichen Bedarf entarten, muß vielmehr unter didaktischem Aspekt für die heranwachsenden Jugendlichen verantwortbar sein.

Weiter ist festzustellen, daß auch die berufliche Orientierung im konkreten Bildungsgang "Fremdsprachenkorrespondent/Allgemeine Hochschulreife" in gewisser Hinsicht immer noch eine "allgemeine" Berufsvorbereitung ist, insofern die speziellen Anforderungen

	zusätzliche Anforderungen für Fremdsprachenkorrespondenten	gemeinsame Anforderungen	zusätzliche Anforderungen für die Allgemeine Hochschulreife im Bereich der Neuen Fremdsprachen
fremdsprachliche Fertigkeiten	Übersetzen und ansatzweise Dolmetschen	Hörverstehen, Sprechen, Leseverstehen, Schreiben als fremdsprachliche Grundfertigkeiten	
Themenfelder / Sachbereiche	Wirtschaft, Recht und Verwaltung (bezogen auf wirtschaftliche Fragen) betriebliche Geschäftsabläufe, in begrenztem Umfang berufsspezifische Technologien etc.	Teile des sozioökonomischen Bereichs, vor allem Politik und wirtschaftliche Fragen von allgemeinem Interesse; Teile des soziokulturellen Bereichs, vor allem Öffentlichkeit, Kultur, Medien, Freizeit; private Lebenswelt	Sprache und Literatur unter dem Aspekt der Textanalyse und Textkonstitution; Produktion, Distribution und Rezeption von Literatur; Reflexion über Sprache und Kommunikation
Textsorten und kommunikative Zielsituationen	Geschäftsbriefe auswerten und verfassen, Telefon- und Aktennotizen, formalisierte geschäftliche Abläufe	fremdsprachliche schriftliche Informationsentnahme und Weitergabe (Protokoll, Zusammenfassung, Stellungnahme); Textverarbeitung; mündliche Kommunikation mit Sprechern der Zielsprachen: Kontaktaufnahme, Diskussion, Argumentation, Sach- und Fachgespräch	sachbezogene freie Diskussion; Textanalyse und Textinterpretation (sprachwissenschaftlich und literaturwissenschaftlich orientiert); zusammenhängende Darstellung, "Textaufgabe" und "Themaaufgabe"; Lektüre von Fachliteratur; wissenschaftliche Arbeitstechniken

fremdsprachlicher Art in einer Vielzahl höchst unterschiedlicher Branchen in Handel und Industrie und in der internationalen Verwaltung nicht gleichberechtigt in der Schule vermittelt werden können. Vielmehr ist es die Aufgabe der Schule, die Schüler zu befähigen, sich selbständig an ihrem zukünftigen Arbeitsplatz in derartige Spezialgebiete einzuarbeiten.

Drittens, das ist wohl das wichtigste, darf die berufliche Orientierung nicht in Konflikt zu der alten Zielvorstellung geraten, den Fremdsprachenunterricht als sprachlich-kulturell erweiternde Lebenserfahrung zu konzipieren. Berufliche Orientierung darf nicht als eine einengende Begrenzung empfunden werden, in der Sprache zu einem bloßen Vehikel geschäftlicher Korrespondenz degeneriert.

Literatur

BAUSCH, Karl-Richard / BLIESENER, Ulrich / CHRIST, Herbert / SCHRÖDER, Konrad / WEISBROD, Urte (eds.) (1978): Beiträge zum Verhältnis von Fachsprache und Gemeinsprache im Fremdsprachenunterricht der Sekundarstufe II. Bochum: Seminar für Sprachlehrforschung (Manuskripte zur Sprachlehrforschung 12/13).

BLIESENER, Ulrich / SCHRÖDER, Konrad: Elemente einer Didaktik des Fremdsprachenunterrichts in der Sekundarstufe II. Frankfurt a.M.: Diesterweg.

BLUDAU, Michael / CHRIST, Herbert /HÜLLEN, Werner / RAASCH, Albert / ZAPP, Franz Josef (1978): Zur Ausbildung und Fortbildung von Fremdsprachenlehrern. Überlegungen zu einem Curriculum. Neusprachliche Mitteilungen 31, Heft 3: 142-165.

DEUTSCHER BILDUNGSRAT (1974): Empfehlungen der Bildungskommission. Zur Neuordnung der Sekundarstufe II. Konzept für eine Verbindung von allgemeinem und beruflichem Lernen. Bonn: Bundesdruckerei.

KUTSCHA, Günter / REINOLD, Hartwig / THOMA, Gösta (1978): Die wirtschaftswissenschaftlich-kaufmännische Grundbildung am Schwerpunkt "Wirtschaftswissenschaften" der Kollegschule NW. SCHENK, Barbara / KELL, Adolf (eds.): Grundbildung. Schwerpunktbezogene Vorbereitung auf Studium und Beruf in der Kollegschule. Königstein/Ts.: Athenäum Verlag.

MEYER, Meinert A. (ed.) (1980): Fremdsprachenunterricht in der Sekundarstufe II. Ein Modell. Königstein/Ts.: Athenäum Verlag.

PIEPHO, Hans-Eberhard (1974): Kommunikative Kompetenz als übergeordnetes Lernziel im Englischunterricht. Dornburg-Frickhofen: Frankonius Verlag.

SCHRÖDER, Konrad / LANGHELD, Dorothee / MACHT, Konrad (1979): Fremdsprachen in Handel und Industrie unter besonderer Berücksichtigung mittlerer Betriebe in Schwaben und im Raum München. Königstein/Ts.: Athenäum Verlag

<u>MARKEDNESS</u> AND SECOND LANGUAGE ACQUISITION

John Odmark

1.0. This paper examines markedness as it relates to second language acquisition, more specifically, it suggests a theoretical frame for the specification and categorization of the language learner's errors. No attempt is made to account for all of the idiosyncracies of the learner's language. Many of these idiosyncracies are due to slips, lapses, false starts and other similar mistakes, most of which the learner is able to correct himself if he notices them (cf. CORDER 1974). The present paper focuses on those patterns of errors which provide insight into the learner's interlanguage, that is, into the learner's hypotheses about the organization of the target language (cf. SELINKER 1974). In other words, it is assumed on the one hand that significant errors in a learner's use of language are not arbitrary, and, on the other, that these errors stem from an approximative system developed and employed by the learner which deviates in some respects from the system of the target language (cf. NEMSER 1974). In what follows I want to consider the significance of the relation marked - unmarked for an analysis of the learner's approximative system; however, preliminary to this it is necessary to consider some of the problems involved in an analysis of interlanguage.

1.1. We have no direct access to the learner's approximative system; therefore, a grammar of interlanguage constitutes a set of hypotheses and generalizations, whose validity has to be tested on the one hand against the laws of verbal behaviour and the psychology of learning, and, on the other, against what can be observed in the learner's utilization of the language (cf. KIELHÖFER/BÖRNER 1979: 14). Errors afford us the most satisfactory basis for testing our assumptions about the learner's grammar; however, it is frequently far from easy to identify an error and establish its significance for our understanding of the rules governing the learner's usage. The problem of accessibility becomes most apparent when we try to analyse the learner's reception of the language.

1) unehrliches Kind instead of uneheliches Kind
2) japanische Angst instead of panische Angst
3) warte doch mal instead of rate doch mal

Used actively, each of these examples would be recognizable as an error; however, the learner's interpretation of unehrliches Kind and japanische Angst would not necessarily be noticed by the speaker. The third illustration is more complex. Whether or not the speaker realizes that he has been misunderstood, depends upon the situation and his expectations. Obviously, if the speaker assumes that the listener knows the answer, he will be surprised when the listener waits without attempting an answer. More commonly, however, the expression rate doch mal is intended to elicit a response which the speaker cannot anticipate with any certainty. Under these circumstances, silence would be one of the possible responses, and therefore, not interpreted as an indication that the utterance has not been understood correctly. Similar, if less obvious, difficulties arise in the analysis of production. For example, apparently well-formed sentences may in fact be derived from rules which deviate from those of the target language. Or, to cite a more general difficulty, it is frequently problematical to decide upon the place and significance of a particular error as an indicator of the system of rules constituting the learner's interlanguage. What is needed therefore is a conceptual frame within which the relevant data is differentiated from the rest of the multitude of observable behaviour in second language learning. Such a model should make it possible not only to explain the occurrence of particular kinds of errors but also to predict the likelihood of their occurrence. Below it is argued that the relation marked - unmarked provides a basis for making many of the necessary distinctions prerequisite to developing a grammar of the learner's language within the parameters of interlanguage defined by Selinker.

1.2. As it relates to language acquisition markedness generally refers to the sequence in which linguistic items are learned and retained. The learner mastering the unmarked item before the marked item, assuming he masters the distinction, which is often not the case, especially, if a similarly contrasting pair of items does not occur in his native language. The present paper departs from this usage and argues that the set of rules governing the learner's language includes a system of markedness, that is, that the language learner develops his own perception of the relation marked - unmarked in the target language, including the perception of relations where none exist for the native speaker.

2.0. Selinker identifies five central factors which affect the learner's perception of the rules governing the target language: language transfer, transfer of training, strategies of second language learning, strategies of communication, and overgeneralization of the linguistic materials of the target language (cf. SELINKER 1974). Any of these factors may motivate the learner to form particular hypotheses about the organization of the target language. Consequently, any one or any combination of these factors may lead the learner into error, though it is not always possible to specify the source of a particular error.

4) We want <u>that</u> German should be the medium of instruction.

Language transfer might account for this error, but it might also be due to transfer of training or overgeneralization. The student may be assuming that <u>that</u> is an invariant indicator of a noun clause, ignoring the fact that <u>want</u> cannot be followed by a subordinate clause (cf. JAIN 1974). This assumption on the part of the learner might stem from the prominence given to <u>that</u> as an indicator of a noun clause in his textbook exercises or it might be due to the student's having learned the rule but not the restrictions.

2.1. The tendency to ignore rule restrictions is of course quite common. It is coupled with the more general tendency to reduce the complexity of the grammar of the language. Frequently, this tendency is encouraged by the teaching materials with which the learner is confronted. For example, when the learner is asked to transform sentences from the active into the passive voice, he is in effect encouraged to perceive an opposition between the active and passive voice, which is independent of the sense of the structures being manipulated. In the learner's view, therefore, sentences such as the following would be perfectly acceptable.

5) Russian, Dutch and Swedish have been learned by Eva.
6) His vacation was being enjoyed by Jack.

The tendency to reduce the complexity of the grammar may of course also stem from one of the learner's strategies to acquire the language. Consciously or unconsciously he simplifies in order to get a grasp on the material. It is in this process of simplification that he develops his system of markedness. The learner's system of markedness may underly the following categories of errors: ignorance of rule restrictions, incomplete application of the rules, and incorrect assumptions about the distinctions in the target language (cf. RICHARDS 1974a).

2.2. The source of the following errors is rather transparent.

7) He is a man of his words.
8) She is always finding faults with me.
9) Don't pull my legs.
10) He was running temperature yesterday.
11) When we reached camp, the first thing we did was to light fire.[1]

The learner perceives an opposition between countable and uncountable nouns and reduces it to an absolute, the relation marked - unmarked in quite a literal sense. Countable nouns are marked: the singular form is preceded by the indefinite article and the plural is indicated by the plural morpheme. Uncountable nouns have no plural form, nor are they used with the indefinite article. Through the process of overgeneralization the student has simplified his learning task.

2.3. The following questions afford us some significant insights into the learner's interlanguage.

12) Did he went?
13) Which road did you came by?

If we were to ask the author of these questions, what tense do you use to describe an action which has been completed in the past, presumably he would reply, the simple past tense. Similarly, he could explain that a form of the verb to do is necessary in the formulation of many kinds of questions. Both observations are correct, but both examples are wrong. The learner assumes that questions as opposed to statements are marked. This markedness is signaled either with a form of the verb to do, a wh-word, or inverted word order. This perception is misleading, for it encourages the learner to further assume that, if the verb is an indicator of a question, it cannot be marked in any other manner.

2.4. This kind of reduction in the direction of an opposition occurs frequently in interlanguage.

14) He has been married long ago.
15) He has been killed in 1956.

The present perfect tense is used to describe an action begun in the past and continuing into the present. We are not so much interested in the action itself but in its consequences for the present. In this manner the learner might explain his use of the present perfect in these two examples. His explanation, that is, his rule, is incorrect. It implies an opposition between the present perfect and past tenses, the former presumably being considered the marked item, since it signifies the relevance or importance of an action or event for the present. Among other things, such an assumption disregards the relation of these two tenses to the tense system as a whole and the function of aspect in English.

2.5. The validity of this interpretation of the learner's misuse of the present perfect tense can be tested against his perception of the English tense system as a whole. The above examples suggest a tendency to reduce the relations among the tenses to sets of oppositions. Assuming for the moment that this is actually what occurs, where is the student likely to discover such opposing pairs. Two possibilities have been mentioned already: an opposition between the passive and active voice and an opposition between the present perfect and simple past tenses. Other oppositions might be discovered between the simple and continuous tenses or between the will/shall and going to forms of the future Wherever it is difficult to discover an opposition, as in the case of the past perfect or future perfect tenses, it is likely that the learner will have even more problems in trying to master these structures. They do not fit into his system. Typical examples of learners' errors tend to confirm these assumptions.

16) I am having my hair cut Thursdays.
17) Mike was dating Wendy for years.

The continuous tenses are viewed as marked: they indicate that an action or event takes place at a particular point in time or within a particular time frame. The simple tenses are unmarked: there is no specific time reference. The learner meets with an endless number of utterances which appear to confirm his interpretation of the relation between the simple and continuous tenses; nevertheless, it ignores on the one hand the relation of these tense structures to the tense system as a whole, and, on the other, the restrictions imposed by the meaning of the verbs. Similar difficulties arise in the learner's perception of the relation between the shall/will and going to forms of the future.

18) She will have a baby.
19) If you go with Charles, he is going to give you a new one.

Both of these sentences provoke the reader or listener to imagine a context in which they would be appropriate, for at first glance they appear at best unusual. The learner differentiates between the so-called pure and coloured future. The former is unmarked and indicated by will or shall. It describes actions or events which are important in themselves and not because of the circumstances, plans, or intentions which might be associated with them. The going to form of the future is looked upon as having precisely the opposite function. As an alternative means of referring to the future, the present continuous is frequently avoided, because it does not fit into this scheme. The key problem in trying to analyse the learner's means of referring to future time is that his utterances may be correctly formulated but not express what he thinks they express. It is not so much a problem of disregarding the meaning of the verb but of failing to understand that the meaning of the tense structure is contextually dependent. Either the will/shall or the going to form of the future may be coloured depending on the context.

3.0. The learner of the preceding paragraphs is of course a theoretical construct or composite based on typical errors in the handling of the English tenses. My hypotheses concerning the rules underlying the learner's usage are an attempt to specify the learner's perception of the relations among the tenses as well as the processes whereby he arrives at this perception. The concept of markedness introduced in this paper serves as a frame of reference for explaining in what manner these processes contribute to the system of rules governing interlanguage. Markedness does not of course account for all of the significant errors in a learner's performance, but it does provide a basis for establishing the significance of many of the errors to be observed. In examining the learner's hypotheses about the English tense system, it becomes clear that transfer of training as well as the learner's strategies of learning are the determining factors in the development of the learner's approximative system. Other factors are not irrelevant, just less important. For example, the German speaker misuses the present perfect tense not only because he views this tense as being marked in contrast to the simple past tense; however, at some stage in the learning process, language interference ceases to be as significant a factor as the learner's desire to organize the linguistic material he is trying to master. The example of the tense system has been used to suggest how the learner goes about this task, but the processes involved in the learning of the tense system are of general relevance for an understanding of interlanguage. The learner's system of markedness provides him with a means of imposing an order and structure on the linguistic material with which he is confronted.

Footnote

1 Examples 7,8,9,10 and 11 are taken from data collected by M.P. JAIN (1974); examples 12,13,14 and 15 from Jack C. RICHARDS (1974b).

References

ALLEN, J.P.B. and S. Pit CORDER. (1974): Techniques in Applied Linguistics. Oxford: Oxford University Press.

CORDER, S. Pit. (1974): "Error Analysis". Allen/Corder: 1974, 122-154.

JAIN, M.P. (1974): "Error Analysis: Source, Cause and Significance". Richards: 1974c, 189-215.

KIELHÖFER, Bernd and Wolfgang BÖRNER. (1979): Lernersprache Französisch: Psycholinguistische Analyse des Fremdsprachenerwerbs. Tübingen: Niemeyer.

NEMSER, William. (1974): "Approximative Systems of Foreign Language Learners". Richards: 1974c, 55-63.

RICHARDS, Jack C. (1974a): "Social Factors, Interlanguage, and Language Learning". Richards: 1974c, 64-91.

--- (1974b): "A Non-Contrastive Approach to Error Analysis". Richards: 1974c, 172-188.

--- (ed.) (1974c): Error Analysis: Perspectives on Second Language Acquisition. London: Longman.

SELINKER, Larry. (1974): "Interlanguage". Richards: 1974c, 31-54.

VERZEICHNIS DER AUTOREN UND HERAUSGEBER

BIELEFELD, Hans-Ulrich (Württembergallee 20, 1000 Berlin 19) 1974-1979 Teilzeitassistent am Fachbereich Germanistik der FU-Berlin; zur Zeit Studienreferendar. Hauptarbeitsgebiete: Soziolinguistik, Konversationsanalyse.

BIERE, Bernd Ulrich (Germanistisches Institut der RWTH Aachen, 5100 Aachen) Wissenschaftlicher Assistent am Lehrstuhl für Deutsche Philologie der RWTH Aachen. Hauptarbeitsgebiete: Kindersprachforschung, Semantik und Pragmatik, Sprachphilosophie.

BLIESENER, Thomas (Institut für Kommunikationsforschung und Phonetik, Poppelsdorfer Allee 47, 5300 Bonn 1) Mitarbeiter im Forschungsprojekt "Therapeutische Beziehungen auf einer internistisch-psychosomatischen Modellstation", Ulm. Hauptarbeitsgebiete: Gesprächskrisen, Rhetorik, Kommunikation in Institutionen.

BUBLITZ, Wolfram (Im Hargarten 4, 5501 Pluwig) Wissenschaftlicher Mitarbeiter an der Universität Trier im Bereich Anglistik/Linguistik. Hauptarbeitsgebiete: Pragmatik, Gesprächsanalyse, Textlinguistik, Kontrastive Grammatik.

CUVELIER, Pol (UFSIA Rodestraat 12, B-2000 Antwerpen) Assistent für Niederländische Sprachwissenschaft. Hauptarbeitsgebiet: Spracherwerb.

FALKENBERG, Gabriel (Germanistisches Seminar der Universität Düsseldorf, Bereich 23.21, Universitätsstr. 1, 4000 Düsseldorf 1) Wissenschaftlicher Assistent. Hauptarbeitsgebiete: Semantik, Syntax, Methodologie.

FIEHLER, Reinhard (Fakultät für Linguistik und Literaturwissenschaft, Universität Bielefeld, Postfach 8640, 4800 Bielefeld 1) Wissenschaftlicher Assistent. Hauptarbeitsgebiete: Linguistische Pragmatik, Kommunikationssoziologie, Wissenschaftstheorie.

FRANKENBERG, Hartwig (Cheruskerstr. 80, 4000 Düsseldorf 11) Wissenschaftlicher Assistent an der PH-Rheinland, Abt.Neuss Hauptarbeitsgebiete: Linguistische Pragmatik, Erzähltextforschung, Strukturale Mythologie.

GOTTSCHALK, Klaus-Dieter (Wilhelmstr. 50, 7400 Tübingen)Akademischer Oberrat am Englischen Seminar der Universität Tübingen. Hauptarbeitsgebiete: Idiomatik des Englischen, Textlinguistik, Sprechakttheorie.

HABEL, Christopher (TU Berlin, Kurfürstendamm 202, 1000 Berlin 15) Wissenschaftlicher Mitarbeiter am Institut für Angewandte Informatik (KU-A1). Hauptarbeitsgebiete: Komputerlinguistik, Semantik, Sprachtheorie.

MEYER, Meinert Arnd (Althausweg 139, 4400 Münster) Akademischer Rat am Institut für Erziehungswissenschaft der Universität Münster. Hauptarbeitsgebiete: Sprachphilosophie, Fachdidaktik, pädagogische Handlungstheorie.

NIKOLAUS, Kurt (Löhleinstr. 17, 1000 Berlin 33) Doktorand. Hauptarbeitsgebiete: Textsemantik und Kognitive Textverarbeitung.

ODMARK, John (Zentrales Fremdspracheninstitut der Universität Hamburg, Von-Melle-Park 5, 2000 Hamburg 13) Dozent für Englisch. Hauptarbeitsgebiete: Sprachlehrforschung, pragmatische Texttheorie und -analyse.

ÖHLSCHLÄGER, Günther (Neckarstaden 14, 6900 Heidelberg) Wissenschaftlicher Assistent am Germanistischen Seminar der Universität Heidelberg. Hauptarbeitsgebiete: Sprechhandlungstheorie, Argumentationstheorie, Wissenschaftstheorie, Syntax und Semantik.

OKON, Luzian (Via degli Olmi 8, CH-6648 Minusio) Professore nominato für Französisch und Didaktik am Kantonalen Lehrerseminar in Lugano/Tessin. Hauptarbeitsgebiete: Französische Literatur, angewandte Linguistik und Sprachlehrforschung.

PAVLIDOU, Theodossia (Roermonder Str. 363, 5100 Aachen) Lehrauftrag an der Universität Osnabrück. Hauptarbeitsgebiete: Linguistische Pragmatik, Kommunikations- und Argumentationstheorie.

REDDER, Angelika (Universität Düsseldorf, Seminar für Allgemeine Sprachwissenschaft, Universitätsstr. 1, 4000 Düsseldorf 1) Wissenschaftliche Mitarbeiterin am DFG-Projekt "Modalitäten". Hauptarbeitsgebiete: Linguistische Pragmatik, Sprachpsychologie, Wissenschaftstheorie.

ROLF, Eckard (Redigerstr. 10, 4400 Münster) Wissenschaftlicher Assistent (m.d.V.b.) am Germanistischen Institut der Universität Münster. Hauptarbeitsgebiete: Sprechakttheorie, Semantik und Sprachphilosophie.

ROLLINGER, Claus-Rainer (TU Berlin, Institut für Angewandte Informatik, Kurfürstendamm 202, 1000 Berlin 15) Wissenschaftlicher Mitarbeiter. Hauptarbeitsgebiete: Künstliche Intelligenz, Komputerlinguistik.

SAGER, Sven Frederik (Böttcherkamp 17, 2000 Hamburg 53) Wissenschaftlicher Assistent am Germanistischen Seminar der Universität Hamburg. Hauptarbeitsgebiete: Pragmatik, Dialoganalyse.

THYS, Guido (Universität Antwerpen, Universiteitsplein 1, B-2610 Wilrijk) Assistent-Lecturer für Linguistik. Hauptarbeitsgebiete: Psycholinguistik, Neurolinguistik, Interdisziplinäre Analyse verbaler Kommunikation.

TSCHAUDER, Gerhard (Germanistisches Institut der Ruhr-Universität Bochum, Universitätsstr. 150, 4630 Bochum 1) Wissenschaftlicher Assistent. Hauptarbeitsgebiete: Textlinguistik, Sprachphilosophie, Erzähltheorie.

VÖLZING, Paul-Ludwig (Feldheimer Str. 4, 6303 Hungen) Akademischer Rat an der Gesamthochschule Siegen. Hauptarbeitsgebiete: Spracherwerb, Argumentationstheorie.

WEIGAND, Edda (Leithenstr. 9, 8521 Marloffstein/Erlangen) Wissenschaftliche Assistentin am Germanistischen Institut der Ruhr-Universität Bochum. Hauptarbeitsgebiete: Grammatiktheorie, Sprechhandlungstheorie, Sprachdidaktik.

WIESE, Richard (Rasenallee 43, 3500 Kassel) Wissenschaftlicher Mitarbeiter im Fachbereich Anglistik/Romanistik der Gesamthochschule Kassel. Hauptarbeitsgebiete: Psycholinguistik, Zweitsprachenerwerb.

WONNEBERGER, Reinhard (Alttestamentliches Seminar, Sedanstr. 19, 2000 Hamburg 13) Wissenschaftlicher Assistent für Altes Testament. Hauptarbeitsgebiete: Pragmatik, Syntax, Textlinguistik.

ZILLIG, Werner (Germanistisches Institut, Johannisstr. 1-4, 4400 Münster) Wissenschaftlicher Assistent (m.d.V.b.). Hauptarbeitsgebiete: Sprechakttheorie, Semantik, Wissenschaftstheorie.

Kolibri 360 GmbH
Ferdinand-Jühlke-Straße 7
99095 Erfurt, Deutschland
produktsicherheit@kolibri360.de